不同尺度下物质代谢的
理论与实践

戴铁军 著

科学出版社

北京

内 容 简 介

本书采用逐级递进的结构体系，共分为五部分。第一部分为第 1 章，系统地介绍了物质代谢的内涵、特点、意义；第二部分包括第 2~6 章，重点介绍了国家尺度、省级尺度、工业尺度、企业尺度和生产流程的物质代谢分析；第三部分包括第 7 章和第 8 章，重点分析包装废弃物和城市生活垃圾的物质代谢；第四部分为第 9 章，重点讨论北京市减物质化发展趋势；第五部分包括第 10 章和第 11 章，讲述城市绿色 GDP 和废纸回收利用体系生态成本。

本书可供企业、园区、城市和区域资源环境管理工作者在生产实践中应用，也可作为资源循环科学与工程、环境科学与工程、经济与管理等相关专业学生的参考书。

图书在版编目 (CIP) 数据

不同尺度下物质代谢的理论与实践 / 戴铁军著 . —北京：科学出版社，2020. 3

ISBN 978-7-03-063855-7

Ⅰ. ①不⋯　Ⅱ. ①戴⋯　Ⅲ. ①物质代谢–研究　Ⅳ. Q493

中国版本图书馆 CIP 数据核字（2019）第 288652 号

责任编辑：李　敏　杨逢渤 / 责任校对：樊雅琼
责任印制：吴兆东 / 封面设计：无极书装

科学出版社 出版

北京东黄城根北街 16 号
邮政编码：100717
http://www.sciencep.com

北京中石油彩色印刷有限责任公司 印刷
科学出版社发行　各地新华书店经销

*

2020 年 3 月第 一 版　开本：720×1000　1/16
2020 年 3 月第一次印刷　印张：19
字数：390 000

定价：248. 00 元
（如有印装质量问题，我社负责调换）

前　言

物质代谢理论经过多年的演化与发展，由生命代谢演化出生态代谢、社会经济系统的物质代谢，从一个有机体代谢的视角，演化出一些相对独立的学术分支，如产业生态系统、产业生态学和循环经济等理论。无论哪种物质代谢，其核心都是对系统功能的维持，其本质都是物质流动和能量转化，进而构成了社会经济系统的物质循环过程。它不仅揭示了生命中能量、物质与周围环境的交换过程，也揭示了人与自然之间的物质与能量流动关系，让人类逐渐认识到现有的物质社会代谢结构与组织形式，是导致人类社会与自然系统之间尖锐冲突的根源。因此，优化和重组物质代谢过程，已成为实现社会经济系统可持续发展的主流方向。

多年来，我们在学习国内外文献的同时，开展了较为广泛的物质代谢研究工作。从生产流程的元素流分析，到企业物质代谢分析，再到行业、区域和国家层面的物质代谢分析，解析了资源环境问题产生的根源；从原生资源的开采、生产加工、使用和报废的物质代谢分析，到废弃物回收、加工、再生产品的物质代谢分析，从"正向"和"逆向"物质流动的角度，即从全生命周期的视角揭示了社会经济系统的物质代谢规律；由"实物"量核算拓展到"货币"量核算，从"实物"量和"货币"量两个不同角度对城市物质代谢进行研究，解析资源环境与经济发展之间的关系，进而实现社会经济的可持续发展。在研究工作的基础上，我发表了不少论文。

本书是我们这些年来的学习心得和研究工作的总结。研究成果在本书不同章节均有体现，把这些研究成果纳入其中，一方面可以使本书内容更加丰富多彩，提高学术研究质量；另一方面可以更好地服务于社会经济系统，提高其可持续发展能力。

本书采用逐级递进的结构体系，共分五部分。第一部分为第 1 章，系统地介绍了物质代谢的内涵、特点、意义；第二部分包括第 2～6 章，重点介绍了国家尺度、省级尺度、行业尺度、企业尺度和生产流程的物质代谢分析；第三部分包括第 7 章和第 8 章，重点分析了包装废弃物和城市生活垃圾的物质代谢；第四部分为第 9 章，重点讨论北京市减物质化发展趋势；第五部分包括第 10 章和第 11 章，讲述城市绿色 GDP 和废纸回收利用体系生态成本。

在本书撰写过程中，我们尽可能地保证内容的正确性、结构的合理性，以及文句的严密性。尽管如此，由于作者水平有限，虽几经修稿，不足之处在所难免，坦诚地欢迎广大读者提出批评和意见。

我衷心感谢陆钟武院士，引领我进入工业生态学领域，开展物质循环理论与实践研究；感谢左铁镛院士，引领我进入循环经济领域，开展全生命周期视角下的物质代谢研究；感谢撰写过程中所引用文献、资料的各位作者和单位，感谢我的研究团队，是他们坚定了我开展物质代谢研究的信心；感谢王仁祺、高会苗、肖庆丰、张沛、王婉君、赵鑫蕊、刘瑞等研究生的辛苦工作（排名不分先后）。

戴铁军

2019 年 8 月

目　　录

第 1 章 | 物质代谢概论

从生态学角度讲，区域与行业发展的资源环境问题可以归结为其物质代谢在时间或者空间上的错位或失调。可见，从物质代谢角度入手，可以深入探讨区域及行业生态环境与资源消耗、经济增长和社会发展等相互之间的作用关系，从而为解决生态环境问题寻求方法和技术支持。事实上，物质代谢分析正在成为区域与行业生态研究的一种潮流。

1.1 物质代谢研究的兴起

代谢的概念起源于生命科学，最早出现在 1857 年 Moleshott 著作的《生命的循环》中[1]，他提出生命本身就是代谢现象的综合体，即能量和物质与周围环境的交换过程就是生命。随后，这种思想逐渐被引申到生态学、生物学等自然科学领域及哲学、社会学等领域。在生态学研究中，代谢是生态系统中物质循环、能量流动和转换的过程，即生态代谢；在生物学研究中，代谢用于描述营养物质在细胞、器官及有机体之间的转化，即生物代谢；在社会科学研究中，马克思是代谢概念的最早使用者，用于描述人类劳动与自然环境之间的关系，他认为劳动过程就是社会与自然之间的物质交换过程，其代谢的含义已经体现了社会经济活动的资源环境过程，即社会代谢[2]；此后，奥地利学者继承和发扬了这一概念，在社会代谢方面开展了卓有成效的研究，用来分析社会发展过程中的资源环境负荷[3]。

1955 年，在美国新泽西州普林斯顿召开了"人类在改变地球命运过程中的作用"学术会议，使得人们开始关注社会发展的物质基础，传统的社会代谢内涵得到了极大的扩展，现代经济社会中资源开发、加工制造、产品消费、废物处置、循环再生五个关键环节所构成的社会物质代谢问题逐渐引起国外学者的关注[4]。

20 世纪 60 年代后，人们开始关注经济增长的副作用，即环境污染。物质代谢的发展进入了新的阶段。1965 年，Wolman 将代谢引入城市经济系统，认为"城市代谢"是城市从自然中获得水、食物和能源等资源，并向自然排放废弃物的过程[5]。1969 年，Ayres 和 Kneese 分析了美国 1963～1965 年的物质代谢情况，这是国家尺度开展物质代谢研究的第一次尝试[6]。该项研究使人们认识到，通过物质和能量与自然相联系的不再是"人类"，而是一个复杂的社会系统。1989年，Ayres 提出"工业代谢"，认为工业社会对物质和能量的使用与生物有机体和生态系统对物质和能量的使用有一定的相似性，因此可将物质和能量进出工业社会的过程称为"工业代谢"[7]。但物质代谢并非仅局限于工业社会，Fischer-Kowalski 和 Huttler 在总结前人研究的基础上指出，物质代谢实际描述的是一个社会经济系统的物质代谢过程，既可用于工业社会也可用于非工业社会[8]。这一时期的物质代谢研究主要停留在对定义和内涵的梳理上。

20 世纪 90 年代后，物质代谢实证研究大量涌现，极大地推动了物质代谢研究体系和方法的发展。根据研究对象的不同，这些研究可分为两类，一是针对某一种元素或物质，如碳、铁、水、能源等，分析某一物质在经济系统中的流动过程；二是针对某一代谢主体，一般指行政单元，如地区或国家等，分析代谢主体系统边界的物质流动情况。前者主要采用元素流分析（substance flow analysis，SFA）[9]和生命周期评价（life cycle assessment，LCA）方法[10]；后者主要采用经济系统物质流分析（economy-wide material flow analysis，EW-MFA）法[11]、生态足迹（ecological footprint，EF）[12]、能值分析（energy flow analysis，EFA）[13]和物质投入产出表（physical input-output tables，PIOT）[14]等。

物质代谢理论经过多年的演化与发展，由生命代谢演化出生态代谢、社会经济系统的物质代谢，从一个有机体代谢的视角，演变出一些相对比较独立的学术分支，如产业生态系统、产业生态学和循环经济等理论。

1.2 物质代谢内涵与特征

1.2.1 物质代谢内涵

目前，关于物质代谢的定义尚未统一。通常，物质代谢是指社会经济系统将自然生态系统中的物质提取出来，经过生产和消费，最终变为废弃物重新进入自然生态系统的过程[15]。在不同学科的视角下，物质代谢具有不同的内涵[16]。具体如下：

1）从生物学角度看，物质代谢是指细胞中维持细胞稳定和成长的所有生物化学反应的综合表现，不仅指有机体与环境之间的物质交换过程，更多的是指细胞、器官、有机体之间的转化过程，即生命代谢，包括同化和异化两个过程。通过代谢过程，细胞或者有机体可以及时获得所需物质，同时将废物排放，进而维持细胞的正常机能。

2）从生态学角度看，物质代谢是生态系统中的能量转换和营养物质循环，是生态系统借以维持生态平衡，获得演替的内在驱动力。

3）从社会经济系统角度看，物质代谢是进入经济系统的物质流持续为经济行为主体提供效用的过程，其核心功能是维持经济系统的运行及人类的生存。代谢过程包括生命代谢、经济或社会代谢（生产和消费）。物质代谢过程实质上是人与人、人与自然之间关系的表征。在人类社会中，人与人、人与自然之间持续不断地进行着物质（资源、商品、废物）和能量的交换，由此形成了不同的社会形态，推动人类社会持续不断地演替和发展。

以上可见，物质代谢大体上可分为维持有机体生命活动的生命代谢、维持生态系统功能的生态代谢和维持人类社会发展的社会经济系统代谢三类。无论哪种类别的物质代谢，其核心是对系统功能的维持，其本质是物质流动和能量转化。它们之间的差异主要表现在以下几方面。

（1）物质代谢的系统边界不同

生命代谢的系统边界为生命体与外界环境之间物质交换的边界，其更关注细胞单体和生命有机体中营养物质的代谢；生态代谢的系统边界为生物群落之间及其与环境之间物质（包括能量）交换的边界；社会经济系统代谢的系统边界是社会经济系统（包括区域经济系统、行业、企业等）行政区域之间及其与环境之间物质交换的边界；社会经济系统物质代谢的系统边界是人与自然系统之间物质交换的边界，研究人流与资源环境之间的关系。

（2）物质代谢的动力学特征不同

生命代谢的动力学特征是细胞体和有机体之间，依靠营养物质维持生命体运行。生态代谢的动力学特征是，由捕食食物链和牧食食物链相辅相成构成了完备的循环代谢机制，维持生态系统各群落之间的物质代谢，它是生物之间及生物与环境之间的物质交换。社会经济系统代谢的动力学特征是，物质从开采、生产、运输、消费直至废弃整个过程，呈单向流动方式和循环流动方式；其物质代谢规模、速率远大于自然生态过程，干扰了自然生态系统中原有的物质代谢强度和速率，导致其物质代谢产生、排放的废物量远远大于生态环境的自净能力，对生态环境造成了严重影响。

由上可见，社会经济系统的物质代谢既与社会经济系统内部的生产和消费密切相关，也直接影响着外部自然环境。因此，调控物质代谢水平，使其保持良性循环状态，是实现社会经济系统可持续发展的重要途径。与生命代谢和生态代谢研究略有不同，社会经济系统代谢侧重于从整体上研究社会经济系统的物质代谢规模和代谢强度及相应的环境影响，关注不同社会生产和消费模式的物质代谢特征，有助于探索实现高效物质代谢途径。

1.2.2 物质代谢特征

在本质上，物质代谢过程主要具备以下两个基本特征：一是人类活动与其周围的生态环境系统存在着密不可分的渗透过程，即两者之间的物质输入、输出过程；二是人类从生态环境系统中摄取资源、能源等材料，经过相应的生产加工，形成产品存储于社会经济系统中，为其自身服务，与此同时将产生的废弃物、污染物等排放到生态环境中。

可见，物质代谢是人类与自然界最基本的沟通形式和交流界面，具体来讲主要表现在以下几方面。

(1) 物质代谢是社会经济活动的重要载体

作为一个人和人工物质高度聚集的区域，社会经济系统的运行需要每天从自然环境和其他经济体获取大量的水、空气、生物质、化石燃料、原材料等，来满足该区域内生产和消费的需要，承载社会经济活动。正是由于不断进行的物质代谢活动，区域经济才能保持高速增长，社会进步也得以实现。

(2) 物质代谢水平是经济发展方式的具体体现

低质量低水平的物质代谢往往表现为高投入、高消耗和高产出的经济发展方式；高质量高水平的物质代谢可以通过最小的资源环境代价获得最大的经济产出，实现经济与环境的协同发展。可以说，物质代谢水平是反映社会经济系统可持续发展能力的一项重要指标。

(3) 物质代谢水平是影响环境质量的重要因素

自然生态系统既是社会经济系统的原料供应站，又是社会经济系统的废物处理场。如果社会经济系统的资源开采和废物排放在环境承载力允许的范围之内进行，那么区域物质代谢活动将保持良性循环状态，一旦物质代谢活动超越环境承载力，生态环境将趋于恶化。因此，物质代谢水平是影响环境质量的重要因素。

1.2.3 物质代谢基本要素

物质代谢通常由代谢主体、代谢物质和代谢环境三大基本要素构成，如图1-1所示。

物质代谢是指社会经济系统、行业和企业等，作为独立处理物质的功能单元，承担物质的输入与输出功能。例如，国家、地区、行业和企业，均属于代谢主体，它们均承担着物质的输入与输出功能。

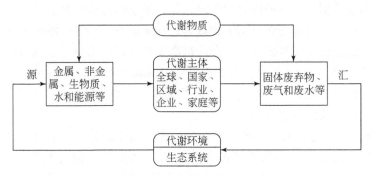

图 1-1 物质代谢基本要素

代谢物质是指输入与输出代谢主体的物质和能量流。例如，金属、非金属、生物质、水和能源等物质输入城市（或行业、企业），经过城市内部的生产、交换、分配和消费各个环节，一方面向其他城市（或行业、企业）输送产品，另一方面向自然环境排放废弃物，污染环境。

代谢环境是指物质的源和汇。例如，铁矿石来"源"于生态环境，经开采加工、使用后，自然环境"汇"集各种废弃物，产生环境污染。

1.3 物质代谢研究现状

20 世纪 60 年代以来，国内外学者从不同空间尺度开展了物质代谢研究，取得了丰硕的研究成果。总的来说，大部分研究是从全球尺度、国家尺度、区域尺度（包括城市）和微观尺度展开的。

1.3.1 全球尺度物质代谢研究

在全球尺度上，以 Graedel 和 Allenby 为代表的物质代谢研究主要关注铜、锌、铝等金属矿产物质在社会经济系统内的存量和流量时间变化规律及空间分布特征等[17]。此外，Takahashi 等[18]利用夜间灯光数据对全球范围内的铜、锌、铝、铁等金属存量进行了推算，研究发现金属矿产物质代谢存在很大的地域差异，发达国家消耗高。全球尺度的研究可掌握某种金属物质在全球的分布差异。

1.3.2 国家尺度物质代谢研究

在国家尺度上，由于国家在物质输入、物质存量、物质输出方面具有较完整的数据统计，国家尺度的研究也相对丰富。例如，Nakamura 和 Kondo[19]应用物质投入产出表分析了日本的废弃物代谢过程，发现通过将废弃物分类和集中处理的方法可以减少垃圾填埋量和 CO_2 排放量；Höglmeier 等[20]对德国东南部建筑物中的木材存量进行了核算研究，发现建筑物中有大量的木材可以通过回收处理再利用。1997 年和 2000 年，世界资源研究所（World Resources Institute，WRI）分别完成了两份重要报告[21,22]，对比分析了美国、日本、奥地利、德国、荷兰 5 个国家的物质输入输出总量及相关指标。

随着研究的兴起，有关国家层面物质流账户编制的指导手册和文件也逐渐面世。2001 年，欧盟统计局出版了该方法的第一本指导手册（简称"欧盟 01 导则"）[23]，并在 2007~2013 年出版了一系列编制指南[24]，对物质代谢各项指标的物质分类和估算方法进行规范。2004 年，OECD 开展了物质流与资源产出率研究项目，也出版了类似的物质流分析指南[25]。这些指导书籍的出版极大地推动了物质代谢分析框架和指标体系的形成，国家层面的物质代谢分析方法日渐成熟。

我国的物质代谢分析始于 20 世纪 90 年代末。Chen 和 Qiao 分析了我国 1990~1996 年的物质输入及其相关指标[26]。刘敬智等以 Wuppertal 提出的物质流账户系统为基础，分析了我国 1990~2001 年的直接物质输入指标，并对其进行了减量化分析和国际比较[27]。李刚等采用 WRI 的核算方法分析了我国 1995~2003 年的物质输入及其相关指标[28]。刘滨等基于物质流分析法分析了我国 2000~2008 年直接物质投入量的变化趋势并评估了我国的循环经济发展情况[29]。段宁等采用经济系统物质流分析方法分析了我国 1990~2003 年的物质输入量的规模与结构及矿产资源的循环利用量[30]。Wang 等基于"欧盟 09 导则"分别于 2012 年和 2013 年核算了我国 1998~2008 年的直接物质输入指标和资源投入总量指标，分析了指标的变化趋势、结构和影响因素等问题[31]。

由以上分析可知，国内外对国家层面经济系统物质代谢的分析成果均较为丰富。这些研究极大地推动了经济系统物质代谢分析方法的发展。但目前的研究多集中分析物质代谢指标的变动情况，对影响因素的研究不足。另外，目前的研究主要集中于分析物质输入端指标，对物质输出端指标的分析相对不足。

1.3.3 区域尺度物质代谢研究

1965 年，Wolman 提出了城市代谢的概念，引发了学者对城市和区域物质代谢的研究。一些学者尝试通过分析区域物质的流动来反映区域代谢情况，并将物质流动和区域变化联系了起来[32]。这一时期的研究主要针对食物、水及能源等较为重要的资源进行分析。进入 20 世纪 90 年代后，区域物质流分析成为研究热点。1991 年，Baccini 和 Brunner 将 MFA 引入城市，分析了维也纳的物质流动情况[33]。1996

年，Baccini 和 Bader 出版了 *Regionaler Stoffhaushalt* 一书，该书以欧洲及北美地区为例，系统阐述了 MFA 方法及其在城市代谢中的应用[34]。此后，许多学者以 MFA 为研究方法开展了区域层面的物质代谢研究。Baccini 研究了瑞士一个城市区域的物质流[35]，Hendriks 等运用 MFA 方法研究了维也纳和瑞士低地的物质流情况[36]。

随着国家层面物质代谢分析框架逐渐成熟，这一框架被引入区域物质代谢核算中。Barles 在经济系统物质代谢分析框架的基础上构建了两个本地物质代谢指标（DMI 和 DMC），分析了巴黎及其郊区的物质流动情况[37]。Browne 等核算了爱尔兰城市区域 1992~2002 年的物质流账户，并对该地区的减物质化情况进行了分析[38]。Piña 和 Martínez 采用物质流分析法分析了哥伦比亚波哥大市水、能源、食物等资源的输入及废水、废气、固体废弃物等输出情况，并讨论了资源需求与环境影响间的关系[39]。Rosado 等分析了里斯本大都市区 2003~2009 年的物质流动情况[40]。Rosado 等基于物质流分析法研究了瑞典三大城市圈（斯德哥尔摩、哥德堡和马尔默）的物质代谢情况[41]。

在开展国家层面物质代谢分析的同时，我国也有不少学者研究了区域层面的物质代谢情况。2004 年，徐一剑等采用欧盟导则确立的物质流分析方法，考察了贵阳市 1978~2002 年的物质流动情况[42]，这是国内第一个区域层面的物质代谢分析案例。此后，区域层面的物质代谢分析逐渐增多。京津冀[43-45]、陕西省[46]、辽宁省[47]、邯郸市[48]等众多区域均开展了物质流分析。2014 年，王亚菲和谢清华核算了我国 30 个省（自治区、直辖市）的物质消耗指标（DMC）并对其驱动因素进行了分析[49]。虽然这些研究均采用 EW-MFA 框架，但物质分类、数据来源及估算方法差异较大[50]，因此这些研究的结果可比性较低，无法展现各地区实际差距，难以从国家层面指导各地区发展。

值得注意的是，国家层面物质代谢分析方法不能直接应用于区域物质代谢核算中。社会经济系统之间的物质代谢在国家层面为进出口，由国家海关总署负责统计，数据全面可信。而区域层面缺少类似的组织，地区之间的物质交换数据（一般称为调入调出）没有统计。为了核算这部分数据，学者根据研究对象的实际情况发展出了不同的估算方法。目前，核算中国区域社会经济系统间调入调出的方法主要有两种。一是引入投入产出表进行估算，代表性研究是徐一剑等对贵阳市物质流账户的分析[42]。该方法依据各地区投入产出表中的流入流出数据核算调入调出数据。地区投入产出表每五年编制一次，多数年份没有数据，且该表的价值量需要根据每个部门单位质量产品的平均价格转化为重量单位，因此完整性和准确性存在问题。二是引入元素流分析（substance flow analysis，SFA）进行估算，代表性研究为刘毅以 SFA 模型为基础建立了 1999 年中国静态磷物质流分析模型（PHOSFLOW）和 2000 年滇池流域静态磷物质流模型（DLPFA），分别从国家和区域两个层次上识别了磷代谢体系的主要结构和效率特征及其发展演进趋势[51]。该方法将进入经济系统的物质分为几类，通过追踪这几类物质在经济系统中的流动过程来估算调入调出数据。SFA 与 EW-MFA 的契合度较高，因此采用该方法核算调入调出数据可与其他物质流数据保持较高的一致性。此外，采用该方法可核算每一年的数据，适应不同的研究时段。但由于物质种类繁多，核算每一种物质的调入调出量存在一定困难。

1.3.4 微观尺度物质代谢研究

目前，国际国内的研究主要包括对工业园区、生态工业园、行业、学校、家庭等的研究。例如，Ma 等以中国典型的化工园区为研究对象，分析了氯、硫等元素的代谢过程，并提出了提高资源利用效率的方法建议[52]。Silva 等利用 MFA 与生命周期分析（life cycle analysis，LCA）结合的研究方法对西班牙巴塞罗那自治大学进行了物质代谢研究，分析了其资源消耗和环境影响[53]。Schebek 等利用地理信息系统（geographic information system，GIS）结合存量和空间的特点，建立材料库，对莱茵河地区的非居住性建筑进行了物质存量、物质代谢研究，为研究二次资源提供了借鉴[54]。

我国学者对微观层面的物质代谢分析主要体现在产业、具体元素、园区和家庭等方面。陆钟武和戴铁军提出了钢铁生产流程的基准物流图，分析了偏离基准物流图的各股物流对吨材能耗和吨材铁耗的影响[55]。戴铁军和陆钟武以钢铁生产流程铁流图为基础，推导了实际钢铁生产流程铁资源效率与工序铁资源效率的关系式，并以某钢厂年均生产数据为例，分析了流程铁资源效率与工序铁资源效率的关系，并讨论了工序铁资源效率对流程铁资源效率的影响[56]。Dai 采用 MFA方法，建立了河北钢铁工业的物质代谢分析模型，分析了河北钢铁工业的物质代谢规模、结构和效率，并提出了相关建议[57]。逯馨华和杨建新基于物质流分析方法，通过对产业物质流的定量分析，建立包括资源消耗与利用、环境扰动和资源循环与再利用等指标的产业循环经济发展水平评价的指标体系，并以京津唐地区钢铁工业为例开展了区域产业内循环经济发展水平的评价分析[58]。马敦超等将物质流分析方法与系统建模思想相融合，描述了我国 1980～2008 年磷资源代谢的动态变化，提出了我国磷资源代谢的缺陷[59]。孔子科等对中国 1997～2016年城镇家庭乘用车消费的材料存量进行了动态分析，量化了家庭乘用车消费引起的材料代谢结构与格局[60]。

综上所述，微观层面的研究已在国内外进行了较多的应用，这对开展区域、行业层面的物质代谢应用研究打下了良好的基础，具有重要的指导意义。

第 2 章　国家尺度物质代谢分析

基于 EW-MFA 方法全面核算了 1992～2014 年我国国家层面的物质流账户，即核算了本地开采、本地开采隐藏流、进出口、进出口隐藏流及本地过程排放，并在此基础上核算了本地物质消耗和净存量，建立了 1992 年和 2014 年的物质流全景图，对比分析了我国 1992～2014 年物质代谢变化的总体趋势。构建对数平均迪氏指数（logarithmic mean Divisia index，LMDI）模型，分析我国社会经济系统物质代谢的影响因素。

2.1　经济系统物质流账户核算方法体系

2.1.1　基本思想

经济系统物质流分析法是研究在一定时空范围内关于特定经济系统的物质流动和储存的系统性分析方法。该方法将经济系统看作生态系统的子系统。经济系统一方面从生态系统中开采资源，另一方面向生态系统排放废弃物。当资源和废弃物的数量和质量超过生态系统的承受能力时，就会出现一系列生态环境问题。因此，通过分析进出经济系统的物质规模和结构，可以衡量和评估经济系统对生态环境产生的影响。依照这一思想，该方法从实物的质量出发，以质量守恒定律为基本依据，将进出经济系统的物质分为输入、储存、输出三部分，通过研究各部分物质流动特征和规律来揭示社会经济系统的运行效率，找出资源环境压力的来源，为可持续发展提供决策依据。

2.1.2　系统边界

经济系统物质流分析方法的系统边界有两层含义：一是本地经济系统与本地自然环境之间的边界，通过该边界由本地自然环境进入本地经济系统的物质为本地开采的资源，由本地经济系统进入本地自然环境的物质为本地排放的废弃物；二是本地经济系统与其他经济系统的边界，通过该边界由本地经济系统进入其他经济系统的物质为出口（或调出），由其他经济系统进入本地经济系统的物质为进口（或调入）。对国家和区域层面物质流分析来说，经济系统之间的边界一般指行政边界。

系统边界决定了物质流核算的物质分类和数据来源。因此，在开展物质流核算前，应首先界定系统边界。欧盟和 OECD 经济系统物质流核算框架是在明确经济系统和自然环境边界的前提下建立的，因此采用该方法仅需界定行政边界，而行政边界要根据具体的研究对象加以确定。

2.1.3 核算框架

国家层面和区域层面的物质流分析框架基本一致，均为欧盟和 OECD 经济系统物质流核算框架[61]，如图 2-1 所示。根据该框架，物质流可分为直接流（direct flow）和隐藏流（hidden flow）。直接流是指直接流经该经济系统的物质，这些物质直接参与了人类的生产生活过程，主要包括物质输入、消耗和输出三部分，如图 2-1 中的白色部分。隐藏流又称为生态包袱，是指人类为了生产生活而动用的没有直接进入经济系统的物质，如图 2-1 中的灰色部分。

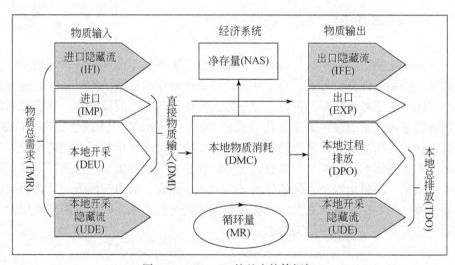

图 2-1　EW-MFA 的基本核算框架

在物质输入端，进入经济系统的直接物质输入（direct material input，DMI）包括本地开采（domestic extraction used，DEU）和进口（IMP）两项。本地开采指从本地自然界开采的进入本地经济系统的资源，包括生物质、化石燃料、金属和非金属四类。伴随上述资源开采过程产生的而未参与该经济运行的物质为本地开采隐藏流（unused domestic extraction，UDE）。这些物质一经开采即输送到环境中，没有任何经济效益，仅造成了环境影响。进口的物质可分为原材料、半成品和成品。由生产这些产品而产生的未进入该地区经济系统的物质为进口隐藏流（IFI）。进口隐藏流是由本地需求导致的，是当地给其他地区带来的生态负担。因此，本地开采、本地开采隐藏流、进口和进口隐藏流之和被看作支撑本地经济运行所需的总物质需求，被称为物质总需求（total material requirement，TMR）。

输入的物质经过生产和消费，一部分物质变为净存量（net additions to stock，NAS）存留在了经济系统之中，支撑经济系统的持续运转；另一部分则变为本地过程排放（domestic processed output，DPO）和出口（EXP）输出经济系统。本地过程排放（DPO）是由本地经济系统向本地环境输出的物质，包括水体排放物、大气排放物、固体废弃物和耗散性物质。本地过程排放和本地开采隐藏流之和是该地区经济系统为维持自身运行而排放到本地环境中的总物质量，被称为本地总排放（total domestic output，TDO）。出口是本地经济系统向其他地区经济系统输出的物质。与进口隐藏流相反，出口隐藏流（IFE）是由其他地区的需求导致的本地生态负担。根据进口与出口物质量的大小可计算出实物贸易平衡（PTB = IMP−EXP），该指标为正则是净进口，为负则是净出口。本地物质消耗（DMC）总量即为本地开采与实物贸易平衡之和。根据进口隐藏流和出口隐藏流的大小可计算生态包袱贸易平衡（PTB_{IF}），为正表明本地给其他地区带来了生态净负担，为负则相反。

需注意的是，水占直接物质流的比例较大[62]，核算水会掩盖固体物质的输入输出变化，因此经济系统物质流分析框架中不包含水。

除输入输出端所列出的物质外，为达到物质守恒，还需计算平衡项。输入端的平衡项包括燃烧作用和呼吸作用所消耗的氧气。输出端的平衡项包括化石燃料所含水、化石燃料燃烧生成的水及人畜呼吸作用排放的二氧化碳和水。

循环量指生产和消费过程所产生的废弃物的回收利用量，是物质流账户的一个重要组成部分。根据国家发展和改革委员会发布的《中国资源综合利用年度报告（2014）》，我国每年循环利用的资源（循环量）包括工业固体废弃物综合利用量、废钢铁回收利用量、废有色金属回收利用量、废塑料回收利用量等。

由于每个地区资源禀赋和产业结构的差异，每项物质流指标所包含的具体物质要根据当地实际情况加以确定。本书研究的是我国国家和各地区的物质流动情况，因此应根据不同层次分析对象的具体情况确定核算的物质。具体物质分类见 2.2 节。

2.1.4　指标体系

根据以上核算框架，可得到经济系统物质流相关指标，详见表 2-1。

表 2-1　物质流指标

指标类别	指标名称	含义
物质输入指标	本地开采（DEU）	由本地开采且进入经济系统的物质
	本地开采隐藏流（UDE）	由本地开采但未进入经济系统的物质
	进口（IMP）	由外地输送到本地的原材料、半成品和成品
	进口隐藏流（IFI）	进口到本地的资源中的非直接物质消耗
	直接物质输入（DMI）	进入经济系统的物质总量，DMI＝DEU+IMP
	物质总需求（TMR）	本地经济系统运转所需要的全部物质，TMR＝DEU+UDE+IMP+IFI
物质输出指标	本地过程排放（DPO）	经过生产和消费过程后排放到环境中的物质
	本地总排放（TDO）	由本地经济活动引起的输入到环境中的物质总量，TDO＝DPO+UDE
	出口（EXP）	由本地输送到外地的原材料、成品和半成品
	出口隐藏流（IFE）	出口到外地的物质背后的非直接物质消耗
物质消耗指标	实物贸易平衡（PTB）	经济系统的实物贸易盈余或赤字，PTB＝IMP−EXP
	生态包袱贸易平衡（PTB_{IF}）	经济系统实物贸易中的隐藏流盈余或赤字，PTB_{IF}＝IFI−IFE
	本地物质消耗（DMC）	经济系统所直接使用的物质总量，DMC＝DEU+PTB＝DMI−EXP
	净存量（NAS）	经济系统的物质增长，NAS＝DMI+平衡项输入−DPO−EXP−平衡项输出
物质循环指标	循环量（MR）	生产和消费过程中产生的各种废弃物的回收再利用
	资源总投入（TRI）	为支撑经济系统运转投入的资源总量，TRI＝DMI+MR

　　本节梳理了经济系统物质流分析方法的基本思想、系统边界、基本核算框架和指标体系，明确了国家层面和区域层面物质流分析的基本方法。

2.2　国家层面物质流核算分析

2.2.1　系统边界界定

国家层面物质流分析的行政边界为我国除港澳台以外的所有地区，包括 31 个省（自治区、直辖市），即北京、天津、河北、山西、内蒙古、辽宁、吉林、黑龙江、上海、江苏、浙江、安徽、福建、江西、山东、河南、湖北、湖南、广东、广西、海南、重庆、四川、贵州、云南、陕西、甘肃、青海、宁夏、新疆和西藏。

2.2.2　数据来源与处理方法

由 2.1 节国家层面物质流账户编制框架可知，核算物质流需要统计本地开采、废弃物排放、进出口和平衡项四部分的数据。本节优先采用国家公布的统计数据。但由于 FAO 数据库及 UN Comtrade 数据库比国家统计年鉴更为全面，本节将采用这两个数据库统计生物质和进出口数据。由于我国并未统计温室气体排放量，这部分数据将由 WRI 和 CDIAC 数据库提供。具体物质分类，详见表 2-2。数据来源与估算方法如下。

表 2-2　物质分类

一级	二级	三级
生物质	农作物 （除饲料作物）	谷类、根和块茎、豆类、坚果、油料作物、蔬菜、水果、纤维作物、糖料、饮料作物、辛香料、烟草、橡胶
	木材、竹材 （除树皮）	针叶林木材、阔叶林木材、竹材
	水产品	水生植物、甲壳类、洄游鱼类、淡水鱼、海洋鱼类、杂项水生动物产品、其他水生动物、贝类、其他水生产品
	农作物残余 （已使用）	大米、小麦、玉米、其他谷类、大豆、其他豆类、土豆、花生、油菜籽、芝麻、亚麻、向日葵、棉花、其他纤维作物、大麻、苎麻、胡麻、甘蔗、甜菜、烟草、蔬菜
	饲料作物和 放牧生物	家禽、猪、反刍动物、饲料作物

续表

一级	二级	三级
化石燃料		煤、石油、天然气
金属		铁矿石、锰矿石、铬矿石、钛矿石、钒矿石、铜矿石、铅矿石、锌矿石、铝土矿、锰矿石、镍矿石、钴矿石、钨矿石、锡矿石、铋矿石、钼矿石、汞矿石、锑矿石、铂矿石、金矿石、银矿石矿、铌钽矿、铌矿、钽矿、铍矿、锂矿、锆矿、锶矿、重稀土矿、轻稀土矿、锗矿、碲矿
非金属		冶金辅助材料非金属（17种，如蓝晶石、矽线石、菱镁矿等）、化工原料非金属矿产（26种，如自然硫、硫铁矿、钠硝石、芒硝等）、黏土类非金属（15种，如高岭土、凹凸棒石、海泡石等），建筑类非金属（80种，如石灰石、大理石、花岗岩等），其他矿产（23种，如金刚石、石棉、石墨等）
进出口		原材料（521种）、半成品（340种）、成品和其他（4000多种）
循环物质投入		工业固体废弃物综合利用量、废钢铁、废有色金属、废纸、废塑料、废橡胶
水体排放物		有机物、总氮、总磷、氨氮、石油类、挥发酚、铅、汞、镉、铬、砷、氰化物
大气排放物		二氧化硫、烟尘、粉尘、氮氧化物、二氧化碳、甲烷
固体废弃物		工业固体废弃物、生活垃圾、建筑垃圾
耗散性物质		化肥、农药、农用薄膜、有机肥、种子
平衡项	进	燃烧耗氧、呼吸耗氧
	出	化石燃料所含水、化石燃料燃烧生成的水、人畜呼吸作用排放的二氧化碳和水

生物质包括农、林、渔、牧和使用的农作物残余，共5部分。农作物产量（12种）、木材产量（2种）及渔业捕捞产量（2种）数据均来自FAO数据库。木材产量数据仅提供了体积数据，根据《欧盟物质流核算指南》（2013年版）转化为重量单位（0.52）。由于我国的树皮利用率低于2%，树皮重量将不计入木材产量[63]。

放牧生物量不可直接获得，本节将采用UNEP的估算方法计算这部分数据，主要统计牛、羊、猪及家禽的量[64]。具体估算步骤如下：

第一步，根据国内畜产品产量和活畜进出口量计算生长于国内的牲畜的重量。

第二步，根据不同牲畜的能量需求系数计算饲养这些牲畜的能量需求量。

第三步，根据粮食平衡表，统计饲料用粮的数量，并按照粮食的能量供给系数计算能量供给量。需要注意的是，每种粮食可喂养不同种类的牲畜，每种牲畜可以多种粮食为食，且不同种类的粮食喂养不同种类的牲畜，其能量供给系数不同。

第四步，按照家禽、猪、牛、羊的顺序匹配能量需求量与供给量。首先满足家禽所需能量；在满足家禽生长所需能量后，如仍有剩余的能量供给，则优先提供给猪，再提供给牛和羊。当能量供给量小于能量需求量时，即粮食提供的能量不能满足牲畜所需，则这部分未被满足的能量需求被认定为由牧草提供，并将其转化为牧草重量。这一重量即为放牧生物量。畜产品产量、畜产品进出口量、活畜进出口量及粮食平衡表均来自 FAO 数据库。能量需求系数和能量供给系数均来自 Wirsenius 的研究成果[65]。

使用的农作物残余同样不能直接获得，需要估算，具体公式为：秸秆利用量＝农作物重量×草谷比×可收集系数×综合利用率。由于不同学者测算的草谷比差距较大，2005 年，在我国农业部和亚洲发展银行的支持下，毕于运及其团队在已有文献数据的基础上，通过实地调查确定了我国的隐藏流系数（表 2-3）、可收集系数（0.81）、综合利用率（70%）[66]。本研究采用该团队的研究成果估算此部分数据，估算的农作物占农作物总量的 92.43%。

表 2-3　隐藏流系数

一级	二级	系数	一级	二级	系数
农产品	稻谷	1.17	化石燃料	原煤	2.36
	小麦	1.1		原油	1.22
	玉米	1.45		天然气	1.22
	其他杂粮	1.6	非金属	磷	1.65
	大豆	1.6		石膏	0.05
	其他杂豆	2		高岭土	3
	薯类	0.5		砂石砾	0.02
	花生	0.8		建筑饰面用岩石	3
	油菜	1.5	进出口-原材料	铁	1.8
	芝麻	2.2		铜	2
	胡麻	2.4		铝	0.48
	向日葵	3		金	2.7
	棉花	9.2	进出口-半成品	硼酸	7.61
	黄红麻	1.9		水泥	3.22
	大麻	3		磷肥	3.44
	苎麻	1.5		钾肥	11.32
	亚麻	0.78		耐火制品	1.33
	甘蔗	0.3		玻璃	1.72
	甜菜	0.18		银	7 499
	烤烟	1.6		铂	320 301
	蔬菜	0.1		生铁	4.56

一级	二级	系数	一级	二级	系数
金属	铁	2.28	进出口-半成品	铁合金	16.69
	锰	2.3		铁或非合金钢-热轧	7.63
	铬	3.2		铁或非合金钢-冷轧	8.51
	钛	232*		铁或非合金钢的型材	8.14
	钒	127.7*		不锈钢	14.43
	铜	2.071		合金钢	16.69
	铅	2.36		精炼铜	384.47
	锌	2.36		铜废料及粉末	2.38
	铝	7.623		镍	141.29
	镍	17.5		铝	18.98
	钨	63.1		铅	18.12
	锡	1 448.9		锌	23.1
	钼	665.1*		锌废料及粉末	19.36
	汞	230.6*		锡	8 486
	锑	12.6		钼	748
	金	4.35	进出口-其余半成品		4
	银	14 265*	进出口-成品及其他		4
	稀土	39.5**			

*表示金属含量为100%时的隐藏流系数；**表示仅有铈的隐藏流系数，而铈是产量最高的稀土金属，因此以此为稀土金属的隐藏流系数

化石燃料包括原煤、原油和天然气，数据均来自《中国能源统计年鉴》（1993~2015年）。天然气数据为体积单位，应转化为重量单位。天然气主要由甲烷组成，因此按照甲烷的标准密度 $0.7174kg/m^3$ 转化。

矿产资源由金属和非金属两部分组成，金属有32种，非金属有162种。除砂石外，其余矿产数据均来自《中国地质矿产年鉴》（1992~1998年）和《中国国土资源统计年鉴》（1999~2015年）。砂石数据不可得，按照UNEP的估算方法（砂石:水泥=6.5:1）计算，即根据水泥消费量计算砂石量。

根据国家发展和改革委员会公布的《中国资源综合利用年度报告（2014）》，我国综合利用的资源主要包括回收利用的工业固体废弃物（尾矿、冶金渣、粉煤灰、煤矸石、化工废料等）、废钢铁、废有色金属、废纸、废塑料和废橡胶[67]。

工业固体废弃物回收利用量来自《中国环境年鉴》（1993~2015 年），废钢铁回收利用量来自《中国钢铁工业年鉴》（1993~2015 年），废有色金属回收利用量来自《中国有色金属工业年鉴》（1993~2015 年），废纸回收利用量来自《中国造纸年鉴》（1993~2015 年），废塑料回收利用量来自《中国塑料工业年鉴》（1993~2015 年），废橡胶回收利用量来自《中国橡胶工业年鉴》（1993~2015 年）。

废弃物排放包括水体排放物（10 种）、大气排放物（6 种）、固体废弃物（3 种）及耗散性物质（3 种）。水体排放物数据来自《中国环境年鉴》（1993~2015 年）。值得注意的是，化学需氧量需转化为有机物数量。但由于缺乏估算方法，本节采用化学需氧量作为有机物数量。由于统计口径变化，《中国环境年鉴》（1993~1997 年）仅统计了工业化学需氧量排放量，并未统计生活化学需氧量排放量。这部分数据将通过建立 Holt 指数平滑预测模型估算获得。2011 年后，农业化学需氧量排放量才被列入统计年鉴，但其占排放总量的比例较大（42%），不可忽略。因此，将按照这一比例系数估算 1992~2010 年的农业化学需氧量排放量。同理估算总氮（15.6%）和总磷（1.80%）的排放量。

大气排放物中的二氧化硫、工业烟粉尘和氮氧化物数据来自《中国环境年鉴》（1993~2015 年）。与农业化学需氧量排放量类似，2011 年后，氮氧化物被列入统计年鉴。因此，将按照 2011~2014 年氮氧化物占大气排放物比例的平均值（40%）计算。1992~2012 年的二氧化碳和 CH_4 数据来自世界资源研究所，2013 年和 2014 年的二氧化碳数据来自美国橡树岭国家实验室 CO_2 信息分析中心（Carbon Dioxide Information Analysis Center, CDIAC）[68]，2013 年和 2014 年的 CH_4 按 2012 年的计算。

固体废弃物包括工业固体废弃物、生活垃圾和建筑垃圾。其中，工业固体废弃物排放量来自《中国环境年鉴》（1993~2015 年）。在生活垃圾方面，我国仅统计了生活垃圾清运量。生活垃圾排放量即生活垃圾产生总量减去生活垃圾清运量。其中，生活垃圾产生总量将按照 0.6kg/（人·d）计算[69]，生活垃圾清运量来自《中国统计年鉴》（1993~2015 年）。建筑垃圾包括建造垃圾、拆毁建筑垃圾和装修垃圾。需要注意的是，建筑建造过程中开挖的土方属于隐藏流，不包括在建造垃圾中。在中国，大约 5% 的建筑材料在建造过程中会变为建造垃圾[70]，因此，建造垃圾将按照我国混凝土消费量的 5% 计算。据测算，我国建筑平均使用寿命为 38 年[71]，本节将以我国 1954~1976 年的建筑竣工面积作为 1992~2014 年的建筑拆毁面积，拆毁建筑垃圾按照 1335.5kg/m² 计算[72]。装修垃圾占建筑垃圾总量的 10%[70]。本节将以此估算装修垃圾量。

耗散性物质包括农药、化肥、农用薄膜、有机肥和种子。农药、化肥和农用薄膜数据来自《中国农业年鉴》（1993~2015 年）。有机肥按照《欧盟物质流核算指南》(2013 年版）估算。种子数据来自 FAO 数据库的粮食平衡表。

进出口数据来自 UN Comtrade 数据库。由于联合国国际贸易数据库中仅有不超过 7% 的产品是不统计重量仅统计金额的，且这部产品仅占总量的 5%[73]，本节将忽略无重量统计的产品产量。由于物质流账户不包括水资源，其出口量不计入出口数据中。

平衡项数据需根据化石燃料和人畜数量估算得到，具体估算方法依照《欧盟物质流核算指南》(2013 年版）进行。

隐藏流包括本地开采隐藏流、进口隐藏流和出口隐藏流。隐藏流估算的重点，在于确定隐藏流系数。目前，我国隐藏流系数的研究较少，仅有文献计算了农产品、铁矿石、铜矿石、铝土矿、金矿、磷矿的隐藏流系数，大部分物质的隐藏流系数不可得。而国外隐藏流的研究较早，数据丰富[74]。因此，本节在计算本地开采和出口产品时优先采用我国的隐藏流系数，并选取国外的数据作为补充；计算进口隐藏流时则优先采用国外数据。具体隐藏流系数，详见表 2-3。在本地开采隐藏流中，本节统计了 21 种生物质、3 种化石燃料、18 种金属和 104 种非金属的隐藏流数据，房屋、道路、水利设施建设过程中的土地开挖量也是本地开采隐藏流的一部分。房屋建设过程中的土地开挖量，按照 $0.91t/m^2$ 估算[75]。道路建设中的土地开挖量，按照我国公路工程技术标准[76]规定的一般路基宽度及挖方深度来计算。水利设施建设挖方量，可直接由年鉴数据提供，其中土方按照密度为 $1.6t/m^3$ 转化为重量单位，石方按照密度为 $2.5t/m^3$ 转化为重量单位[77]。由于缺乏数据，本节将不统计河流疏浚过程中的清淤量和农业水土流失。

根据《欧盟物质流核算指南》(2013 年版），进出口可以分为原材料（521 种）、半成品（340 种）、成品及其他产品（>4000 种）。本节共找到了 113 种原材料及 259 种半成品的隐藏流系数。这部分原材料与半成品将按照这些系数估算。其余半成品、成品及其他产品将以 4 作为隐藏流系数来估算，其余原材料的隐藏流将被忽略。

2.2.3 物质流的核算与分析

通过数据收集和整理，核算我国 1992～2014 年物质流账户，结果详见表 2-4。

表 2-4 1992～2014 年我国物质输入输出指标（单位：亿 t）

年份	DEU	UDE	IMP	IF_IMP	DMI	TMR	DPO	EXP	IF_EXP	TDO	MR
1992	84.68	183.55	1.22	5.61	85.90	275.06	35.32	1.28	9.58	218.87	2.62

续表

年份	DEU	UDE	IMP	IF_{IMP}	DMI	TMR	DPO	EXP	IF_{EXP}	TDO	MR
1993	94.54	139.82	1.58	7.92	96.12	243.86	37.86	1.35	10.51	177.68	2.58
1994	105.35	154.12	1.90	8.15	107.25	269.52	39.92	1.41	11.22	194.04	2.83
1995	102.92	168.79	1.85	7.43	104.77	280.99	43.08	1.58	12.86	211.87	3.07
1996	94.39	174.98	1.95	8.28	96.34	279.60	44.65	1.54	12.17	219.63	3.10
1997	98.75	172.47	2.25	8.90	101.00	282.37	44.93	1.85	14.17	217.40	3.31
1998	93.39	224.66	2.15	8.89	95.54	329.09	46.17	1.72	14.37	270.83	3.70
1999	107.60	196.40	2.50	10.98	110.10	317.48	44.15	1.67	15.14	240.55	4.00
2000	111.40	231.94	3.18	13.81	114.58	360.33	46.90	2.39	20.22	278.84	4.21
2001	115.75	233.34	3.62	15.91	119.37	368.62	48.36	2.83	20.39	281.70	5.22
2002	122.03	208.33	4.21	19.56	126.24	354.13	51.25	3.19	20.84	259.58	5.58
2003	140.69	257.77	5.31	24.42	146.00	428.19	58.36	3.43	22.43	316.13	6.31
2004	143.84	293.38	6.68	27.68	150.52	471.58	66.00	3.54	23.29	359.38	7.55
2005	153.17	313.77	7.54	30.81	160.71	505.29	72.77	4.02	24.98	386.54	8.58
2006	169.93	348.57	8.48	31.71	178.41	558.69	79.50	4.72	29.78	428.07	10.27
2007	179.15	332.24	9.76	40.57	188.91	561.72	84.72	4.98	31.47	416.96	12.16
2008	194.37	357.05	10.64	40.45	205.01	602.51	86.93	4.75	28.21	443.98	13.50
2009	212.38	359.43	14.20	56.73	226.58	642.74	92.80	3.58	18.76	452.23	15.08
2010	230.46	402.54	15.86	60.85	246.32	709.71	99.34	4.46	24.75	501.88	17.61
2011	252.85	452.72	17.85	69.31	270.70	792.73	108.33	5.01	27.48	561.05	21.20
2012	268.01	466.07	19.67	78.97	287.68	832.72	111.77	4.65	27.40	577.84	21.93
2013	285.50	486.12	21.85	85.03	307.35	878.50	115.25	5.24	30.63	601.37	22.27
2014	289.67	501.03	21.86	79.65	311.53	892.21	115.61	5.24	35.61	616.64	22.24

　　为确保物质流数据的可信性，本研究将研究数据与他人研究结果进行了对比。UNEP[78]及 Wang 等[73]的研究成果是目前研究中国物质代谢的两个最新成果。这两项研究均仅研究了我国 DMI 指标，不同研究结果对比如图 2-2 所示。计算变异系数来比较三者差异可知，本节 DMI 与 Wang 等的差异为 9.12%，与 UNEP 的差异为 11.56%，且随着时间推移，该差距逐渐缩小。可见，DMI 指标

在这三项研究中有较高的一致性，本节研究结果可信度较高。

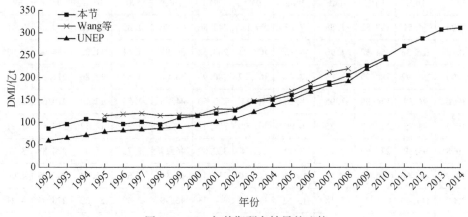

图 2-2　DMI 与前期研究结果的比较

2.3　我国物质代谢分析

在 2.2 节物质流核算与分析的基础上，对国家层面的物质代谢全景、物质输入、物质输出与两者关系，以及国家层面物质代谢效率进行分析，揭示我国 1992 ~ 2014 年物质代谢趋势与演化规律。

2.3.1　物质代谢全景分析

利用 EW-MFA 分析框架建立我国 1992 年和 2014 年的物质流全景图，如图 2-3 和图 2-4 所示。该全景图展现了我国整个社会经济系统的物质组成和变化。通过比较图 2-3 和图 2-4，得如下结论。

1）物质代谢规模不断扩大。从物质输入端看，我国的物质输入量由 1992 年的 297.79 亿 t 升至 2014 年的 912.85 亿 t，增长了 2.07 倍。其中，TMR 和 DMI 分别增长了 2.24 倍和 2.63 倍。从输出端看，物质输出量由 1992 年的 247.81 亿 t 上升至 2014 年的 689.55 亿 t，增加了 1.78 倍。其中，TDO 和 DPO 分别增长了 1.82 倍和 2.27 倍。经济呈现出明显的"高消耗、高排放"特征。

2）国内资源仍然是我国使用的主要资源，但对外依存度逐年加大。1992 ~ 2014 年，本地开采占 DMI 的比例为 98.58% ~ 92.98%，远大于进口占比。这说明我国经济发展主要依靠国内资源。进口占 DMI 的比例不断升高，由 1992 年的 1.42% 升至 2014 年的 7.02%，我国对外部资源的依赖度逐步加大。

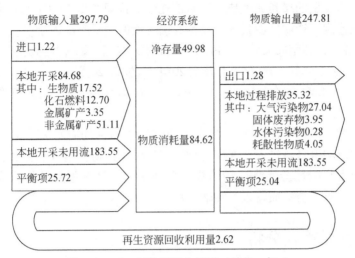

图 2-3　1992 年物质流全景图（单位：亿 t）

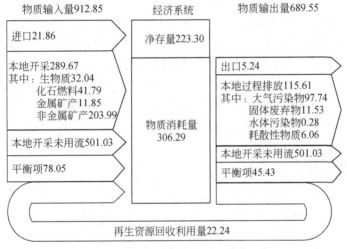

图 2-4　2014 年物质流全景图（单位：亿 t）

3）我国已成为资源净进口国。计算期内，PTB（PTB＝IMP-EXP）由 1992 年的-0.06 亿 t 上升至 2014 年的 16.62 亿 t。我国由一个资源出口国，变为一个资源进口国。对比进出口隐藏流可知，PTB_{IF}（PTB_{IF}＝IFI-IFE）由 1992 年的-3.97 亿 t 上升至 2014 年的 44.04 亿 t。可见，我国对全球资源与环境的影响日益加重。

4）物质消耗量和净存量持续增长。与 1992 年相比，2014 年我国物质消耗量增加了 221.67 亿 t，增长了 2.62 倍；净存量增加了 173.32 亿 t，增长了 3.47

倍。可见，净存量的增长速度快于物质消耗量，且同样高于物质输入量和物质输出量的增长速度，说明资源投入增长是我国发展的主要驱动因素。

5) 资源综合利用成果显著。1992～2014 年，我国共综合利用资源 218.92 亿 t。年利用量由 1992 年的 2.62 亿 t 上升至 2014 年的 22.24 亿 t，年均增长 10.21%，远高于 TMR 和 DMI 的增长速度（5.69%、6.03%）。可见，我国资源综合利用产业发展迅猛。

由上可知，1992～2014 年，我国各项物质流指标均有显著上升，对全球资源和环境的影响也日益扩大。在所有物质流指标中，物质输入和输出，即物质吞吐量，体现了我国社会经济活动的资源环境压力，是最重要的物质流指标。因此，下面将着重分析物质输入量和输出量。

2.3.2 物质输入分析

物质输入端有两个重要指标，分别为 TMR（TMR = DMI + 隐藏流）和 DMI（DMI = DEU + IMP）。由图 2-5 可知，1992～2014 年，TMR 和 DMI 均有较大增长。其增长大致经历了三个阶段：第一阶段为 1992～1998 年，TMR 和 DMI 呈波动增长状态，年均增长率分别为 3.03% 和 1.79%；第二阶段为 1999～2010 年，TMR 和 DMI 急剧增加，年均增长率分别为 6.61% 和 8.21%；第三阶段为 2011～2014 年，TMR 和 DMI 的增长速度逐年下降，TMR 的增长率由 2011 年的 11.70% 下降到 2014 年的 1.56%，DMI 的增长率由 2011 年的 9.90% 下降到 2014 年的

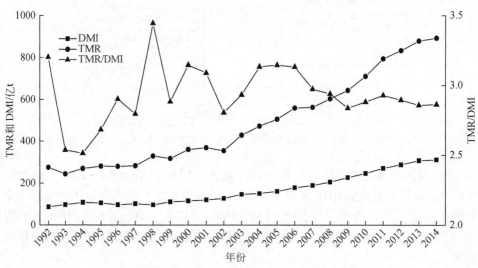

图 2-5 1992～2014 年 DMI 和 TMR 指标

1.36%。可见，2011 年后，随着我国经济发展速度的降低，TMR 和 DMI 的增长速度也同步下降。这从一个侧面印证了经济发展是我国物质代谢变化的主要影响因素。由图 2-5 可知，2005 年后，TMR/DMI 呈现波动下降态势，由 2005 年的3.14 下降至 2014 年的 2.86，表明我国单位资源的生态包袱逐渐变小，资源开采的环境压力逐步减弱。

图 2-6 显示了 TMR 和 DMI 主要组成成分的变化。由图可知，1992~2014 年，进口数量变化最为剧烈，年均增长 14.02%，占 DMI 的比例由 1992 年的 1.42%升至 2014 年的 7.02%，我国对外依存度逐渐加大。生物质占比持续下降，占DMI 的比例由 1992 年的 20.40% 降至 2014 年的 10.28%，展现了我国由农业大国向工业化国家转变的过程。非金属占 DMI 的比例最大，2014 年达到65.48%。随着城镇化加快，城市建设规模不断扩大，非金属开采量持续增加，年均增长 6.49%。近些年来，随着我国制造业崛起，金属矿产量增长极为显著，年均增长 5.91%。但值得注意的是，受铁矿石产量下降影响，金属矿产量在 2011 年后持续下降，由 2011 年的 13.22 亿 t 降至 2014 年的 11.85 亿 t，占DMI 的比例由 2011 年的 4.88% 降至 2014 年的 3.80%。化石燃料同样增长迅速，年均增长 5.56%。但由于我国 2014 年原煤产量大幅下降，化石燃料出现 1998 年以来的首次下降，由 2013 年的 42.71 亿 t 降至 2014 年的 41.79 亿 t，占比降至 13.41%。

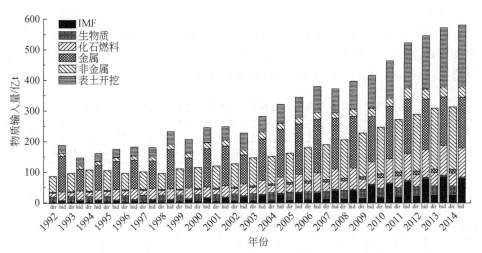

图 2-6　1992~2014 年物质输入的构成

由图 2-6 可知，金属矿产生态包袱是隐藏流的第一大来源，占输入端隐藏流的比例持续下降，由 1992 年的 61.54% 降至 2014 年的 28.41%。单位金属矿产生态包袱下降显著，由 1992 年的 34.75 降至 2014 年的 13.92，而这正是我国单位资源生态包袱下降的主要原因。这一现象反映了我国矿产结构的变化。随着房地产市场持续繁荣，隐藏流系数较小的铁矿石产量占比上升，降低了单位金属矿产生态包袱。2011 年后，随着铁矿石产量下降，单位金属矿产生态包袱又呈现波动增长趋势。表土开挖量已超过金属矿产成为最大的隐藏流来源（2014 年为 34.70%）。这主要源于我国基础设施建设速度的加快及房地产市场的繁荣。化石燃料生态包袱是我国隐藏流的第三大来源，占比由 1992 年的 14.92% 升至 2014 年的 16.38%。单位化石燃料生态包袱略有上升，占比由 1992 年的 2.22% 升至 2014 年的 2.28%。这一现象主要由煤炭占比上升引起。我国是一个富煤、贫油、少气的国家。随着能源需求持续提高，煤炭开采量占比升高。而相比于石油和天然气，煤炭的隐藏流系数较大，增加了单位化石燃料生态包袱。2014 年，我国煤炭产量回落，相应的单位化石燃料生态包袱也略有下降。

由上可知，金属矿产和化石燃料是支撑我国发展最重要的两种资源，也是隐藏流的主要来源。降低发展带来的环境压力，需从金属矿产和化石燃料入手，一方面促进金属矿产的回收利用，降低原生矿的开采量；另一方面要发展新能源，减少化石能源使用。

2.3.3 物质输出分析

1992 ~ 2014 年本地过程排放（DPO）的规模与构成，详见表 2-5。由表可知，DPO 由 1992 年的 35.32 亿 t 上升至 2014 年的 115.61 亿 t，年均增长 5.54%，DPO 增长显著。与 TMR 和 DMI 类似，2011 年后，我国 DPO 增长率同样出现下降趋势，由 2011 年的 9.05% 降至 2014 年的 0.31%。

表 2-5 1992 ~ 2014 年本地过程排放（DPO）的规模与构成（单位：亿 t）

DPO	1992 年	1995 年	1998 年	2001 年	2004 年	2007 年	2010 年	2013 年	2014 年
总量	35.32	43.08	46.17	48.36	66.00	84.72	99.34	115.25	115.61
大气排放物	27.04	33.54	35.15	38.21	54.24	70.99	82.54	96.61	97.74
其中：CO_2	26.16	32.59	34.06	37.26	53.21	69.95	81.60	95.69	96.80
固体废弃物	3.95	4.76	6.05	4.82	6.07	7.62	10.36	12.43	11.53
其中：工业固体废弃物	0.26	0.22	0.70	0.29	0.18	0.12	0.05	0.01	0.006
其中：建筑垃圾	1.97	2.96	3.75	3.09	4.61	6.14	8.96	11.17	10.33
耗散性物质	4.05	4.48	4.66	5.02	5.39	5.79	6.15	5.93	6.06
水体排放物	0.28	0.30	0.31	0.31	0.30	0.32	0.29	0.28	0.28

从结构上看，大气排放物是我国 DPO 的第一大来源。2014 年大气排放物占 DPO 的 84.54%。其中，二氧化碳占比最高，平均占大气排放物排放总量的 98.23%。随着能源需求的不断增加，碳排放量也在快速上升，年均增长 6.13%。由此导致 DPO 数据同步上升。可见，降低碳排放是减少 DPO 的关键。二氧化硫和工业烟粉尘在 2005 年后缓慢下降，由 2005 年的 0.46 亿 t 降至 2014 年的 0.37 亿 t。可见，我国对大气排放物的治理在 2005 年后取得了较为明显的效果。

固体废弃物是 DPO 的第二大来源。2014 年固体废弃物占 DPO 的 9.98%。随着我国环保投入的增加，固体废弃物排放量在 1998 年达到 6.05 亿 t，随后下降至 2001 年的 4.82 亿 t，而后又逐年上升，到 2013 年高达 12.43 亿 t。值得注意的是，随着城镇化进程加快，建筑垃圾增长较快，由 1992 年的 1.97 亿 t 升至 2014 年的 10.33 亿 t，2014 年已占固体废弃物的 89.59%。因此，妥善处理和利用建筑垃圾是进一步降低固体废弃物排放的关键。

耗散性物质是 DPO 的第三大来源。2014 年耗散性物质占 DPO 的 5.24%，主要来自农业生产过程中使用的化肥、农药和薄膜。随着我国农业发展，耗散性物质呈持续上升态势，数量由 1992 年的 4.05 亿 t 升至 2014 年的 6.06 亿 t。这些物质施用于农作物后，除少部分被农作物吸收和回收利用外，大部分会进入地下水、土壤和空气中，造成面源污染，几乎无法收集和处理，治理难度极大，需要重点关注。

水体排放物虽然数量相对较小（2014 年为 0.24%），但危害极大，一直是环保治理的重点。1992~2014 年排放量一直在 0.30 亿 t 左右，并未随社会经济的发展而上升。

2.3.4 物质输入输出关系分析

DMI 和 DPO 是输入、输出端两个最重要的指标。为考察二者的关系及其变化，本节以 10 年为时间跨度测算 DMI 和 DPO 的滑动相关系数。DMI 和 DPO 滑动相关系数随时间变化曲线，如图 2-7 所示。由图可见，相关系数随时间呈明显上升的趋势。1992~2001 年、1993~2002 年、1994~2003 年这三个时间段的相关系数 $0.5 < |r| < 0.8$，显著性水平小于 0.05，DMI 与 DPO 为中度相关。1995 年以后，DMI 和 DPO 相关系数均为 0.8 以上，且显著性水平小于 0.05，二者为强相关。可见，我国的物质输入和输出指标具有稳定的强相关关系，本地过程排放量与资源投入量关系紧密。因此，解决环境污染问题的根本措施在于控制资源投入量。

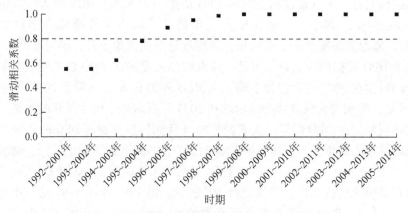

图 2-7　DMI 和 DPO 滑动相关系数随时间变化曲线

2.3.5　物质代谢效率分析

　　表 2-6 展示了 2010 年 DMI 数量最大的十个国家及全球平均的物质投入情况。除我国外，其余国家数据均来自 UNEP 数据库。为方便对比，GDP、人口和国土面积采用世界银行数据，GDP 以 2005 年美元不变价计算。由表 2-6 可知，我国的资源使用情况极为严峻。从总量上看，我国已经超过美国成为直接物质投入量最大的国家，2010 年我国 DMI 是美国的 3.59 倍。由于我国人口众多，人均 DMI 不高，为 18.31t（2010 年），在十个国家中排名第五位。但是，我国人均 DMI 呈持续升高趋势，由 1992 年的 7.29t 升至 2014 年的 22.73t。可以预期，随着经济发展和人民生活水平提高，人均 DMI 将会继续升高。我国的资源产出率（GDP/DMI）较低，仅为 157.85 美元/t，在十个国家中排名末尾，仅为全球平均水平的20.98%。可见，我国的经济发展严重依赖资源投入。

表 2-6　2010 年各国物质投入对比

名称	中国	美国	印度	巴西	俄罗斯	印度尼西亚	澳大利亚	德国	日本	加拿大	全球平均
DMI/亿 t	246.32	68.61	52.86	29.15	25.69	20.92	18.09	16.95	13.46	12.01	—
人均 DMI/t	18.31	21.97	4.38	14.93	17.89	8.69	80.73	20.42	10.57	35.20	10.12
GDP/DMI /（美元/t)	157.85	1982.11	235.28	380.26	353.94	180.64	441.00	1794.95	3453.54	1032.50	752.34
地均 DEU/t	2396.13	591.87	1482.69	326.69	142.76	1035.62	223.22	3267.75	1500.20	95.65	521.56

我国的资源压力较大。2010 年，单位国土面积资源压力达到 2396. 13t，约为全球平均水平的 4 倍。另外，我国有 93. 77% 的人口和 95. 70% 的 GDP 聚集于黑河—腾冲线①东南占国土面积 43. 18% 的地区。也就是说，对部分地区来讲，单位国土面积环境压力更大，形势更为严峻。随着我国经济进一步增长，发展与资源之间的矛盾将会越来越突出，提升资源产出率极为迫切。

资源综合利用是提高资源产出率的一个有效途径。近年来，我国已在这个方面取得了一些成绩。支撑发展所需投入的资源总量（TRI）由两部分组成，一是 DMI，二是循环量（MR）。DMI 的资源产出率和资源投入总量的资源产出率满足如下关系式[79]：

$$RP_{DMI}=\frac{GDP}{DMI}=\frac{\frac{GDP}{(DMI+MR)}}{\frac{DMI}{(DMI+MR)}}=\frac{RP_{资源投入总量}}{1-MR/TRI} \tag{2-1}$$

可见，综合利用生产和消费过程中的废弃物提升了 DMI 的资源产出率。随着 MR 占比的增加，DMI 的资源产出率与资源投入总量的资源产出率的差距逐渐扩大。可见，在其他条件不变的情况下，资源综合利用量越大，DMI 的资源产出率越高。

我国情况也验证了上述关系。DMI 和资源投入总量的资源产出率与 MR 占比的关系，如图 2-8 所示，1992 ~ 2014 年，我国综合利用资源 218. 92 亿 t，再生资源回收利用量由 1992 年的 2. 62 亿 t 升至 2014 年的 22. 24 亿 t。计算得到资源投入总量由 1992 年的 88. 52 亿 t 升至 2014 年的 333. 77 亿 t。循环量占资源投入总量的比例由 1992 年的 2. 96% 升至 2014 年的 6. 66%。结合 GDP（2005 年不变价人民币）计算 DMI 和资源投入总量的资源产出率。DMI 的资源产出率由 1992 年的 633. 43 元/t 升至 2014 年的 1391. 49 元/t；资源投入总量的资源产出率由 1992 年的 614. 68 元/t 升至 2014 年的 1298. 77 元/t。DMI 的资源产出率高于资源投入总量，且差距持续扩大，2014 年达到 92. 72 元/t。

因此，提高资源综合利用量要从发展循环经济入手，按照清洁生产和 3R 原则在企业、园区和社会三个层面发展循环经济。在企业层面，开展清洁生产工作，改进设计和生产工艺；在园区层面，开展循环化改造工作，建立生态工业园；在社会层面，发展静脉产业，建设循环型社会。

---

① 黑河—腾冲线，又名胡焕庸线，是我国著名地理学家胡焕庸（1901 ~ 1998 年）在 1935 年提出的划分我国人口密度的对比线。

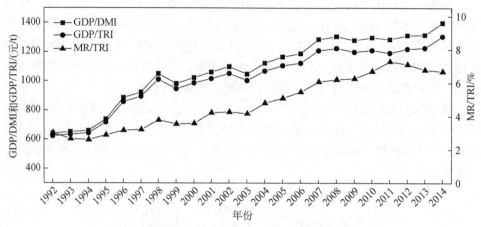

图 2-8　DMI 和资源投入总量的资源产出率与 MR 占比的关系

2.4　物质代谢影响因素研究

通过 2.3 节的分析，梳理和解析了我国社会经济系统物质代谢在时间和空间上的特征和趋势，明确了我国现阶段主要存在的问题。本节将构建 LMDI 模型，分析我国社会经济系统物质代谢的影响因素。DMI 和 DPO 是物质流账户中最为重要的两个指标，代表了我国的资源环境压力。因此，本节选取这两个指标作为分析对象。

2.4.1　分解模型的构建

指数分解分析（index decomposition analysis，IDA）最初是用来解决经济问题的，后被广泛应用于能源和碳排放领域来分析能源环境指标的变化机理。目前，使用最多的是 Laspeyres 指数分解法和 Divisia 指数分解法。根据对残差处理方式的不同，这两种分解方法又发展出了许多分支。LMDI 分解法[80] 正是 Divisia 指数分解法的一种，由于其具有无残差的优点，成为使用较为广泛的方法之一。本节采用该方法研究物质代谢的影响因素。

LMDI 分解法是一种分解影响因素作用大小的方法。在分解之前，必须根据研究对象的特征建立分解模型。由于 IPAT 方程可以很好地反映人类活动对环境影响的成因，多数研究所建立的分解模型是在 IPAT 方程的基础上根据研究的实际情况进行的调整和改进。本节所建立的分解模型同样是在 IPAT 方程的基础上进行的调整。

为了能够反映我国社会经济系统物质代谢时空变化的原因，本节将我国 DMI
分解为 30 个地区的直接物质投入量，将 DPO 分解为 30 个地区的本地过程排放
量，以分析每一个地区物质代谢影响因素的作用。由 2.3 节可知，经济发展、城
镇化、人口及技术水平对我国物质代谢的作用均较大，因此，本节在 IPAT 方程
基础上，按照上述影响因素建立 DMI 和 DPO 的分解模型。由以上分析，可得如
下分解模型：

$$DMI = \sum_{k=1}^{30} P_k \times (U_k + R_k) \times \frac{GDP_k}{P_k} \times \frac{DMI_k}{GDP_k} \tag{2-2}$$

$$DPO = \sum_{k=1}^{30} P_k \times (U_k + R_k) \times \frac{GDP_k}{p_k} \times \frac{DPO_k}{DMI_k} \times \frac{DMI_k}{GDP_k} \tag{2-3}$$

式中，k——代表 30 个地区；

P_k——各地区人口数量；

U_k——各地区的城镇化率。

将上述公式简化，可得

$$DMI = \sum_{k=1}^{30} P_k \times (U_k + R_k) \times A_k \times T_k \tag{2-4}$$

$$DPO = \sum_{k=1}^{30} P_k \times (U_k + R_k) \times A_k \times E_k \times T_k \tag{2-5}$$

式中，A_k 为 $\frac{GDP_k}{P_k}$——代表各地区经济发展；

T_k 为 $\frac{DMI_k}{GDP_k}$——为单位 GDP 资源投入量，即资源效率，代表生产技术水平；

E_k 为 $\frac{DPO_k}{DMI_k}$——为单位资源投入量的废弃物排放量，即排放强度，代表末端
治理水平，即 DMI 受人口数、经济发展、生产技术水平及城镇化水平的影响；
DPO 受人口数、经济发展、生产技术水平、末端治理水平和城镇化水平的影响。

根据 LMDI 的分解方法将各影响因素贡献值的计算公式求出。由于加法分解
和乘法分解的结果可以相互转化，本节仅使用加法分解。

将式（2-4）和式（2-5）两边取对数并微分，可得

$$\frac{dDMI}{dt} = DMI \times \sum_{k=1}^{30} \left(\frac{d\ln A_k}{dt} + \frac{d\ln T_k}{dt} + \frac{d\ln P_k}{dt} + \frac{P_k \times U_k \times A_k \times T_k}{DMI_k} \right.$$
$$\left. \times \frac{d\ln U_k}{dt} - \frac{P_k \times R_k \times A_k \times T_k}{DMI_k} \times \frac{d\ln R_k}{dt} \right) \tag{2-6}$$

$$\frac{dDPO}{dt} = DPO \times \sum_{k=1}^{30} \left(\frac{d\ln A_k}{dt} + \frac{d\ln T_k}{dt} + \frac{d\ln E_k}{dt} + \frac{d\ln P_k}{dt} + \frac{P_k \times U_k \times A_k \times E_k \times T_k}{DPO_k} \right.$$

$$\times \frac{\mathrm{d}\ln U_k}{\mathrm{d}t} - \frac{P_k \times U_k \times A_k \times E_k \times T_k}{\mathrm{DPO}_k} \times \frac{\mathrm{d}\ln R_k}{\mathrm{d}t}\right) \tag{2-7}$$

则在 [0，T] 时刻对式 (2-6) 和式 (2-7) 积分，可得

$$\mathrm{DMI}^T - \mathrm{DMI}^0 = \sum_{k=1}^{30}\left(\int_0^T \mathrm{DMI}\mathrm{d}t \times \ln\frac{A_k^T}{A_k^0} + \int_0^T \mathrm{DMI}\mathrm{d}t \times \ln\frac{T_k^T}{T_k^0} + \int_0^T \mathrm{DMI}\mathrm{d}t\right.$$

$$\times \ln\frac{P_k^T}{P_k^0} + \int_0^T P_k \times U_k \times A_k \times T_k \mathrm{d}t \times \ln\frac{U_k^T}{U_k^0} + \int_0^T P_k$$

$$\left.\times R_k \times A_k \times T_k \mathrm{d}t \times \ln\frac{R_k^T}{R_k^0}\right)$$

$$\mathrm{DPO}^T - \mathrm{DPO}^0 = \sum_{k=1}^{30}\left(\int_0^T \mathrm{DPO}\mathrm{d}t \times \ln\frac{A_k^T}{A_k^0} + \int_0^T \mathrm{DPO}\mathrm{d}t \times \ln\frac{P_k^T}{P_k^0} + \int_0^T \mathrm{DPO}\mathrm{d}t\right.$$

$$\times \ln\frac{T_k^T}{T_k^0} + \int_0^T \mathrm{DPO}\mathrm{d}t \times \ln\frac{E_k^T}{E_k^0} + \int_0^T P_k \times U_k \times A_k \times E_k \times T_k \mathrm{d}t \times \ln\frac{U_k^T}{U_k^0}$$

$$\left.+ \int_0^T P_k \times R_k \times A_k \times E_k \times T_k \mathrm{d}t \times \ln\frac{R_k^T}{R_k^0}\right)$$

则各影响因素的分解结果如下：

对 DMI 有

$$\Delta A_k = \int_0^T \mathrm{DMI}\mathrm{d}t \times \ln\frac{A_k^T}{A_k^0} \qquad \Delta T_k = \int_0^T \mathrm{DMI}\mathrm{d}t \times \ln\frac{T_k^T}{T_k^0}$$

$$\Delta P_k = \int_0^T \mathrm{DMI}\mathrm{d}t \times \ln\frac{P_k^T}{P_k^0} \qquad \Delta U_k = \int_0^T P_k \times U_k \times A_k \times T_k \mathrm{d}t \times \ln\frac{U_k^T}{U_k^0}$$

对 DPO 有

$$\Delta A_k = \int_0^T \mathrm{DPO}\mathrm{d}t \times \ln\frac{A_k^T}{A_k^0} \qquad \Delta T_k = \int_0^T \mathrm{DPO}\mathrm{d}t \times \ln\frac{T_k^T}{T_k^0}$$

$$\Delta E_k = \int_0^T \frac{\mathrm{DPO}}{P}\mathrm{d}t \times \ln\frac{E_k^T}{E_k^0} \qquad \Delta P_k = \int_0^T \mathrm{DPO}\mathrm{d}t \times \ln\frac{P_k^T}{P_k^0}$$

$$\Delta U_k = \int_0^T P_k \times U_k \times A_k \times E_k \times T_k \mathrm{d}t \times \ln\frac{U_k^T}{U_k^0}$$

由微分中值定理，上述方程可近似转换为对数公式，

$$\Delta A_k = \frac{\mathrm{DMI}^T - \mathrm{DMI}^0}{\ln \mathrm{DMI}^T - \ln \mathrm{DMI}^0}\ln\frac{A_k^T}{A_k^0} \qquad \Delta T_k = \frac{\mathrm{DMI}^T - \mathrm{DMI}^0}{\ln \mathrm{DMI}^T - \ln \mathrm{DMI}^0}\ln\frac{T_k^T}{T_k^0}$$

$$\Delta P_k = \frac{\mathrm{DMI}^T - \mathrm{DMI}^0}{\ln \mathrm{DMI}^T - \ln \mathrm{DMI}^0}\ln\frac{P_k^T}{P_k^0} \qquad \Delta U_k = \frac{P_k^T U_k^T A_k^T T_k^T - P_k^0 U_k^0 A_k^0 T_k^0}{\ln P_k^T U_k^T A_k^T T_k^T - \ln P_k^0 U_k^0 A_k^0 T_k^0}\ln\frac{U_k^T}{U_k^0} \tag{2-8}$$

$$\Delta A_k = \frac{\mathrm{DPO}^T - \mathrm{DPO}^0}{\ln \mathrm{DPO}^T - \ln \mathrm{DPO}^0}\ln\frac{A_k^T}{A_k^0} \qquad \Delta T_k = \frac{\mathrm{DPO}^T - \mathrm{DPO}^0}{\ln \mathrm{DPO}^T - \ln \mathrm{DPO}^0}\ln\frac{T_k^T}{T_k^0}$$

$$\Delta P_k = \frac{DPO^T - DPO^0}{\ln DPO^T - \ln DPO^0} \ln \frac{P_k^T}{P_k^0} \quad \Delta E_k = \frac{DPO^T - DPO^0}{\ln DPO^T - \ln DPO^0} \ln \frac{E_k^T}{E_k^0}$$

$$\Delta U_k = \frac{P_k^T U_k^T A_k^T E_k^T T_k^T - P_k^0 U_k^0 A_k^0 E_k^0 T_k^0}{\ln P_k^T U_k^T A_k^T E_k^T T_k^T - \ln P_k^0 U_k^0 A_k^0 E_k^0 T_k^0} \ln \frac{U_k^T}{U_k^0} \tag{2-9}$$

式（2-8）和式（2-9）即各影响因素贡献值的计算公式。

2.4.2　模型计算与求解

如 2.3 节所述，DMI 和 DPO 大致经历了三个发展阶段：第一阶段为 1992 ~ 1998 年，DMI 和 DPO 呈波动增长状态；第二阶段为 1999 ~ 2010 年，DMI 和 DPO 增长迅速；第三阶段为 2011 ~ 2014 年，随着经济发展放缓，DMI 和 DPO 的增长速度逐年下降。为更好地反映各发展阶段的差异，本节采用区间分解方式分析各阶段影响因素的作用，以四年为间隔划分了五个时期，即 1995 ~ 1998 年、1999 ~ 2002 年、2003 ~ 2006 年、2007 ~ 2010 年和 2011 ~ 2014 年。

模型所需的人口、GDP 和城镇化数据均来自《中国统计年鉴 2015》。GDP 以 2005 年为基期转换为不变价 GDP。将各指标代入式（2-8）和式（2-9），求得各影响因素的贡献值。

2.4.3　影响因素分析

2.4.3.1　物质输入端

1995 ~ 2014 年我国 DMI 增长的影响因素及其贡献值，如图 2-9 所示。由图可见，经济发展是最大的正向因素，其贡献值在五个时期中分别为 36.34 亿 t、36.89 亿 t、76.07 亿 t、107.64 亿 t 和 116.12 亿 t。经济发展贡献值在 2003 ~ 2010 年增长最为明显。而这一时期也是经济发展最快的时期。2011 年后，经济增长速度放缓，同时，经济发展贡献值的增长速度也出现下滑。城镇化是推动 DMI 增长的第二大因素。五个时期的贡献值为 3.41 亿 t、8.51 亿 t、9.18 亿 t、12.22 亿 t 和 15.25 亿 t，呈现稳定增长态势。可见，随着我国城镇化水平提高，城镇化对资源的影响也同步加大。人口是第三大正向因素，五个时期的贡献值为 3.53 亿 t、4.31 亿 t、3.56 亿 t、7.45 亿 t 和 6.39 亿 t。与城镇化贡献值对比分析可知，人口在 1995 ~ 1998 年的贡献值高于城镇化，但此后被城镇化超过。可见，随着城镇化进程加快和人口控制政策效果显现，城镇化水平提高对 DMI 的影响已大于人口增长产生的影响。生产技术水平是唯一的负向因素，其贡献值呈波动

增长趋势，五个时期的贡献值为-28.36 亿 t、-9.34 亿 t、-15.13 亿 t、-28.30
亿 t 和-58.16 亿 t。1995~1998 年及 2011~2014 年的贡献值较大，说明这两个时
期我国的生产技术水平得到较好发展。随着我国越来越重视发展质量，1999 年
后，生产技术水平的贡献值持续增长。

1995~1998 年我国各省级行政单元 DMI 影响因素的贡献值，如图 2-10 所
示。由图可见，北部沿海、东部沿海和西南地区的贡献值较大。排名靠前的五个
省级行政单元为河北、浙江、河南、江苏和湖北，贡献值分别为 1.77 亿 t、1.59
亿 t、1.48 亿 t、1.29 亿 t 和 1.09 亿 t。东北、南部沿海和西北地区的贡献值较
小。排名靠后的五个省级行政单元为黑龙江、辽宁、广东、青海和湖南，贡献值
分别为-0.50 亿 t、-0.25 亿 t、-0.15 亿 t、-0.01 亿 t 和 0.02 亿 t。

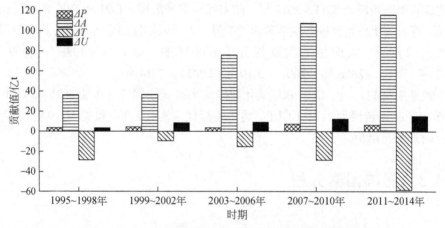

图 2-9　1995~2014 年我国 DMI 增长的影响因素及其贡献值

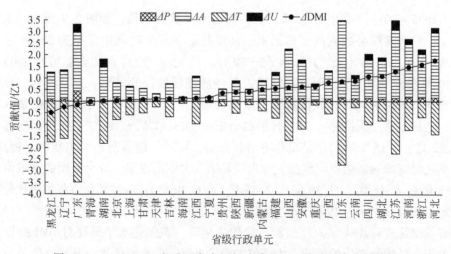

图 2-10　1995~1998 年我国各省级行政单元 DMI 影响因素的贡献值

由图 2-10 可见，经济发展贡献值较高的地区为北部沿海、东部沿海、黄河中游和长江中游部分地区。排名靠前的五个省级行政单元为山东（3.32 亿 t）、江苏（2.95 亿 t）、河北（2.81 亿 t）、广东（2.54 亿 t）和河南（2.32 亿 t），排名靠后的五个省级行政单元为青海（0.13 亿 t）、海南（0.13 亿 t）、宁夏（0.17 亿 t）、天津（0.31 亿 t）和新疆（0.41 亿 t）。城镇化方面，东部沿海、南部沿海、长江中游及部分西南地区的贡献值较高。排名靠前的五个省级行政单元为江苏（0.44 亿 t）、广东（0.34 亿 t）、湖南（0.34 亿 t）、四川（0.25 亿 t）和河南（0.21 亿 t），排名靠后的五个省级行政单元为青海（0.00 亿 t）、甘肃（0.01 亿 t）、宁夏（0.01 亿 t）、贵州（0.01 亿 t）和天津（0.01 亿 t）。人口方面，北部沿海、东部沿海、南部沿海及部分黄河中游地区的贡献值较高，排名靠前的五个省级行政单元为广东（0.45 亿 t）、山西（0.23 亿 t）、北京（0.20 亿 t）、河北（0.17 亿 t）和河南（0.17 亿 t），排名靠后的五个省级行政单元为天津（0.02 亿 t）、青海（0.03 亿 t）、宁夏（0.03 亿 t）、重庆（0.04 亿 t）和海南（0.04 亿 t）。生产技术方面，北部沿海、东部沿海、东北的贡献值较高，排名靠前的五个省级行政单元为广东（-3.48 亿 t）、山东（-2.73 亿 t）、江苏（2.25 亿 t）、湖南（1.81 亿 t）和黑龙江（1.76 亿 t），排名靠后的五个省级行政单元为宁夏（-0.04 亿 t）、海南（-0.07 亿 t）、新疆（-0.13 亿 t）、重庆（-0.14 亿 t）和青海（-0.17 亿 t）。由上可知，1995～1998 年，东部沿海、北部沿海和东部沿海及部分中部地区的经济、人口和城镇化发展较快，给这些地区带来了较高的物质消耗。与此同时，东部沿海、北部沿海的生产技术水平提升较快，缓解了正向因素带来的资源压力。

1999～2002 年我国各省级行政单元 DMI 影响因素的贡献值，如图 2-11 所示。由图可见，各地区总的贡献值呈现明显的东高西低分布格局，贡献值较高的地区集中在北部沿海、东部沿海及长江中游地区。排名靠前的五个省级行政单元为山东（5.21 亿 t）、浙江（4.94 亿 t）、广东（3.62 亿 t）、江苏（3.23 亿 t）和湖南（3.06 亿 t）。西北和西南地区的贡献值较低。排名靠后的五个省级行政单元为宁夏（0.12 亿 t）、青海（0.15 亿 t）、海南（0.24 亿 t）、北京（0.25 亿 t）和贵州（0.31 亿 t）。

由图 2-11 可见，经济发展贡献值较高的地区为北部沿海、东部沿海及黄河中游和长江中游部分地区。排名靠前的五个省级行政单元为山东（3.63 亿 t）、江苏（2.98 亿 t）、河北（2.60 亿 t）、浙江（2.37 亿 t）和四川（2.20 亿 t），排名靠后的五个省级行政单元为青海（0.18 亿 t）、宁夏（0.19 亿 t）、海南（0.06 亿 t）、天津（0.35 亿 t）和上海（0.39 亿 t）。广东的排名下降明显，由 1995～1998 年的第四名降至 1999～2002 年的第十二名，这主要由于其发展模式为出口导向型，受世界经济发展影响较大。城镇化方面，与 1995～1998 年相比，贡献

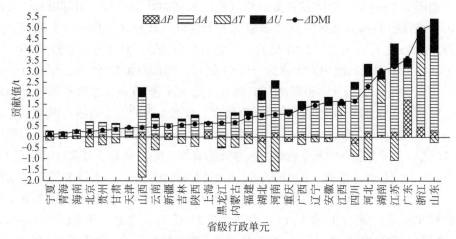

图 2-11　1999 ~ 2002 年我国各省级行政单元 DMI 影响因素的贡献值

值较高的地区为北部沿海、东部沿海及黄河中游和长江中游地区。排名靠前的五个省级行政单元为山东 (1.54 亿 t)、江苏 (1.06 亿 t)、浙江 (1.05 亿 t)、河北 (0.55 亿 t) 和湖北 (0.42 亿 t),有两个省级行政单元的贡献值为负,分别为黑龙江和新疆。人口贡献值的分布与 1995 ~ 1998 年较为一致,广东、北部沿海、东部沿海和部分黄河中游地区的贡献值较大。排名靠前的五个省级行政单元为广东 (1.72 亿 t)、浙江 (0.47 亿 t)、山东 (0.26 亿 t)、上海 (0.25 亿 t) 和江苏 (0.24 亿 t),有四个省级行政单元的贡献值为负,分别为四川、重庆、湖北和安徽。1999 ~ 2002 年,多数地区的生产技术水平贡献值低于 1995 ~ 1998 年,贡献值较高的地区为中部沿海、北部沿海及西南部分地区,排名靠前的五个省级行政单元为山西 (-1.84 亿 t)、河南 (-1.55 亿 t)、江苏 (-1.05 亿 t)、河北 (-1.02 亿 t) 和湖北 (-0.95 亿 t),有四个省级行政单元的贡献值为正,分别为湖南、浙江、江西、重庆。广东的生产技术水平贡献值下降明显,由 1995 ~ 1998 年的第一名降至 1999 ~ 2002 年的第二十六名。由上可知,1999 ~ 2002 年,生产技术水平的贡献值较小,各地区对技术水平的提升关注度不足。东部正向因素和负向因素的贡献值均高于中西部,说明无论从数量还是质量,东部地区的发展均优于中西部。

　　2003 ~ 2006 年我国各省级行政单元 DMI 影响因素的贡献值,如图 2-12 所示。由图可见,与前两个时期类似,总贡献值较大的地区依然分布于我国东部,贡献值较高的地区为北部沿海、东部沿海及黄河中游地区。排名靠前的五个省级行政单元是山东 (9.63 亿 t)、河北 (7.34 亿 t)、浙江 (6.28 亿 t)、江苏 (5.07 亿 t) 和山西 (4.29 亿 t)。东北和西北地区贡献值较低,排名靠后的五个省级行政单元为黑龙江（0.28 亿 t）、青海（0.43 亿 t）、重庆（0.54 亿 t）、海南（0.54 亿 t）和新疆（0.63 亿 t）。

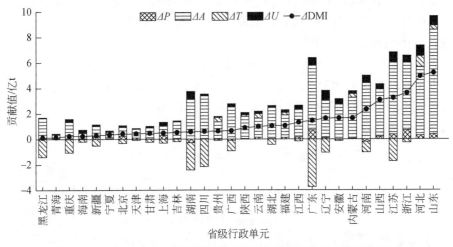

图 2-12　2003～2006 年我国各省级行政单元 DMI 影响因素的贡献值

由图 2-12 可见，与前两个时期相比，各省级行政单元经济发展贡献值的差距变大，最高的地区是最低的地区的 24.12 倍，说明各省级行政单元经济发展不平衡程度加深。贡献值较高的地区主要为北部沿海、东部沿海、黄河中游地区，排名靠前的五个省级行政单元为山东（8.20 亿 t）、江苏（5.64 亿 t）、河北（5.38 亿 t）、浙江（5.31 亿 t）和广东（5.07 亿 t），排名靠后的五个省级行政单元为青海（0.34 亿 t）、宁夏（0.36 亿 t）、海南（0.44 亿 t）、北京（0.72 亿 t）和天津（0.72 亿 t）。城镇化贡献值较高的地区仍集中于北部沿海、东部沿海及部分中部地区，排名靠前的五个省级行政单元为河北（0.82 亿 t）、江苏（0.80 亿 t）、辽宁（0.77 亿 t）、山东（0.72 亿 t）和广东（0.60 亿 t），排名靠后的五个省级行政单元为青海（0.01 亿 t）、黑龙江（0.03 亿 t）、天津（0.04 亿 t）、吉林（0.06 亿 t）和宁夏（0.08 亿 t）。人口贡献值较高的地区持续向北部沿海、东部沿海地区集中。排名靠前的五个省级行政单元为广东（0.71 亿 t）、浙江（0.70 亿 t）、山东（0.39 亿 t）、江苏（0.37 亿 t）和上海（0.31 亿 t），有六个省级行政单元的贡献值为负，分别为湖南、河南、广西、贵州、安徽和重庆。生产技术水平方面，与前两个时期相比，2003～2006 年，其贡献值分布向南方集中，贡献值较大的地区为南部沿海和西南部分地区。各省之中，广东的技术水平提升明显，由1999～2002 年的第二十六名提升至 2003～2006 年的第一名。排名靠前的五个省级行政单元为广东（-3.75 亿 t）、四川（-2.16 亿 t）、湖南（-2.14 亿 t）、江苏（-1.74 亿 t）和黑龙江（-1.41 亿 t）。有十个省级行政单元的贡献值为正，主要分布于中部和西北部地区。可见，在这一时期，我国中西部地区的生产技术水平提升较慢。

2007～2010年我国各省级行政单元DMI影响因素的贡献值，如图2-13所示。由图可见，这一时期我国总贡献值较高的地区为黄河中游、北部沿海、东部沿海和西南地区。排名靠前的五个省级行政单元是四川（8.74亿t）、内蒙古（8.71亿t）、江苏（6.32亿t）、河北（5.82亿t）和河南（5.80亿t），排名靠后的五个省级行政单元为上海（0.09亿t）、北京（0.12亿t）、海南（0.66亿t）、宁夏（1.14亿t）和天津（1.15亿t）。与2003～2006年相比，上海和北京的总贡献值下降明显。

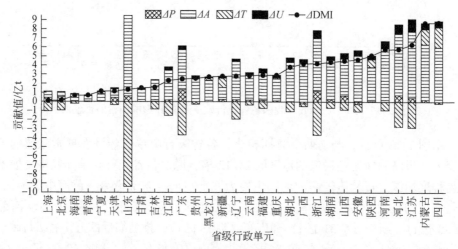

图2-13　2007～2010年我国各省级行政单元DMI影响因素的贡献值

由图2-13可见，经济发展贡献值较高的地区为北部沿海、东部沿海和黄河中游地区。排名靠前的五个省级行政单元为山东（9.33亿t）、江苏（7.35亿t）、河北（6.80亿t）、内蒙古（6.12亿t）和四川（6.03亿t），排名靠后的五个省级行政单元为北京（0.53亿t）、青海（0.61亿t）、上海（0.67亿t）、宁夏（0.74亿t）和海南（0.74亿t）。城镇化贡献值较高的地区仍集中于北部沿海和东部沿海地区，黄河中游地区的贡献率增长明显。排名靠前的五个省级行政单元为江苏（1.37亿t）、河北（1.02亿t）、浙江（0.84亿t）、河南（0.77亿t）和山东（0.75亿t），排名靠后的五个省级行政单元为上海（0.02亿t）、吉林（0.02亿t）、北京（0.04亿t）、海南（0.06亿t）和青海（0.07亿t）。与2003～2006年类似，人口贡献值高的地区仍然集中于北部沿海、东部沿海和广东地区。排名靠前的五个省级行政单元为广东（1.29亿t）、浙江（1.17亿t）、河北（0.74亿t）、山西（0.67亿t）和山东（0.62亿t），有四个省级行政单元的贡献值为负，分别为贵州、安徽、广西和四川。生产技术水平贡献值的分布变化较大，较高的地区集中于北部沿海、东部沿海和部分长江中游地区。排名靠前的五个省级行政单元为山东（-9.36 亿 t）、广东（-3.65 亿 t）、浙江（-3.65 亿 t）、江苏（-2.83 亿 t）和河北（-2.27 亿 t）。有九个省级行政单元的生产技术水平贡献值为正，除黑龙江外均位于西部地区。这一阶段，我国西部地区对发展质量的重视程度不足。由上可知，经济发展是西部地区物质投入量增长的主要因素，且西部地区技术水平较为落后，未能有效减轻经济发展带来的资源影响，使得相比于东部地区，资源压力较大。

2011~2014 年我国各省级行政单元 DMI 影响因素的贡献值，如图 2-14 所示。由图可见，总贡献值较高的地区为黄河中游、长江中游及西南部分地区，东北、北部沿海地区总贡献值较低。排名靠前的五个省级行政单元为贵州（5.68 亿 t）、安徽（5.68 亿 t）、陕西（5.12 亿 t）、江苏（5.09 亿 t）和山西（4.52 亿 t），排名靠后的五个省级行政单元为北京（-0.33 亿 t）、上海（0.18 亿 t）、黑龙江（0.41 亿 t）、海南（0.52 亿 t）和宁夏（0.60 亿 t）。

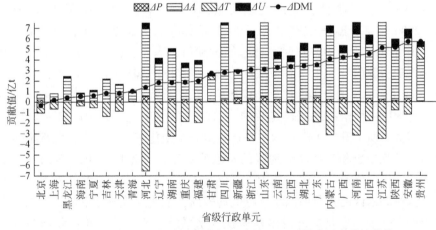

图 2-14　2011~2014 年我国各省级行政单元 DMI 影响因素的贡献值

2011~2014 年经济发展贡献值的分布与 2007~2010 年一致，较高的地区主要集中于北部沿海、东部沿海和黄河中游地区。排名靠前的五个省级行政单元为山东（7.75 亿 t）、江苏（7.40 亿 t）、四川（7.09 亿 t）、河北（6.41 亿 t）和河南（6.36 亿 t），排名靠后的五个省级行政单元为北京（0.47 亿 t）、上海（0.67 亿 t）、海南（0.72 亿 t）、青海（0.82 亿 t）和宁夏（0.88 亿 t）。北部沿海和东部沿海地区仍是城镇化贡献值较高的地区，黄河中游和西南部分地区的贡献值也较高。排名靠前的五个省级行政单元为山东（1.17 亿 t）、河南（1.13 亿 t）、四川（1.03 亿 t）、河北（0.98 亿 t）和江苏（0.94 亿 t），排名靠后的五个省级行

政单元为上海 (0.01 亿 t)、北京 (0.01 亿 t)、吉林 (0.08 亿 t)、海南 (0.08 亿 t) 和天津 (0.09 亿 t)。人口方面,北部沿海和南部沿海地区的人口贡献值仍然较高。排名靠前的五个省级行政单元为河北 (0.53 亿 t)、天津 (0.51 亿 t)、山东 (0.46 亿 t)、广东 (0.41 亿 t) 和广西 (0.35 亿 t),排名靠后的五个省级行政单元为黑龙江 (0.00 亿 t)、吉林 (0.01 亿 t)、辽宁 (0.04 亿 t)、河南 (0.06 亿 t) 和甘肃 (0.06 亿 t)。生产技术水平方面,这一时期各省技术水平提升明显,有 21 个省级行政单元的贡献值大于 1 亿 t,比 2007~2010 年多了 12 个。贡献较大的地区为北部沿海、东部沿海和西南地区。排名靠前的五个省级行政单元为河北 (-6.53 亿 t)、山东 (-6.30 亿 t)、四川 (-5.53 亿 t)、浙江 (-3.66 亿 t) 和江苏 (-3.49 亿 t)。贡献值为正的省级行政单元仅有三个,分别为青海、甘肃和贵州,其技术水平提升不足。

由上可见,经济发展是推动 DMI 增加的主要因素。五个时期的贡献值分布较为一致,北部沿海、黄河中游和西南地区的贡献值最高。相比于经济发展,城镇化的推动作用较小,但呈持续上升趋势,其分布在五个时期中变化较大。1995~1998 年,贡献值较高的地区为东部沿海、长江中游和西南部分地区。1999~2006 年,贡献值较高的地区为北部沿海、东部沿海和长江中游地区。2007~2014 年,黄河中游和西南地区的贡献值较高,其次是长江中游和北部沿海地区。随着我国计划生育政策效果显现,人口对 DMI 的影响最小,且各地区贡献值持续下降。五个时期中,北部沿海、东部沿海和南部沿海地区的贡献值均高于其他地区,而这些地区也是我国人口流入的主要地区。2011 年后,西南地区的贡献值有所上升。生产技术水平贡献值分布变化较大。总之,北部沿海、东部沿海、长江中游和南部沿海地区的贡献值高于其他地区。2011 年后,各地区均加大了对发展质量的关注,技术水平提升明显。综上所述,北部沿海、东部沿海和南部沿海地区的正负向因素贡献值均较高,说明这些地区不仅是我国社会经济发展的主阵地,也是提升我国整体技术水平的重要载体。随着我国西部大开发、中部崛起等战略的实施,2011 年后黄河中游、西北和西南部地区的发展加快。同时随着我国对经济发展质量的持续关注,这些地区的技术水平均有不同程度的提升。但是,与三大沿海地区相比,仍然存在较大差距,需要重点关注。

2.4.3.2 物质输出端

1995~2014 年我国 DPO 增长的影响因素及其贡献值,如图 2-15 所示。由图可知,与物质输入端类似,经济发展同样是 DPO 增长的最大的正向因素,其贡献值在五个时期中分别为 16.20 亿 t、15.61 亿 t、31.17 亿 t、43.63 亿 t 和 44.67 亿 t。贡献值在 2003~2010 年增长最为明显。而这一时期也是经济增长最快的时期。城镇化是推动 DMI 增长的第二大因素。五个时期的贡献值为 1.41 亿 t、3.26 亿 t、3.71 亿 t、4.83 亿 t 和 5.90 亿 t，呈现稳定增长态势。可见，随着我国城镇化水平提高，城镇化对环境的影响也同步加大。人口是第三大正向因素，五个时期的贡献值为 1.60 亿 t、1.84 亿 t、1.48 亿 t、3.34 亿 t 和 2.67 亿 t。对比城镇化贡献值可知，与物质输入端类似，人口在 1995～1998 年的贡献值高于城镇化，但此后被城镇化超过。可见，随着城镇化进程加快和人口控制政策效果显现，城镇化水平提高对 DMI 的影响已大于人口的增长。生产技术水平是主要的负向因素，其贡献值呈波动增长趋势，五个时期的贡献值为 -12.64 亿 t、-4.42 亿 t、-6.37 亿 t、-12.23 亿 t 和 -23.50 亿 t。1995～1998 年及 2011～2014 年的贡献值较大，说明这两个时期我国的技术水平得到较好发展。随着我国越来越重视发展质量，1999 年后，生产技术水平的贡献值持续增长。末端治理水平也是一个负向因素，1992～2014 年累计贡献 -9.49 亿 t，但其贡献值波动较大，五个时期的贡献值分别为 0.33 亿 t、-5.50 亿 t、3.91 亿 t、-5.79 亿 t 和 -2.43 亿 t。1995～1998 年和 2003～2006 年的贡献值为正，这说明这两个时期中 DPO 的增长速度大于 DMI，我国对末端排放物的控制不足。2007 年后，其贡献值为负，说明我国的末端治理水平有了较大提升。

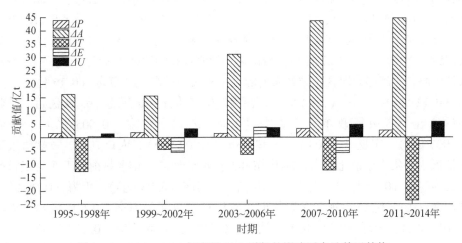

图 2-15　1995～2014 年我国 DPO 增长的影响因素及其贡献值

1995～1998 年我国 DPO 增长的影响因素及其贡献值，如图 2-16 所示。由图可见，总贡献值较高的地区主要集中于北部沿海、东部沿海及西南地区。排名靠前的五个省级行政单元为广东（0.65 亿 t）、河南（0.52 亿 t）、山西（0.49 亿 t）、河北（0.49 亿 t）和安徽（0.48 亿 t）。西北和东北地区的贡献值较低。排名靠后的五个省级行政单元为吉林（-0.04 亿 t）、甘肃（-0.04 亿 t）、宁夏（-0.01

亿 t)、青海 (-0.01 亿 t) 和天津 (0.001 亿 t)。

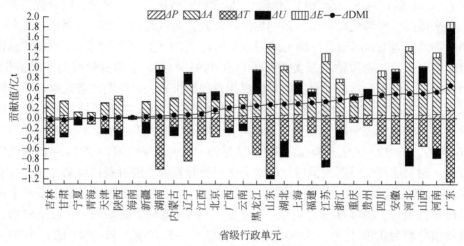

图 2-16 1995～1998 年我国 DPO 增长的影响因素及其贡献值

由图 2-16 可知，经济发展贡献值较高的地区主要集中于北部沿海、东部沿海和长江中游地区。排名靠前的五个省级行政单元为山东 (1.36 亿 t)、河北 (1.25 亿 t)、河南 (1.12 亿 t)、江苏 (1.07 亿 t) 和广东 (0.91 亿 t)，排名靠后的五个省级行政单元为海南 (0.03 亿 t)、青海 (0.09 亿 t)、宁夏 (0.10 亿 t)、新疆 (0.25 亿 t) 和北京 (0.27 亿 t)。城镇化贡献值较高的地区主要集中于东部沿海及长江中游和西南部分地区，排名靠前的五个省级行政单元为江苏 (0.16 亿 t)、广东 (0.12 亿 t)、四川 (0.12 亿 t)、河南 (0.10 亿 t) 和河北 (0.09 亿 t)，排名靠后的五个省级行政单元为青海 (0.002 亿 t)、甘肃 (0.005 亿 t)、海南 (0.005 亿 t)、宁夏 (0.005 亿 t) 和贵州 (0.009 亿 t)。人口方面，贡献值较高的地区主要集中于北上广及黄河中游和西南部分地区，排名靠前的五个省级行政单元为广东 (0.16 亿 t)、北京 (0.10 亿 t)、河南 (0.08 亿 t)、上海 (0.08 亿 t) 和河北 (0.08 亿 t)，排名靠后的五个省级行政单元为海南 (0.008 亿 t)、天津 (0.014 亿 t)、宁夏 (0.018 亿 t)、青海 (0.019 亿 t) 和重庆 (0.023 亿 t)。生产技术水平方面，北部沿海、东部沿海和东部地区的生产技术水平的贡献值较高，排名靠前的五个省级行政单元为广东 (-1.25 亿 t)、山东 (-1.11 亿 t)、湖南 (-1.00 亿 t)、辽宁 (-0.84 亿 t) 和江苏 (-0.82 亿 t)，排名靠后的五个省级行政单元为海南 (-0.01 亿 t)、宁夏 (-0.02 亿 t)、重庆 (-0.07 亿 t)、新疆 (-0.08 亿 t) 和云南 (-0.10 亿 t)。末端治理水平方面，有 17 个省级行政单元的贡献值为负，主要分布于黄河中游及西北部分地区。贡献值为负，说明这些地区 DPO 的增长速度小于 DMI，呈现出较高的末端治理水平。13 个省级行政单元的贡献值为正，主要分布于东北、南部沿海和长江中游部分地区，说明这些地区的 DPO 增长速度大于 DMI，末端治理水平的提高未能与物质消耗的增长保持同步。排名靠前的五个省级行政单元为湖北（-0.31 亿 t）、河北（-0.30 亿 t）、新疆（-0.22 亿 t）、河南（-0.19 亿 t）和陕西（-0.18 亿 t），排名靠后的五个省级行政单元为广东（0.71 亿 t）、黑龙江（0.45 亿 t）、山西（0.30 亿 t）、上海（0.23 亿 t）和安徽（0.22 亿 t）。

1999～2002 年我国 DPO 增长的影响因素及其贡献值，如图 2-17 所示。由图可知，总贡献值较高的地区主要集中于北部沿海、东部沿海及黄河中游地区，排名靠前的五个省级行政单元为山东（1.32 亿 t）、广东（1.12 亿 t）、河北（0.94 亿 t）、浙江（0.93 亿 t）和江苏（0.70 亿 t）。排名靠后的五个省级行政单元为黑龙江（-0.03 亿 t）、新疆（0.04 亿 t）、海南（0.07 亿 t）、青海（0.08 亿 t）和江西（0.09 亿 t）。

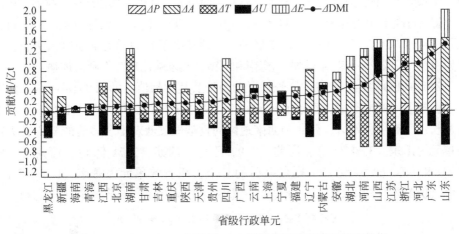

图 2-17　1999～2002 年我国 DPO 增长的影响因素及其贡献值

由图 2-17 可见，与 1995～1998 年类似，1999～2002 年经济发展贡献值较高的地区同样集中于北部沿海、东部沿海和长江中游地区。排名靠前的五个省级行政单元为山东（1.34 亿 t）、河北（1.10 亿 t）、江苏（0.98 亿 t）、河南（0.96 亿 t）和四川（0.91 亿 t），排名靠后的五个省级行政单元为海南（0.05 亿 t）、宁夏（0.12 亿 t）、青海（0.12 亿 t）、新疆（0.21 亿 t）和天津（0.26 亿 t）。与 1995～1998 年相比，北部沿海、东部沿海及中部部分地区的城镇化贡献值较高，但西南地区城镇化贡献值排名有所下降，排名靠前的五个省级行政单元为山东（0.56 亿 t）、江苏（0.35 亿 t）、浙江（0.30 亿 t）、河北（0.23 亿 t）和湖北（0.21 亿 t），有两个省级行政单元的贡献值为负，即黑龙江（-0.02 亿 t）和新疆（-0.01亿t），其城镇化水平在这一时期有所下降。与上一时期相比，北部沿海、东部沿海和黄河中游地区人口贡献值仍较高，西南地区人口贡献值下降明显。排名靠前的五个省级行政单元为广东（0.68亿t）、上海（0.20亿t）、北京（0.14亿t）、浙江（0.14亿t）和山东（0.10亿t），有四个省级行政单元的贡献值为负，即四川（-0.11亿t）、重庆（-0.10亿t）、湖北（-0.09亿t）和安徽（-0.01亿t），表明其人口在这一时期有所下降。生产技术水平贡献值的分布与上一时期差异较大，贡献值较高的地区主要集中于黄河中游及西南地区，东部地区的贡献值排名下降明显。排名靠前的五个省级行政单元为河南（-0.73亿t）、山西（-0.72亿t）、湖北（-0.48亿t）、河北（-0.43亿t）和江苏（-0.35亿t），有五个省级行政单元的贡献值为正，分别为湖南、浙江、江西、重庆和广东，其技术水平提升不足。与上一时期相比，末端治理水平贡献值为负的省级行政单元数量有所增加，共有24个省级行政单元的贡献值为负，说明其末端治理工作较有成效。贡献值较高的地区主要集中于东北、东部沿海和长江中游部分地区，排名靠前的五个省级行政单元为湖南（-1.14亿t）、山东（-0.60亿t）、浙江（-0.48亿t）、江西（-0.47亿t）和四川（-0.47亿t）。有六个省级行政单元的贡献值为正，分别为山西、宁夏、云南、内蒙古、海南和河南，其末端治理工作亟待加强。

2003～2006年我国DPO增长的影响因素及其贡献值，如图2-18所示。由图可知，与上一时期类似，贡献值较高的地区集中于北部沿海、东部沿海、黄河中游和长江中游部分地区，西北和西南地区的贡献值较低。排名靠前的五个省级行政单元为山东（3.88亿t）、河北（2.92亿t）、江苏（2.71亿t）、河南（2.60亿t）和广东（2.54亿t），排名靠后的五个省级行政单元为海南（0.15亿t）、青海（0.21亿t）、宁夏（0.29亿t）、重庆（0.34亿t）和天津（0.36亿t）。

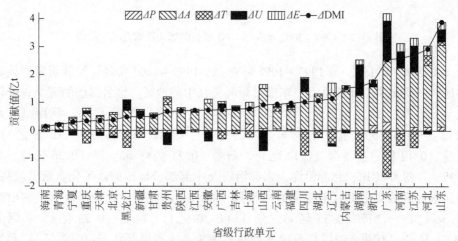

图2-18　2003～2006年我国DPO增长的影响因素及其贡献值

由图 2-18 可知, 与上一时期相比, 经济发展贡献值的分布变化不大, 贡献值较高的地区仍集中于北部沿海、东部沿海和黄河中游地区, 排名靠前的五个省级行政单元为山东 (2.93 亿 t)、河南 (2.23 亿 t)、广东 (2.23 亿 t)、河北 (2.22 亿 t) 和江苏 (1.97 亿 t), 排名靠后的五个省级行政单元为海南 (0.10 亿 t)、青海 (0.21 亿 t)、宁夏 (0.25 亿 t)、新疆 (0.42 亿 t) 和北京 (0.43 亿 t)。城镇化贡献值的分布变化不大, 北部沿海、东部沿海和黄河中游地区的贡献值仍较高, 排名靠前的五个省级行政单元为辽宁 (0.35 亿 t)、河北 (0.34 亿 t)、河南 (0.29 亿 t)、江苏 (0.28 亿 t) 和广东 (0.26 亿 t), 排名靠后的五个省级行政单元为青海 (0.01 亿 t)、黑龙江 (0.01 亿 t)、天津 (0.03 亿 t)、吉林 (0.03 亿 t) 和四川 (0.05 亿 t)。与上一时期相比, 人口贡献值的分布差异不大, 贡献值较高的地区集中分布于北部沿海和东部沿海地区, 排名靠前的五个省级行政单元为广东 (0.31 亿 t)、上海 (0.23 亿 t)、浙江 (0.18 亿 t)、北京 (0.15 亿 t) 和山东 (0.14 亿 t)。有五个省级行政单元的贡献值为负, 分别为湖南、河南、贵州、广西、安徽, 其人口在这一时期出现了下降, 因此贡献值为负。这一方面是由于我国的计划生育政策, 另一方面是由于这些地区是人口流出大省。生产技术水平方面, 这一时期各省技术水平提升不足, 有十个省级行政单元的贡献值为正, 主要分布于北部沿海、西北和西南地区。20 个贡献值为负的省级行政单元中, 西南地区的贡献值仍较大, 但黄河中游地区的排名下降明显, 排名靠前的五个省级行政单元为广东 (−1.65 亿 t)、四川 (−0.88 亿 t)、湖南 (−0.86 亿 t)、黑龙江 (−0.61 亿 t) 和江苏 (−0.61 亿 t)。末端治理水平方面, 有 18 个省级行政单元的贡献值为正, 比上一时期多出 12 个, 其主要分布于我国东北、南部沿海、长江中游和西南地区。贡献值为正, 说明其 DPO 增长速度高于 DMI, 末端治理水平不足。贡献值为负的省级行政单元主要分布于我国北方地区, 包括北部沿海地区和西北部分地区。排名靠前的五个省级行政单元为山西 (−0.73 亿 t)、贵州 (−0.44 亿 t)、安徽 (−0.34 亿 t)、宁夏 (−0.17 亿 t) 和天津 (−0.12 亿 t)。

2007 ~ 2010 年我国 DPO 增长的影响因素及其贡献值, 如图 2-19 所示。由图可知, 2007 ~ 2010 年总贡献值较高的地区与 2003 ~ 2006 年较为一致, 主要集中于北部沿海、东部沿海及黄河中游和长江中游地区。排名靠前的五个省级行政单元为江苏 (2.39 亿 t)、四川 (2.26 亿 t)、河北 (2.21 亿 t)、山东 (2.14 亿 t) 和河南 (1.98 亿 t)。排名靠后的五个省级行政单元为海南 (0.16 亿 t)、北京 (0.32 亿 t)、青海 (0.34 亿 t)、宁夏 (0.39 亿 t) 和贵州 (0.43 亿 t)。

由图 2-19 可知, 经济发展贡献值较高的地区仍然集中于北部沿海、东部沿海黄河中游和长江中游地区, 排名靠前的五个省级行政单元为山东 (3.80 亿 t)、河南 (2.97 亿 t)、江苏 (2.86 亿 t)、河北 (2.75 亿 t) 和广东 (2.35 亿 t), 排

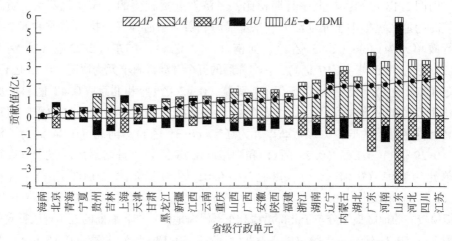

图 2-19　2007~2010 年我国 DPO 增长的影响因素及其贡献值

名靠后的五个省级行政单元为海南（0.18 亿 t）、北京（0.33 亿 t）、青海（0.34 亿 t）、宁夏（0.40 亿 t）和天津（0.54 亿 t）。城镇化贡献值较高的地区仍集中于北部沿海、东部沿海和黄河中游地区。排名靠前的五个省级行政单元为江苏（0.53 亿 t）、河北（0.41 亿 t）、河南（0.38 亿 t）、山东（0.31 亿 t）和四川（0.26 亿 t），排名靠后的五个省级行政单元为吉林（0.01 亿 t）、上海（0.01 亿 t）、海南（0.01 亿 t）、北京（0.03 亿 t）和青海（0.04 亿 t）。与上一时期相比，人口贡献值较高的地区向东部集中，贡献值较高的地区集中分布于北部沿海和东部沿海地区，排名靠前的五个省级行政单元为广东（0.68 亿 t）、上海（0.35 亿 t）、北京（0.31 亿 t）、浙江（0.31 亿 t）和河北（0.30 亿 t）。有四个省级行政单元的贡献值为负，分别为贵州、安徽、四川和广西，说明这一时期其人口有所下降。生产技术水平方面，有九个省级行政单元的贡献值为正，仅比上一时期少了一个，除黑龙江外，全部分布于西部地区，说明这一时期西部地区技术水平提升不足。贡献值为负的地区中，贡献值较高的地区为北部沿海和东部沿海地区。排名靠前的五个省级行政单元为山东（−3.81 亿 t）、广东（−1.93 亿 t）、河北（−1.11 亿 t）、江苏（−1.10 亿 t）和浙江（−0.97 亿 t）。末端治理方面，有九个省级行政单元的贡献值为正，比上一阶段少了九个，其主要分布于我国东部地区，说明东部省级行政单元末端治理水平有待加强。贡献值为负的地区中，贡献值较高的地区为黄河中游和西南地区，排名靠前的五个省级行政单元为内蒙古（−1.16 亿 t）、四川（−1.09 亿 t）、河南（−0.91 亿 t）、贵州（−0.85 亿 t）和湖南（−0.68 亿 t）。

2011~2014 年我国 DPO 增长的影响因素及其贡献值，如图 2-20 所示。由图可知，与上一时期相比，贡献值较高的地区向我国北方集中，包括北部沿海、黄河中游和西北部分地区。排名靠前的五个省级行政单元为新疆（1.92 亿 t）、山东（1.88 亿 t）、江苏（1.83 亿 t）、河北（1.59 亿 t）和内蒙古（1.36 亿 t），排名靠后的五个省级行政单元为北京（-0.03 亿 t）、上海（0.11 亿 t）、吉林（0.13 亿 t）、海南（0.21 亿 t）和天津（0.28 亿 t）。

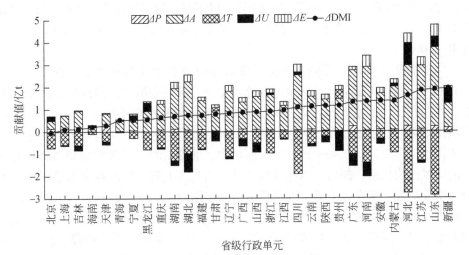

图 2-20　2011～2014 年我国 DPO 增长的影响因素及其贡献值

由图 2-20 可知，经济发展贡献值的分布与上一时期一致，贡献值较高的地区仍为北部沿海、黄河中游和长江中游地区，排名靠前的五个省级行政单元为山东（3.54 亿 t）、河南（2.84 亿 t）、江苏（2.84 亿 t）、河北（2.72 亿 t）和广东（2.51 亿 t），排名靠后的五个省级行政单元为海南（0.19 亿 t）、北京（0.34 亿 t）、青海（0.44 亿 t）、宁夏（0.46 亿 t）和天津（0.55 亿 t）。城镇化方面，与上一时期相比，除北部沿海和黄河中游地区的贡献值仍然较高外，西南部分地区的贡献值增长较快。排名靠前的五个省级行政单元为山东（0.54 亿 t）、河南（0.51 亿 t）、河北（0.42 亿 t）、江苏（0.36 亿 t）和四川（0.35 亿 t），排名靠后的五个省级行政单元为北京（0.01 亿 t）、上海（0.01 亿 t）、海南（0.02 亿 t）、吉林（0.04 亿 t）和天津（0.04 亿 t）。人口贡献值的分布变化较大，与上一时期相比，东部沿海地区贡献值排名下降明显，北部沿海及南部沿海地区贡献值较高。排名靠前的五个省级行政单元为天津（0.25 亿 t）、河北（0.23 亿 t）、广东（0.22 亿 t）、山东（0.21 亿 t）和北京（0.15 亿 t），排名靠后的五个省级行政单元为黑龙江（0.00 亿 t）、吉林（0.004 亿 t）、辽宁（0.02 亿 t）、海南（0.02 亿 t）和贵州（0.02 亿 t）。生产技术水平方面，2011～2014 年仅有三个省级行政单元的贡献值为正，分别为青海、甘肃和贵州，比上一时期减少了六个，说明这一时期，各地区的技术水平均有较高的提升。贡献值较高的地区仍然主要集中于北部沿海、东部沿海和长江中游地区，其次为西南地区。排名靠前的五个省级行政单元为山东（–2.88 亿 t）、河北（–2.78 亿 t）、四川（–1.91 亿 t）、河南（–1.42 亿 t）和江苏（–1.34 亿 t）。末端治理水平方面，有十个省级行政单元的贡献值为正，主要分布于北部沿海和西北地区，这些地区需要提高末端治理水平。贡献值为负且较高的省级行政单元主要分布于黄河中游和西南地区，排名靠前的五个省级行政单元为贵州（–0.89 亿 t）、湖北（–0.83 亿 t）、河南（–0.62 亿 t）、广东（–0.55 亿 t）和甘肃（–0.62 亿 t）。

由上可见，与 DMI 类似，经济发展是 DPO 增长的主要驱动力。五个时期的分布较为一致，贡献值较高的地区为北部沿海、黄河中游和西南地区。城镇化的推动作用较小，但呈上升趋势。从总体看，北部沿海、黄河中游、长江中游和东部沿海地区的贡献值较高。人口方面，贡献值较高地区的分布呈现出向东移动的趋势，这与人口流动趋势一致。五个时期中，北部沿海、东部沿海和南部沿海地区的贡献值均较高，同时，这些地区也是人口流入大省。生产技术水平贡献值的分布变化较大。从总体上看，北部沿海、东部沿海、长江中游和黄河中游地区的贡献值较高。与 DMI 类似，2011 年后，各地区加大了对发展质量的关注，生产技术水平提升明显。我国的末端治理水平呈上升趋势，但仍需加强。除 1999 ~ 2002 年外，其余各时期均有超过 9 个省级行政单元的末端治理水平贡献值为正，且其主要分布于我国北部沿海、东部沿海和南部沿海地区，说明这些地区的末端治理水平亟待提升。五个时期中，贡献值较高的地区为西南、黄河中游和长江中游地区。综上所述，随着经济、城镇化和人口的增长，北部沿海、东部沿海、黄河中游和西南地区的排放量增长明显。随着我国对发展质量的关注及环保投入的增加，生产技术水平和末端治理水平均有较大提升，对排放量的增长起到了一定的抑制作用。从总体看，北部沿海、长江中游、黄河中游和西南地区的提升最为明显。

第3章 | 省级尺度物质代谢分析

直接物质投入（DMI）和本地过程排放（DPO）是物质流分析框架中最重要的两个指标，分别代表了该地区的资源和环境压力。本章将以这两个指标为重点，分析各地区经济系统运转对生态环境的影响。由于各地区人口数量差距较大，对比分析各地区 DMI 和 DPO 的绝对量缺乏实际意义。本章选取人均 DMI 和人均 DPO 指标来反映各地区的资源和环境压力，并结合 GDP 考察各地区的资源产出率以对比其可持续发展潜力。

3.1 区域调入调出核算的基本原理

区域经济系统物质流核算的难点在于调入调出数据。因此，本节将重点介绍区域物质流调入调出数据的核算方法。由于 SFA 与 EW-MFA 有较好的一致性，且可适应不同的研究，本节将在此基础上构建调入调出数据的核算框架。

根据物质守恒定律，生产量+调入量+年初库存量＝消费量+调出量+年末库存量。变换公式可得，调入量–调出量＝消费量–生产量–库存变化量。其中，库存变化量＝年初库存量–年末库存量，如果库存变化量为正，说明年初库存量大于年末库存量，有新增库存；如果库存变化量为负，则相反。这一公式即为估算区域物质调入调出的基本公式。在实际计算中，一般假设库存变化量为 0。除粮食外，企业主动维持产品库存的目的是销售。对粮食来说，虽然各国会保有一定的储备粮以防自然灾害或战争的发生，但其数量往往保持在一个较为稳定的范围。因此，可假设库存变化量为 0。该公式转化为调入量–调出量＝消费量–生产量。

区域调入调出核算框架，如图 3-1 所示。由图可知，区域层面的调入调出量按产品种类可分为原材料、半成品和成品；按物质种类可分为生物质类、化石燃料类、金属类和非金属类。原材料进入经济系统后一般要经过生产变为半成品，继而变为成品才能被消费者使用。原材料、半成品和成品的生产量一般可以直接从年鉴上获得，但原材料、半成品和成品的消费量数据往往不可得，需要估算。可根据半成品的产量估算原材料的消费量，根据成品的产量估算半成品的消费量。成品的消费量可根据社会保有量和人均消费量来估算。针对四种资源，其数据的可获得性及在经济系统中流动方式不同，具体处理方法也不尽相同。下面详细介绍每种物质的估算方法。

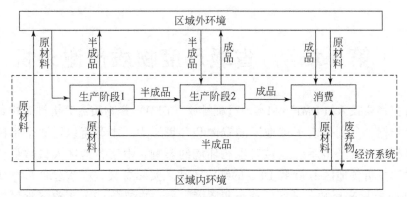

图 3-1　区域调入调出核算框架

生物质一般作为原材料被人们使用。随着食品加工行业的发展，由生物质制成的半成品（面粉、食用油等）和成品（方便食品、糕点、酒等）大量进入居民家庭。因此，在估算生物质原材料消费量时，除人畜直接消费外，还应计算生产半成品和成品所需要的原材料。但相对于原材料来说，半成品和成品的重量较小，可忽略半成品和成品的调入调出量，将半成品、成品全部折算成原材料，仅统计原材料的调入调出量。

化石燃料的调入调出量在各地区的能源平衡表中均有统计，因此在计算化石燃料调入调出量时可直接使用该数据。

金属矿产必须制成成品才可被人使用。因此要用半成品（钢材、粗铜、铝材等）估算金属矿产的量（铁矿石、铜矿石和铝土矿等），用新建建筑、汽车、家用电器等的数量估算半成品的调入调出量，并用成品的社会保有量的变化量计算成品的调入调出数量。非金属矿产没有冶炼加工过程，不存在半成品，因此可用成品量估算矿石量。金属矿产与非金属矿产的原材料、半成品和成品种类极为繁杂，存在于多个系统中，且一种产品多是由几种矿产共同组成，估算较为困难。金属矿物与非金属矿物及其产品的分布[81]，如表 3-1 所示。

表 3-1　金属矿物与非金属矿物及其产品的分布

分类		建筑			基础设施			交通工具				耐用品			机器设备	
		建筑结构	建筑装饰	建筑设备	管道系统	路桥系统	通信电力	汽车	火车	飞机	船舶	家电	自行车	厨房用具	车床	其他设备
金属矿物及其产品	铁	√	√	√	√	√	√	√	√	√	√	√	√	√	√	√
	铝	√	√	√	×	√	√	√	√	√	√	√	√	√		√

续表

分类		建筑			基础设施			交通工具				耐用品			机器设备	
		建筑结构	建筑装饰	建筑设备	管道系统	路桥系统	通信电力	汽车	火车	飞机	船舶	家电	自行车	厨房用具	车床	其他设备
金属矿物及其产品	铜	×	√	√	√	?	√	√	√	√	√	√	?	?	√	√
	其他	×	?	?	×	?	?	?	?	?	?	?	×	?	?	?
非金属矿物及其产品	盐	×	×	×	×	×	×	×	×	×	×	×	×	×	×	×
	黏土	?	?	?	×	?	?	×	×	×	×	×	×	×	×	×
	泥炭	?	×	×	×	×	×	×	×	×	×	×	×	×	×	×
	砂石	√	×	×	×	×	×	×	×	×	×	×	×	×	×	×
	料石	√	×	×	×	×	×	×	×	×	×	×	×	×	×	×
	其他	√	×	×	×	×	×	×	×	×	×	×	×	×	×	×

注："√"表示该产品中含有该物质；"×"表示该产品中不含该物质；"?"表示不确定是否含有该物质

3.2 区域系统边界界定

本节仅分析我国 30 个省（自治区、直辖市），即北京、天津、河北、山西、内蒙古、辽宁、吉林、黑龙江、上海、江苏、浙江、安徽、福建、江西、山东、河南、湖北、湖南、广东、广西、海南、重庆、四川、贵州、云南、陕西、甘肃、青海、宁夏、新疆（不包括港澳台地区，西藏地区数据不完善，且占国家物质流总量比例较小，也不包括在内）。值得注意的是，1997 年，我国将重庆市从四川省划出，设为直辖市。为保证数据的一致性，1992～1996 年四川省的物质流数据不包括重庆市。

3.3 数据来源与处理方法

由于国家公布的统计数据有更高的质量，且有利于保持国家与各省级行政单元物质流账户的一致性，本节将以国家级年鉴和数据库作为主要数据来源，以地方年鉴和数据库作为补充。数据来源与估算方法与国家层面物质流统计方法基本保持一致。具体数据来源与估算方法如下：

生物质中，农作物产量及渔业捕捞产量均来自《中国农业年鉴》（1993～2015 年）。木材与竹材产量来自《中国林业年鉴》（1993～2015 年）。木材产量为体积单位，将转化为重量单位。竹材产量为数量单位，以 25kg/根转化为重量单位[82]。与国家层面的物质流数据类似，放牧生物量及农作物残余不可直接获得，需要估算。由于缺少各省级行政单元饲料用粮数据，放牧生物量将采用《欧盟物质流核算指南》（2013 年版）中的方法估算，即根据牲畜数量及不同种类牲畜的日均食物摄入量计算。农作物残余的估算方法与国家层面一致。

化石燃料的数据来源及估算方法与国家层面一致。

除砂石外，金属非金属的产量数据主要来自《中国矿业年鉴》（1993 ~ 2015年）、各地区矿产资源年报和各地区国土资源年鉴。对于缺失的数据，本节将根据各地区的金属产量及水泥、平板玻璃、砖、瓦等的非金属产品产量折算为原矿量。砂石量的估算方法与国家层面一致。

各省级行政单元的水体排放物数据同样来自《中国环境年鉴》（1993 ~ 2015年）。农业化学需氧量、总氮、总磷的估算方法与国家层面一致。由于各省级行政单元比例系数差异较大，将按照各省级行政单元实际情况确定估算系数。

大气排放物中二氧化硫、工业烟粉尘和氮氧化物的数据统计及估算方法与国家层面一致。其估算系数同样根据各省级行政单元实际情况确定。由于我国尚未公布各省级行政单元温室气体排放数据，这部分数据按照《2016 年联合国政府间气候变化专门委员会国家温室气体清单指南》估算。需要注意的是，物质流分析法不计算由土地利用变化带来的碳排放。因此，本节仅计算能源终端消费的碳排放量及工业生产过程的碳排放量。在能源部分，本节估算了原煤、洗精煤、其他洗煤、型煤、焦炭、焦炉煤气、原油、汽油、煤油、柴油、燃料油、液化石油气、炼厂干气、天然气及电力的碳排放量。由于尚无较为权威的热力碳排放系数，本节忽略了热力的碳排放量。《2006 年联合国政府间气候变化专门委员会国家温室气体清单指南》中所涉及的工业过程众多，且极为复杂。由于水泥生产过程的碳排放量占我国工业过程碳排放总量的 72.40%[83]，本节仅估算水泥生产过程的碳排放量。各能源的终端消费量来自《中国能源统计年鉴》（1993 ~ 2015年）的各省级行政单元能源平衡表，水泥熟料产量由水泥产量估算得到。水泥熟料产量与水泥产量的比率为 72%[84]。虽然本节忽略了甲烷排放及多数工业过程的碳排放量，但由于我国各省级行政单元能源终端消费量合计大于全国能源终端消费量，各省级行政单元碳排放量合计大于国家层面碳排放量。

固体废弃物的估算方法与国家层面基本一致。需要注意的是，由于各省级行政单元居民生活习惯和生活水平不一致，人均生活垃圾产生量差距较大，将按照各省级行政单元实际情况估算，具体估算系数见表 3-2[85]。

表 3-2 各省级行政单元生活垃圾人均产生量（单位：kg/d）

省级行政单元	人均产生量
天津、河北、辽宁、江苏、浙江、福建、山东、广东、海南	0.77
山西、内蒙古、吉林、黑龙江、安徽、河南、江西、湖南、湖北	0.98
重庆、广西、陕西、四川、贵州、甘肃、云南、青海、宁夏、新疆	0.51
北京	1.04
上海	1.35

耗散性物质的数据来源及估算方法与国家层面一致。需要注意的是，由于各省级行政单元种子数量不可得，且种子占耗散性物质的比例仅为 2%~3%，忽略各省级行政单元种子重量。

调入调出量是区域物质流分析的难点。根据 3.1 节区域物质流核算原理与框架，估算了各省级行政单元的调入调出量。具体估算方法如下：

生物质包括农、林、渔、牧和使用的农作物残余 5 部分。由于木材和竹材的消费量不可得，这部分的调入调出量将被忽略。已使用的农作物残余资源价值较低，运输半径较小，一般为本地开采本地使用，因此忽略其调入调出量。农、渔、牧业的生产数据已在本地开采的统计过程中获得。农、渔、牧业的消费数据由居民消费量和工业消费量加总得到。在居民消费量方面，本节统计了我国居民人均食品消费量，主要为粮食、食用油、蔬菜及食用菌、猪肉、牛羊肉、禽类、蛋类、奶类、水产品、干鲜瓜果，数据来自《中国统计年鉴》（1993~2015 年）。其中，食用油需按出油率折算为大豆量。猪肉、牛羊肉、禽类、蛋类及奶类按照各自饲料转化率转为饲草重量。在工业消费量方面，本节统计了成品糖、糖果、方便食品、糕点、饼干、味精、酱油、白酒、啤酒、黄酒、葡萄酒的各省级行政单元产量，并将其转为粮食的量。具体加工食品转化系数，详见表 3-3[86]。

表 3-3 加工食品转化系数

加工食品	成品糖	糖果	方便食品	糕点	饼干	味精	酱油	白酒	啤酒	黄酒	葡萄酒
转化系数	9.09	9.09	1	1	1	1.31	9.33	2.375	5.362	1.70	1.70

能源的调入调出量可由《中国能源统计年鉴》（1993~2015 年）直接得到。

与生物质不同，金属矿产必须制成成品才可被人使用，因此半成品和成品的调入调出量不可忽略。要用半成品产量（钢材、粗铜、铝材等）估算金属矿产的消费量（铁矿石、铜矿石和铝土矿等），用新建建筑、汽车、家用电器等成品的数量估算半成品的消费量，并用成品的社会保有量的变化量计算成品的消费量，从而计算出矿石、半成品和成品的调入调出量。由于在统计各地区金属矿产开采数据时，仅有铁矿石产量可以直接从年鉴上获得，其他金属矿石产量由其半成品产量估算得到，这些金属矿石的调入调出量无法计算，只能忽略不计。且铁矿石产量占全部金属矿产的 60% 以上，有较高的代表性，因此在估算金属类产品的调入调出时，本书主要估算了铁矿石、钢材的调入调出量。计算铁矿石调入调出量时，将各地钢材产量按照 3.85[87] 折算为各地铁矿石消费量。计算钢材调入调出量时，本书统计了建筑、铁路机车、铁路客车、铁路货车、锅炉、大中型拖拉机、汽车、自行车和发电设备的钢材消耗。建筑钢材消耗数据直接来自《中国建筑业统计年鉴》（1993~2015 年），其他产品折算系数来自《中国投入产出表 1992（实物型）》。金属成品的调入调出将归到成品中加以说明。

与金属矿产类似，由于按照半成品产量估算各地区非金属矿产开采量，非金属矿石的调入调出量无法计算，只能忽略不计。同时水泥等建筑材料占非金属产品的比例较大，因此在估算非金属类产品的调入调出时，主要估算水泥和平板玻璃的调入调出量。水泥和平板玻璃的消费量来自《中国建筑业统计年鉴》（1993~2015 年）。平板玻璃以重量箱为统计单位，将按照 50kg/重量箱计算。

成品方面，统计了居民主要耐用消费品的调入调出量，即家用汽车、摩托车、洗衣机、电冰箱、彩色电视机、空调、照相机、移动电话、固定电话、风扇、计算机、微波炉。生产数据来自《中国工业经济统计年鉴》（1993~2015 年）、《中国轻工业年鉴》（1993~2015 年）和《中国电子信息产业统计年鉴》（1993~2015 年）。消费数据包括两部分，一是新增消费量，二是更新消费量。新增消费量由各省级行政单元居民耐用品拥有总量估算得到，具体公式为第 n 年的耐用品消费量等于第 n 年的耐用品拥有总量减去第 $n-1$ 年的耐用品拥有总量。各省级行政单元居民耐用品拥有总量由平均每百户年末主要耐用品拥有量与各省级行政单元家庭户数相乘得到。平均每百户年末主要耐用品拥有量和家庭户数来自《中国统计年鉴》（1993~2015 年）。更新消费量根据产品寿命估算得到[88,89]。由于各产品数据为数量单位，应转化为重量单位。具体转化系数，详见表 3-4。

表 3-4　主要家庭耐用品重量（单位：kg/台）

产品	家用汽车	摩托车	洗衣机	电冰箱	彩色电视机	空调
重量	1500	120	40	55	30	50
产品	照相机	移动电话	固定电话	风扇	计算机	微波炉
重量	0.25	0.2	0.2	10	12	13.5

3.4 区域物质流核算与分析

根据以上核算方法，1992~2014 年各省级行政单元 DMI 与 DPO 值，详见表 3-5、表 3-6。

表 3-5 1992~2014 年各省级行政单元 DMI（单位：亿 t）

省级行政单元	1992 年	1994 年	1996 年	1998 年	2000 年	2002 年	2004 年	2006 年	2008 年	2010 年	2012 年	2014 年
北京	1.40	1.56	1.60	1.56	1.70	1.78	2.09	2.41	2.03	2.49	2.18	2.15
天津	0.58	0.64	0.72	0.74	0.90	1.12	1.50	1.84	2.08	2.90	3.15	3.65
河北	4.32	5.51	6.49	7.08	7.81	8.86	11.93	15.38	16.19	20.18	22.54	20.59
山西	4.55	5.33	5.86	5.86	4.32	5.88	7.64	9.79	11.90	13.72	15.17	17.35
内蒙古	1.93	1.97	2.29	2.43	2.54	2.97	4.67	6.52	9.56	14.54	17.99	17.92
辽宁	3.77	4.26	4.38	3.95	5.08	5.35	6.10	7.33	8.40	9.87	10.78	11.19
吉林	1.68	1.84	2.03	1.93	2.11	2.39	3.13	3.55	4.34	5.11	5.57	5.86
黑龙江	3.58	3.57	3.51	3.02	3.40	3.71	3.52	3.96	4.51	6.57	7.04	6.82
上海	1.21	1.29	1.35	1.33	1.61	1.90	2.28	2.64	2.56	2.71	2.95	2.88
江苏	5.63	6.09	6.87	6.94	7.96	9.11	10.41	13.38	15.48	18.33	20.44	22.48
浙江	2.83	3.67	4.51	5.06	7.93	8.95	12.14	14.70	13.49	18.09	19.91	20.51
安徽	2.76	3.33	4.09	3.83	4.22	5.09	6.29	7.69	9.43	11.77	14.54	16.58
福建	1.50	1.93	2.33	2.35	2.68	3.05	3.74	5.13	6.22	7.63	8.67	9.22
江西	1.97	2.26	2.60	2.34	2.89	3.80	5.11	5.95	6.80	7.90	8.84	10.65
山东	5.21	7.23	8.39	7.97	9.73	11.64	15.13	20.55	19.16	21.13	21.48	23.04
河南	4.03	4.92	5.49	6.19	6.15	6.89	7.86	10.27	13.27	15.30	16.55	18.54
湖北	3.00	3.22	3.68	4.17	4.43	4.74	6.02	6.78	7.82	10.11	11.92	12.82
湖南	2.82	3.77	4.45	3.45	4.97	6.11	5.92	6.82	8.66	10.79	11.61	12.35
广东	5.57	7.06	7.84	6.57	9.52	9.79	10.38	11.82	12.20	13.91	14.65	17.11
广西	2.32	2.78	3.15	3.53	3.62	4.49	5.16	6.08	7.38	9.86	12.37	13.34
海南	0.63	0.69	0.69	0.79	0.90	1.02	1.15	1.31	1.53	1.91	2.20	2.35
重庆	1.33	1.47	1.67	2.00	2.90	2.88	2.77	3.21	4.38	5.86	6.66	7.29
四川	4.06	4.40	5.40	5.22	6.60	6.55	6.15	7.80	9.05	15.87	16.53	17.62
贵州	1.22	1.46	1.64	1.81	1.66	2.10	3.02	3.68	3.94	5.94	8.60	11.10

省级行政单元	1992 年	1994 年	1996 年	1998 年	2000 年	2002 年	2004 年	2006 年	2008 年	2010 年	2012 年	2014 年
云南	2.20	2.32	2.67	3.06	3.11	3.37	3.69	5.35	4.98	7.93	9.84	10.53
陕西	1.85	2.07	2.31	2.36	2.24	2.83	3.45	4.73	6.75	9.40	12.37	13.74
甘肃	1.41	1.46	1.51	1.53	1.56	1.83	2.11	2.50	2.95	3.85	5.08	6.29
青海	0.46	0.48	0.53	0.47	0.53	0.60	0.78	1.02	1.28	1.64	2.27	2.56
宁夏	0.39	0.42	0.47	0.58	0.56	0.66	1.06	1.24	1.50	2.30	2.60	2.76
新疆	1.26	1.36	1.54	1.75	1.80	2.27	2.56	2.80	3.67	5.40	7.43	8.06

表 3-6 1992～2014 年各省级行政单元 DPO（单位：亿 t）

省级行政单元	1992 年	1994 年	1996 年	1998 年	2000 年	2002 年	2004 年	2006 年	2008 年	2010 年	2012 年	2014 年
北京	0.79	0.86	0.98	1.01	1.04	1.09	1.24	1.40	1.47	1.69	1.70	1.65
天津	0.52	0.62	0.62	0.61	0.71	0.75	0.92	1.08	1.25	1.51	1.68	1.75
河北	2.26	2.6	2.84	3.00	3.20	3.71	4.77	6.29	7.02	8.09	9.24	9.26
山西	1.50	1.57	1.87	2.04	1.90	2.57	2.96	3.34	3.83	4.12	4.80	4.74
内蒙古	0.78	0.95	1.04	0.99	1.14	1.30	2.21	2.74	3.56	4.39	5.25	5.55
辽宁	1.74	2.12	2.19	2.16	2.40	2.44	2.68	3.24	3.98	4.92	5.49	5.47
吉林	1.22	1.13	1.27	1.08	1.08	1.19	1.44	1.93	2.05	2.37	2.74	2.46
黑龙江	1.18	1.22	1.48	1.45	1.35	1.44	1.62	1.91	2.10	2.43	2.89	2.91
上海	0.96	0.91	1.11	1.17	1.28	1.41	1.69	1.98	2.20	2.44	2.50	2.54
江苏	1.94	2.28	2.51	2.45	2.48	2.80	3.91	5.23	6.08	7.09	8.00	8.56
浙江	1.12	1.35	1.57	1.65	1.82	2.28	3.09	3.89	4.32	4.82	5.22	5.55
安徽	1.16	1.30	1.68	1.73	1.77	1.96	2.09	2.55	2.94	3.42	4.07	4.53
福建	0.57	0.70	0.87	0.96	1.00	1.18	1.46	2.08	2.51	3.00	3.36	3.58
江西	0.85	0.96	0.94	1.02	0.90	1.05	1.38	1.68	2.01	2.42	3.02	3.20
山东	2.47	2.99	3.25	3.22	3.38	3.98	5.35	7.6	8.44	9.43	10.58	10.77
河南	2.12	2.46	2.78	2.88	2.89	3.23	4.18	5.54	6.29	7.14	7.76	7.97
湖北	1.84	1.90	2.02	2.11	2.25	2.39	2.80	3.39	4.05	5.05	5.90	5.47
湖南	1.65	2.03	2.05	1.98	1.66	1.97	2.46	3.36	3.95	4.46	4.95	4.87
广东	1.66	2.19	2.56	2.72	3.17	3.68	4.57	5.96	6.77	7.69	8.21	8.85

续表

省级行政单元	1992 年	1994 年	1996 年	1998 年	2000 年	2002 年	2004 年	2006 年	2008 年	2010 年	2012 年	2014 年
广西	0.95	1.05	1.22	1.23	1.33	1.37	1.63	2.03	2.39	2.94	3.44	3.60
海南	0.10	0.14	0.14	0.15	0.18	0.22	0.30	0.31	0.36	0.46	0.60	0.65
重庆	0.76	0.77	0.87	1.12	1.25	1.19	1.14	1.44	1.86	2.27	2.61	2.74
四川	1.94	2.04	1.86	2.38	2.17	2.46	3.15	3.43	4.20	5.43	6.18	6.16
贵州	0.87	0.99	1.21	1.43	1.37	1.60	2.00	2.22	2.10	2.50	3.19	3.46
云南	0.95	1.02	1.19	1.19	1.25	1.40	1.31	2.26	2.58	3.09	3.68	3.96
陕西	0.96	1.09	1.15	1.05	0.94	1.16	1.43	1.80	2.19	2.73	3.35	3.65
甘肃	0.80	0.91	0.91	0.87	0.91	0.97	1.21	1.41	1.62	1.87	2.30	2.52
青海	0.30	0.33	0.31	0.32	0.34	0.39	0.49	0.59	0.72	0.89	1.15	1.36
宁夏	0.21	0.29	0.24	0.27	0.48	0.54	0.64	0.78	0.91	1.12	1.38	1.57
新疆	0.83	0.94	0.94	0.96	0.95	1.01	1.21	1.46	1.69	2.09	3.09	3.92

为检验数据的可信度,将其与国家层面的数据进行对比,如图 3-2 所示。计算本节数据与国家层面数据的变异系数可知,DMI 中全国与各省级行政单元合计的差异仅有 2.02%,DPO 中全国与各省级行政单元合计的差异为 6.20%,均低于 10%。可见,国家层面的数据与各省级行政单元数据有较高的一致性,本节数据可信度较高。

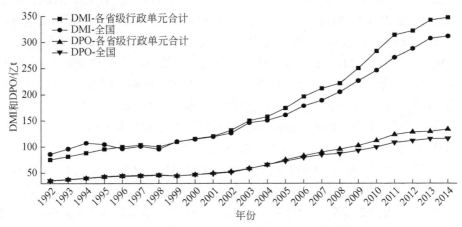

图 3-2 各省级行政单元 DMI 和 DPO 指标合计与国家层面数据的比较

国家层面和区域层面 DMI 和 DPO 指标的差异主要由能源数据引起。虽然各省级行政单元和全国能源相关数据均来自《中国能源统计年鉴》（1993~2015年）的全国和地区能源平衡表，但由于存在重复统计的问题，各省级行政单元能源开采量与消耗量合计远大于全国，且随着时间推移，该差异逐渐扩大。以能源终端消费量为例，2005年各省级行政单元能源终端消费量合计超出全国1.88亿t，到了2014年，该差异达到5.33亿t。能源数据的不一致影响了DMI和DPO指标，导致差异逐渐扩大。

3.4.1 区域物质输入强度分析

从规模上看，1992年，各地区人均DMI为3.63~15.27t，最高值（山西）是最低值（贵州）的4.21倍。从分布上看，人均DMI较高的地区为东北和北上广等经济发达地区，较高的五个省级行政单元为山西（15.27t），北京（12.7t）、青海（9.98t）、黑龙江（9.92t）和辽宁（9.39t）。长江中游和西南地区的人均DMI较低，较低的五个省级行政单元为贵州（3.63t）、湖南（4.50t）、河南（4.55t）、安徽（4.73t）和四川（4.76t）。吉林、浙江、河北、新疆、宁夏、江苏、广东、内蒙古、上海、海南、辽宁、黑龙江、青海、北京和山西的人均DMI超过全国平均水平（6.49t）。

2014年，各地区人均DMI差距变大，为9.99~71.54t，最高值（内蒙古）是最低值（北京）的7.16倍。从分布上看，黄河中游地区是我国人均DMI较高的地区，西南和西北的人均DMI增长明显，已经取代东北成为我国资源压力较高的地区。人均DMI较高的五个省级行政单元为内蒙古（71.54t）、山西（47.56t）、青海（43.91t）、宁夏（41.69t）和浙江（37.24t）。南部沿海地区的资源压力较小，其次是东北。人均DMI较低的五个省级行政单元为北京（9.99t）、上海（11.87t）、广州（15.95t）、黑龙江（17.79t）和湖南（18.33t）。海南、安徽、河北、广西、江苏、贵州、新疆、陕西、浙江、宁夏、青海、山西、内蒙古的人均DMI超过全国平均水平（25.55t）。

从发展速度上看，1992~2014年，各地区的人均DMI均有较大幅度的增长，平均增长速度为6.43%。年均增长率较高的五个省级行政单元为贵州（10.34%）、内蒙古（10.03%）、陕西（9.03%）、安徽（8.29%）和浙江（8.12%），较低的五个省级行政单元为北京（-1.09%）、上海（1.27%）、黑龙江（2.69%）、广东（2.88%）和辽宁（4.64%）。有18个省级行政单元的年均增长率高于全国平均水平，分别为甘肃、河北、湖南、湖北、河南、青海、新疆、重庆、四川、江西、福建、宁夏、广西、浙江、安徽、陕西、内蒙古和贵州，其主要位于西北、西南、黄河中游和长江中游地区。可见，这些地区的资源压力增速较快。

GDP 转化为 2005 年不变价。资源产出率可表征一个地区的可持续发展潜力，资源产出率越高，则可持续发展潜力越大。从规模上看，1992 年，各地区资源产出率为 252.07 ~ 1722.66 元/t，最高与最低相差 5.83 倍。从分布上看，资源产出率较高的地区主要为东部沿海、北部沿海和南部沿海地区。较高的五个省级行政单元为上海（1722.66 元/t）、天津（1393.24 元/t）、北京（1255.51 元/t）、浙江（898.94 元/t）和福建（835.07 元/t）。西北和黄河中游地区的资源产出率较低。较低的五个省级行政单元为山西（252.07 元/t）、青海（340.87 元/t）、甘肃（398.73 元/t）、广西（422.97 元/t）和宁夏（438.72 元/t）。山西、青海、甘肃、广西、宁夏、海南、安徽、内蒙古、黑龙江、江西、四川、云南、贵州、河北、湖北、吉林、陕西和辽宁的资源产出率低于全国水平（616.60 元/t）。

2014 年，各地区的资源产出率为 532.84 ~ 7483.32 元/t，最高与最低相差 13.04 倍，各地区差距明显扩大。从分布上看，与 1992 年类似，资源产出率较高的地区为南部沿海、东部沿海、北部沿海和东北地区，西北、西南和黄河中游地区较低。资源产出率呈现出明显的"东、中、西"梯度发展格局。较高的五个省级行政单元为北京（7483.32 元/t）、上海（7315.93 元/t）、天津（3702.55 元/t）、广东（3295.41 元/t）和江苏（2270.31 元/t）。较低的五个省级行政单元为贵州（532.83 元/t）、山西（590.13 元/t）、宁夏（597.58 元/t）、青海（606.44 元/t）和内蒙古（733.67 元/t）。贵州、山西、宁夏、青海、内蒙古、甘肃、新疆、广西、云南、陕西、安徽、海南、江西、河北、四川、湖北和河南的资源产出率低于全国平均水平（1542.83 元/t）。

从增长速度看，资源产出率的平均增长速度为 4.23%，低于人均 DMI，说明我国技术水平提升较慢。增长较快的地区主要为北上广及东北地区。增长较快的五个省级行政单元为北京（8.45%）、上海（6.79%）、黑龙江（6.79%）、广东（6.60%）和江苏（5.83%），增长较慢的五个省级行政单元为贵州（0.15%）、新疆（1.02%）、宁夏（1.41%）、陕西（1.84%）和内蒙古（2.27%）。贵州、新疆、宁夏、陕西、内蒙古、浙江、云南、青海、甘肃、广西、安徽、江西、重庆、河北、山西、海南、湖南、河南、四川和福建的增长速度低于全国平均水平。与人均 DMI 类似，这些地区同样集中于西北、西南、黄河中游和长江中游，即中西部地区。可见，中西部和东部的差距正在扩大。

综上可知，我国南部沿海、东北和长江中游地区的资源压力较小，其次是北部沿海、东部沿海和西南地区，西北和黄河中游地区的资源压力较大。南部沿海、东部沿海和北部沿海的可持续发展潜力较大，其次是东北、长江中游和西南地区，西北和黄河中游的可持续发展潜力较小。因此，从资源端看，南部沿海地区的总体情况较好，西北和黄河中游较差。

　　图 3-3 和图 3-4 比较了各省级行政单元 2014 年人均 DMI 及人均 PTB 的规模与构成情况。由图 3-3 可知，陕西、贵州、内蒙古、新疆、四川、安徽、云南、江西、山西、湖南、青海、河南、海南、重庆、宁夏、广西、湖北、黑龙江、河北和甘肃的人均调入量占人均 DMI 的比例小于 20%。可见，大部分地区的发展主要依靠本地资源。上海（81.7%）、天津（68.51%）、北京（60.23%）的调入量占比较高，对外部资源的依赖程度较大。

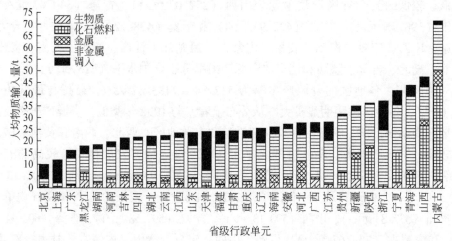

图 3-3　2014 年各省级行政单元人均 DMI 的规模与构成

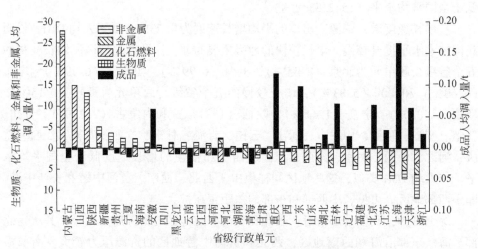

图 3-4　2014 年各省级行政单元人均 PTB 的规模与构成

正数为调入，负数为调出

通过分析 2014 年各地区四种资源的人均占有量可知，各地区的资源禀赋差异较大。化石燃料是分布最为集中的资源，人均占有量为 0 ~ 40.56t，内蒙古、山西、陕西、宁夏、新疆、贵州和青海的人均占有量高于全国平均水平（3.10t）。从分布上看，黄河中游和西北地区的人均占有量较高，其次是东北、北部沿海和西南地区，长江中游、东部沿海和南部沿海的人均占有量较低。与此类似，黄河中游和西北也是人均化石燃料净调出量较高的地区。显然，这些地区为其他地区的发展提供了能源保障。人均化石燃料调入量较高的地区位于长江中游和北部沿海地区。

金属分布的集中程度仅次于化石燃料，人均占有量为 0.00 ~ 7.98t，河北、内蒙古、辽宁、海南、四川、新疆、山西、福建、江西和青海的人均占有量高于全国平均水平（1.51t）。从分布上看，黄河中游、北部沿海及西北地区的人均占有量较高，其次是东北、南部沿海和长江中游地区，东部沿海和西南地区较低。而黄河中游、北部沿海和西北地区也是人均金属净调出量较高的地区。这些地区正是全国主要的金属矿产开采与冶炼基地。人均金属净调入量较大的地区主要为东部沿海地区。

各地区生物质的人均占有量为 0.22 ~ 3.97t，新疆、广西、黑龙江、内蒙古、吉林、河北、山东、海南、宁夏、河南、云南、甘肃的人均占有量高于全国平均水平（1.80t）。人均占有量较高的地区为黄河中游、东北和北部沿海地区，其次是西北和长江中游地区，南部沿海、东部沿海及部分西南地区的人均占有量较低。黄河中游、东北和西北地区也是生物质人均净调出量较高的地区。这些地区是我国主要的农产品产区，为全国提供了粮食保障。人均净调入量较高的地区为东部沿海和西南地区。

非金属是分布最广且占 DMI 比例最高的资源，人均占有量为 1.89 ~ 31.63t，青海、浙江、贵州、安徽、宁夏、内蒙古、广西、重庆、江苏、新疆、陕西、海南、江西、云南、湖北、福建的人均占有量高于全国平均水平（15.07t）。人均占有量较高的地区为西北、东部沿海和西南地区，其次是长江中游、黄河中游和南部沿海地区，东北和北部沿海地区较低。与其他资源类似，西北和西南地区的人均非金属净调出量也较高，东北和北部沿海地区的人均净调入量较高。值得注意的是，东部沿海地区的人均占有量和人均调入量均较高，主要是由于这些地区是我国的制造业基地，需要大量资源，且城市建设消耗了大量非金属产品。

由上可知，各地区资源禀赋和产业结构的差异带来了地区间大量的物质转移。西北和黄河中游地区资源、能源最为丰富，采矿冶金及农牧业较为发达，是资源输出的主要地区。北部沿海、东部沿海和南部沿海资源最为匮乏，是我国制造业中心，也是人均成品净输出量较大地区。可见，西北和黄河中游地区主要依靠输出原材料参与价值链分工，处于价值链的底端。北部沿海、东部沿海和南部沿海地区主要依靠劳动、资本和技术参与价值链分工，处于价值链较为高端的位置。但是，仅依靠输出资源获取经济发展是不可持续的，西北和黄河中游地区要延伸产业链向价值链上游移动，逐步摆脱产业结构单一的现状，实现资源与经济的双赢。

3.4.2 区域物质输出强度分析

从规模上看，1992 年，各地区人均 DPO 排放量为 1.44～7.17t，最高与最低相差 3.98 倍。相比于人均 DMI，各地区人均 DPO 排放量的差异并不显著，说明各地区所承受的环境压力大小较为接近。从分布上看，西北、东北和北部沿海地区的人均 DPO 排放量较高，南部沿海地区的人均 DPO 排放量最低。人均 DPO 排放量较高的省级行政单元为上海（7.17t）、北京（7.14t）、青海（6.45t）、天津（5.62t）和新疆（5.23t）。人均 DPO 排放量较低的省级行政单元为海南（1.44t）、福建（1.83t）、安徽（2.00t）、广西（2.17t）和江西（2.18t）。上海、北京、青海、天津、新疆、山西、吉林、宁夏、辽宁、河北、内蒙古、甘肃、湖北、黑龙江和重庆的人均 DPO 排放量高于全国平均水平（3.01t）。

2014 年，各地区人均 DPO 排放量为 7.05～23.67t。与 1992 年相比，差距有所缩小，最高与最低相差 2.36 倍。2014 年的分布与 1992 年较为近似。西北和北部沿海地区仍是我国人均 DPO 排放量较高的地区，黄河中游地区人均 DPO 排放量增长较快，已取代东北地区成为人均 DPO 排放量较高的地区，西南和长江中游地区较低。人均 DPO 排放量较高的省级行政单元为宁夏（23.67t）、青海（23.25t）、内蒙古（22.14t）、新疆（17.05t）和山西（12.99t）。人均 DPO 排放量较低的省级行政单元为江西（7.05t）、海南（7.18t）、湖南（7.23t）、安徽（7.45t）和广西（7.57t）。宁夏、青海、内蒙古、新疆、山西、河北、辽宁、天津、山东、江苏、上海、浙江和贵州的人均 DPO 排放量高于全国水平（9.80t）。

从增长速度看，人均 DPO 排放量增长较快的地区主要为黄河中游、东部沿海、南部沿海及部分西北地区。东北和长江中游地区的增长速度较慢。人均 DPO 排放量增长速度较快的五个省级行政单元为内蒙古（8.73%）、宁夏（7.95%）、福建（7.73%）、海南（7.58%）和山东（6.31%）。人均 DPO 排放量增长速度较慢的五个省级行政单元为北京（0.32%）、上海（1.74%）、吉林（2.86%）、天津（3.31%）和黑龙江（3.88%）。内蒙古、宁夏、福建、海南、山东、江苏、贵州、浙江、安徽、青海、河南、广西、河北、陕西、云南、四川和新疆的人均 DPO 排放量增长速度大于全国平均水平（5.52%）。

由上可见，人均 DPO 排放量呈现出北部高、南部低的特征。长江中游、西南和南部沿海地区的环境压力较小，其次是东北、东部沿海和北部沿海地区，西北和黄河中游地区的环境压力较大。同时西北和黄河中游地区的人均 DPO 排放量呈快速上升趋势，生态环境状况日趋恶化。

本地过程排放包括大气排放物、水体排放物、固体废弃物和耗散性物质。不同排放物和固体废弃物所造成的环境影响各不相同。下面将逐一分析这四种物质。

图 3-5 展示了 2014 年各地区四种物质的人均排放量。由图可知，大气排放物是 DPO 的第一大来源，占比为 78.12%～95.15%。从分布上看，大气排放物人均排放量较高的地区主要集中在西北、黄河中游及北部沿海地区，较高的五个省级行政单元为宁夏（21.77t）、青海（19.45t）、内蒙古（19.37t）、新疆（15.05t）和山西（11.92t），这些地区同时也是人均碳排放量较高的地区。由于 CO_2 是最主要的大气排放物，人均碳排放量较高导致这些地区的大气排放物人均排放量较高。西南和长江中游地区的大气排放物人均排放量较低，较低的五个省级行政单元为海南（5.61t）、江西（5.63t）、湖南（5.75t）、广西（5.96t）和安徽（6.11t）。

固体废弃物是 DPO 的第二大来源，各地区固体废弃物人均排放量差距较小，占比为 4.30%～15.66%。从分布上看，固体废弃物人均排放量较高的地区主要集中于西北和长江中游地区，东北和北部沿海地区的固体废弃物人均排放量较低。较高的五个省级行政单元为内蒙古（1.59t）、青海（1.56t）、贵州（1.32t）、宁夏（1.25t）和江苏（1.18t）。较低的五个省级行政单元为北京（0.33t）、上海（0.47t）、天津（0.55t）、广东（0.70t）和辽宁（0.75t）。随着生活水平提高和城市化建设加快，各地区生活垃圾和建筑垃圾的排放量逐渐增加，已成为固体废弃物的主要来源，控制固体废弃物要从生活垃圾和建筑垃圾入手。

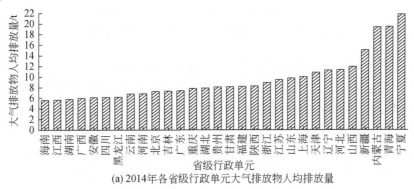

(a) 2014年各省级行政单元大气排放物人均排放量

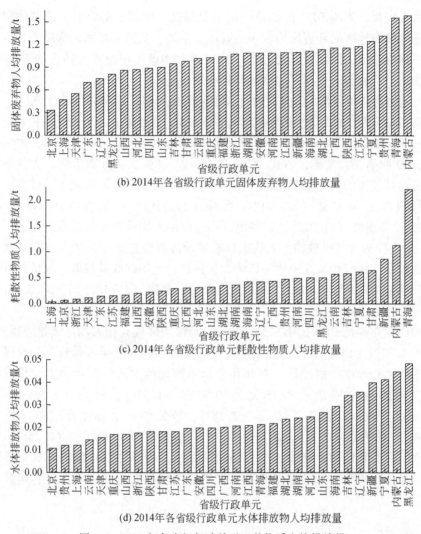

(b) 2014年各省级行政单元固体废弃物人均排放量

(c) 2014年各省级行政单元耗散性物质人均排放量

(d) 2014年各省级行政单元水体排放物人均排放量

图 3-5　2014 年各省级行政单元四种物质人均排放量

　　耗散性物质是 DPO 的第三大来源，主要来自农牧业生产，占比为 0.29% ~ 9.50%。从分布上看，西北、西南、黄河中游和东北的耗散性物质人均排放量较高，东部沿海、南部沿海地区的耗散性物质人均排放量较低，这些地区是我国农作物和畜产品的主要产地，产生了大量的农牧业废弃物。较高的五个省级行政单元为青海（2.21t）、内蒙古（1.13t）、新疆（0.86t）、甘肃（0.64t）和宁夏（0.61t）。较低的五个省级行政单元为上海（0.03t）、北京（0.06t）、浙江（0.08t）、天津（0.11t）和广东（0.14t）。耗散性物质难以回收和处理，并会随着空气和水流扩散到其他地区，要给予足够的重视。要从源头入手，降低农业生产资料的使用量,并妥善处置牲畜粪便。

水体排放物是 DPO 的第四大来源,所占比例最小,为 0.09% ~ 0.64%。由于水的流动性,水体排放物产生的环境影响较大,一直是我国关注的重点。从分布上看,水体排放物人均排放量较高的地区主要为东北、北部沿海和西北地区,东部沿海和西南地区较低。较高的五个省级行政单元为黑龙江 (0.0484t)、内蒙古 (0.0448t)、宁夏 (0.0413t)、新疆 (0.0400t) 和辽宁 (0.0358t)。较低的五个省级行政单元为北京 (0.0107t)、贵州 (0.0119t)、上海 (0.0120t)、云南 (0.0145t) 和天津 (0.0155t)。

由上可知,西北地区四种排放物的人均排放量均较高,黄河中游地区需重点关注大气排放物和耗散性物质,北部沿海地区的大气和水体排放物人均排放量较高。排放物的分布与各地区产业结构联系紧密。西北和黄河中游地区自然资源丰富,以矿产资源开发和农牧业为主要产业,仅采矿业就占工业总产值的 40% 以上 (2014 年)。因此,近些年来,西北和黄河中游地区人均排放量较高。北部沿海地区的重工业占全部工业产值的比例同样较高,除山东外,占比均超过了 80% (2011 年)。重工业生产需要消耗大量的能源,排放大量的废弃物。因此,北部沿海地区大气和水体污染物人均排放量同样较高。西北、黄河中游和北部沿海地区的产业仍以高能耗高污染行业为主,急需产业结构升级。

第4章 | 工业尺度物质代谢分析

本章主要侧重于工业（或行业）层面物质流分析。因此，本研究以欧盟统计局的《经济系统物质流分析指导手册》为基础，结合河北钢铁工业发展及资源和生态特点，对河北钢铁工业物质流按统一标准纳入资源开采、过程输出、平衡项和隐藏流等项目分类核算，编制 2005～2010 年河北钢铁工业物质流分析账户，账户中的具体数据可以用来分析河北钢铁工业物质代谢的总体规模及结构特点，并为河北钢铁工业物质流分析及可持续发展的影响因素分析提供基础数据。本章给出了河北钢铁工业情景分析的理论依据和方法，构建了河北钢铁工业可持续发展的三种情景，即现行情景、理想情景和适宜情景，并对未来河北钢铁工业可持续发展情景进行了预测分析。

4.1 重点工业物质代谢特征

本研究主要侧重于工业层面物质流分析，以欧盟统计局的《经济系统物质流分析指导手册》为基础，构建完整的重点工业物质流分析框架及其指标体系，将其应用于重点工业的可持续发展研究。本研究以河北钢铁工业为例，对其发展过程中物质流输入与输出进行核算，通过对物质流的分析，具体了解河北钢铁工业发展中物质流变化和构成特点，实现对河北钢铁工业发展的客观认识和评估；通过情景分析，较为客观地认识河北钢铁工业未来发展趋势，可以对未来河北钢铁工业乃至我国重点工业可持续发展目标的确定、战略的调整提供借鉴和参考。

4.1.1 工业物质代谢

在 20 世纪 80 年代后期，Ayres[90] 对经济运行中原料与能量流动对环境的影响进行开拓研究后，提出了工业代谢（industrial metabolism，IM）的概念。

工业代谢是指将原料和能源转变成最终产品和废物的过程中，一系列相互关联的物质变化的总称。

Ayres 提出的工业代谢理论认为：工业系统是自然生态系统的一部分，它由生产者、消费者、再生产者和环境 4 个基本成分组成。现代工业生产是一个将资源、能源转化为产品和废物的代谢过程。

工业代谢分析方法的根据是质量守恒定律。工业代谢分析方法旨在揭示经济活动纯物质的数量与质量规模，展示构成工业活动的全部物质的（不仅仅是能量的）流动与储存情况。因此，工业代谢分析方法就是通过建立物质收支平衡表，估算物质流动与储存的数量，描绘其行进的路线和复杂的动力学机制，同时也指出其物理的和化学的状态。从理论上说，工业代谢分析可以掌握在工业体系中循环的所有物质的流动状况。在本质上，工业代谢是把原材料和能源及劳动在一种（或多或少）稳态条件下转化为最终产品和废物的所有物理过程的完整集合，即通过类比将原材料转化为产出品、物品和废物的一系列转化过程，是工业生态系统的一种基本特征和表现形式。

由上所述，可将工业物质代谢定义为空气、水、原材料、能源等物质在一定区域内工业经济系统与外部自然环境之间所发生的输入、转化、输出及循环运动过程的总称。工业物质代谢涉及经济系统和自然环境系统两个部分，这里所说的外部环境既包含当地的自然环境，也包含其他区域的自然环境。对工业经济系统而言，物质代谢活动开始于物质的开采及食物的消耗，其中一部分物质和能量作为库存储存起来，伴随着这一系列过程中产生的污染物被排放到大气、陆地和水系统中。在本质上，工业物质代谢是社会经济系统"吞吐"（或输入、输出）物质的一种状态，主要反映工业生产和消费过程中资源的利用效率和废物的排放强度。工业经济发展本身是一个物质、能量、信息不断代谢的过程，可以通过图4-1来综合反映。

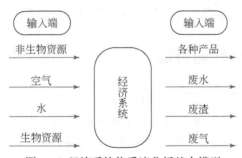

图4-1　经济系统物质流分析基本模型

物质代谢是人类与自然界最基本的沟通形式和交流界面，可从以下三个角度进行分析。

（1）工业物质代谢是社会经济活动的重要载体

工业经济系统可以看作社会再生产过程中的生产、交换、分配和消费各个环节所构成的统一体，它既包含物质生产部门，又包含非物质生产部门。作为一个人和人工物质高度聚集区，工业经济系统的运行需要每天从自然环境和其他经济体获取大量的水、空气、生物质、化石燃料、原材料等来满足工业系统生产和消费的需要。正是由于不断进行的物质代谢活动，工业经济才能保持高速增长，社会进步得以实现。

(2) 工业物质代谢水平是经济发展方式的具体体现

低质量低水平的工业物质代谢往往表现为高投入、高消耗和高产出的经济发展方式，高质量高水平的工业物质代谢可以通过最小的资源环境代价获得最大的经济产出，实现经济与环境的协同发展，也就是说，社会经济体系的生产和消费方式直接决定着工业物质代谢水平。因此，工业物质代谢水平也可以看作反映区域社会经济系统可持续发展能力的一项重要指标。

(3) 工业物质代谢水平是影响环境质量的重要因素

工业物质代谢促使社会经济系统与自然环境之间进行频繁的相互作用，自然环境系统既是社会经济系统的原料供应站，又是其废物处理场。如果工业系统的资源开采和废物排放在环境承载力允许的范围之内进行，那么工业物质代谢活动将保持良性循环状态，一旦工业物质代谢活动超越环境承载力，将导致生态环境趋于恶化。因此，工业物质代谢水平是影响环境质量的重要因素。

由上可见，工业物质代谢不仅与社会经济系统内部的生产和消费密切相关，也直接影响着外部自然环境，因此，实现工业可持续发展的重要途径是调控物质代谢水平，使其保持良性循环状态。工业物质代谢侧重于从整体上研究工业系统的物质代谢规模和代谢强度及相应的环境影响，关注不同工业生产和消费模式的物质代谢特征，为探索实现高效物质代谢提供可能的途径。

4.1.2 工业物质代谢特征

工业物质代谢具有以下五个方面的特征。

1）高强度性。工业系统内部集中了大量的经济生产力、能源和物质，物质和能量的转化率很高，工业物质代谢速度大大加快。另外，工业物质代谢的高强度性还表现在物质代谢的时空跨度较大，进出口贸易的不断发展使物质代谢更为开放，物质代谢所造成的环境影响范围也更广。借助于这些密集、高效的物质流，工业系统不断地进行新陈代谢，保持其活力和发展。

2）复杂性。工业系统是一个产业集中的复杂系统，不同的生产部门通过不同的方式与自然环境系统之间进行着物质代谢，不同的企业之间也进行着复杂的物质交换，各种产业链相互交织，生产和消费行为共同作用，促使工业系统物质代谢持续进行。

3）可调控性。在工业系统中，作为代谢主体的人发挥着重要的作用。通过对自然规律和社会规律的不断深化认识，人类可以利用各种信息形式调控工业系统内各种物质流的流向、流速和流量。因此，人类可以通过决策选择不同的经济发展模式和制定不同的产业政策对工业物质代谢过程进行干预，这种干预具有双向调控作用，它既可能会扩大工业物质代谢规模，也可能会缩小工业物质代谢规模。

4）动态连续性。工业系统的正常运行依靠每时每刻与自然环境之间进行大量的物质交换，一旦这种物质代谢作用停止，工业系统将趋于崩溃。因此，工业物质代谢活动具有很强的连续性。另外，随着法律法规的逐步完善、产业结构的合理调整，工业物质代谢会逐渐趋向于高效稳定的良性发展状态，工业系统也会不断向高层次、高水平的阶段发展。

5）地域差异性。工业物质代谢在不同地域所表现出来的规模和结构是不尽相同的，有明显的地域差异性，这主要受区域的地理位置和资源环境条件的影响。另外，当地的人文特征及居民的生活消费习惯对工业物质代谢也或多或少地具有一些影响。

4.1.3 物质流是工业物质代谢的载体

由于社会经济发展需要，在工业系统与外部自然环境之间存在着物质的输入、转化、输出及循环运动的空气、水、原材料、能源等的流动，即物质流。其本质如下：①人类社会与自然环境之间存在着连续不断的物质输入与输出过程；②人类社会从自然环境中获取物质、能源原材料，且部分以存量形式在社会经济系统中储存，最终以废物等形式释放到环境中。

由此可见，物质流产生于工业物质代谢过程中，是物质代谢的载体，物质代谢过程表现为物质流的运动。人类活动对环境产生的影响，在很大程度上取决于进入工业系统内的物质流的数量与质量，以及从该系统排出的物质流的数量与质量。工业物质流与物质代谢间的关系，如图 4-2 所示。

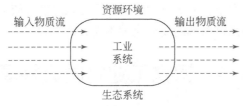

图 4-2 工业物质流与物质代谢间的关系

物质流产生于物质代谢过程中，是工业物质代谢的载体。因此，可以通过分析物质流来研究工业物质代谢问题。通过物质流分析可以有效衡量工业活动对环境产生的影响程度。在此基础上，还可以判断什么因素对工业物质代谢产生影响，从而更好地实现研究工业物质代谢的目的，实现工业的可持续发展。

4.2 工业物质代谢系统边界界定

物质流分析与物质循环系统紧密相连，通常涉及自然界、人类的生产领域、生活领域和消费领域，其研究对象由人类活动的各个单元构成，如国家或城市、园区、工业、企业，甚至小到家庭或某个生产工序等。物质流分析可以在不同的层面进行：首先，可以将整个国家作为物质流分析的研究区域；其次，可以对某一个区域进行研究；再次，可以对某个经济实体进行研究；最后，可以对某种单一的物质，如铅、铜、铁等进行研究。因此，在进行物质流分析时，要对研究对象的边界进行明确的界定。

物质流分析中的物质具有广泛的含义，既可以是生产用的原材料，如金属、矿物质、化石燃料，也可以是其他的资源，如建筑用的沙子、混凝土等。因此，在进行物质流分析时，要对各种代谢主体进行界定，只有明确了代谢主体才能明确需要核算的物质范围。

对国家层次的物质流分析需要定义两层边界：第一层是国内经济体系与环境之间的边界，第二层是国内经济体系与其他国家的行政边界。与国家层次的物质流分析略有不同，工业系统物质流分析需要定义以下三层边界：

1）工业系统与自然环境系统之间的边界，直接从自然环境中开采的原料通过该边界进入工业系统进行进一步的加工转换。

2）工业系统与国内其他地区的边界，成品、半成品及原料经由该边界，由本工业系统所在区域输出到其他地区或由其他地区输入到本工业系统。

3）工业系统所属国家与国外其他地区的行政边界，成品、半成品及原料经由该边界，由本区域工业系统出口到其他国家或由其他国家进口到本工业系统。

在物质流分析研究中，只对通过系统边界输入经济系统或输出经济系统的物质流予以考虑，经济系统内部的物质流并不在研究之列。

4.3 钢铁工业物质流核算

以河北钢铁工业为例，对其物质流按统一标准纳入资源开采、过程输出、平衡项和隐藏流等项目分类核算，编制出 2005～2010 年河北钢铁工业物质流分析账户,账户中的具体数据可以用来分析河北钢铁工业物质代谢的总体规模及结构特点,并为河北钢铁工业物质流分析及可持续发展的影响因素分析提供基础数据。

4.3.1 数据来源与处理方法

河北是钢铁大省,钢产量居全国首位,河北省在 2008 年进行了钢铁结构整合,组建了河北钢铁集团。鉴于此,本研究时段确定为 2005～2010 年,在时序上有一个跨越,以便形成前后对比。此外,该时段河北钢铁工业发展迅速,资源环境问题日益突出,通过对该时段河北钢铁工业物质代谢的总量及变化特征进行分析,达到较全面地研究河北钢铁工业可持续发展的目的。

4.3.1.1 数据来源

数据来源分为三类,具体如下:

1) 河北钢铁工业在研究时段的相关统计资料。分析所用数据主要来自《河北省钢铁工业发展报告》(2006～2011 年)、《河北冶金工业统计月报》(2006～2011 年)、《河北钢铁集团有限公司统计年鉴》(2006～2011 年)、《中国钢铁工业年鉴》(2006～2011 年)、《中国统计年鉴》(2006～2011 年)、《中国环境统计年鉴》(2006～2011 年)和《河北经济年鉴》(2006～2011 年)。

2) 相关部门提供的工业统计数据及调查数据。

3) 已被学术界认同的研究成果及公开发表期刊上收集的数据。

4.3.1.2 处理方法

物质流分析涉及物质的种类和数量庞大,给具体工作带来了困难,为确保数据完整性、准确性、一致性、有效性,通常要从三个方面科学地处理数据。

(1) 数据完整性、一致性

由于有相当数量的物质种类和数量目前尚无法纳入核算体系,不可能使所有需要的统计数据都得到满足。因此,为使研究可行并具有科学性,对进入物质流分析的物质种类和数量按如下要求筛选:① 尽可能与欧盟统计局《经济系统物质流分析指导手册》估算方法体系一致;② 与河北钢铁工业及河北省经济发展密切相关;③ 与可获取的河北钢铁工业现有的统计资料相结合,以保证物质流计算的完整性和连续性。

(2) 重复计算与遗漏问题

为了避免重复计算和遗漏的发生,本研究采取以下措施:① 对各种物质作明确定义；② 由于不同单位可能提供相同项目的资料，也可能对资料阐释不同，需明确各种统计资料有关项目的确切统计口径与真实含义；③ 对河北自产物质，仅计算初级原物料，如在计算铁资源时，仅计算省内铁矿开采量，而与此相关的铁及制品的重量不计入在内；④ 对国外进口部分，则通过其商品分级归类；⑤ 对统计中不以重量为计量单位计算的部分产品，转换成重量单位。

(3) 参数估计问题

在物质流分析中，不能以重量为计量单位计算的部分生产产品，需要通过转换系数计算为重量单位；资源开采过程中隐藏流的计算、平衡物质的计算等方面需要估算系数来估算相应的物质流重量。对估算系数，本研究首先查阅与河北省相关文献中有关单位转换资料，其次参照国内外已有的研究成果，以上方法仍然不能获得，则根据有关资料自行估计。

4.3.2　物质输入核算

4.3.2.1　物质输入核算说明

在统计河北钢铁工业的资源开采量时，应该全部采用物质的原料，但实际上很难做到这一点，国内外已有的研究成果，也都没有成功的先例。本研究在进行统计核算时尽可能采用物质的原料层面数据，若物质不是以原料形式出现，则尽可能换算成原料。河北钢铁工业生产所需原料均为非生物物质，故仅统计非生物物质量。非生物物质分成两大类，一类是化石燃料，另一类是矿产品。

化石燃料包括煤类和油品类，纳入核算的煤类有原煤和焦炭等；纳入核算的油品类有原油和燃料油等。此外，钢铁工业生产过程中，消耗一部分电力，需要转化成化石燃料。由于我国电力 70% 以上来自火力发电，我们参照火力发电的煤耗，把电力转换成煤炭。

目前，对矿产品（包括金属及工业矿产品）的定义，各国并不一致。例如，韩国以直接从矿场开采出的矿物来认定；美国内政部矿产管理局则采用广义的矿产定义，除狭义的矿产品外，还包含矿物经过初步选炼加工成可利用的初级形态矿产，如石灰石制成水泥、金属矿提炼成金属等；关税及贸易总协定（General Agreement on Tariffs and Trade）则把金属与矿物视为原料，对矿产品的定义比美国更为宽泛。

中国在矿产品的认定上没有明确的规定，各部门在矿产品的分类上并不统一，大多数资料采用"矿业所生产的产品均属于矿产品"的认定办法。为避免定义不清及重复计算或遗漏的问题，本研究将不同部门的统计资料加以整理、统一分类，分为金属矿产品、工业非金属矿产品。为保证数据资料的一致性，对矿产品的定义如下：除矿物外，包括矿物经选炼后的半加工形态制品或加工后的初级矿产制品，上述初级矿产制品以第一次加工后的产品为统计对象，但属于流水作业的产品，则以生产至铁合金和铁块为限。

4.3.2.2 物质输入量

根据以上标准和口径，核算得到河北钢铁工业 2005～2010 年的矿物质输入量，如表 4-1 所示。

表 4-1 河北钢铁工业 2005～2010 年的矿物质输入量（单位：万 t）

名称	2005 年	2006 年	2007 年	2008 年	2009 年	2010 年
铁矿石（原矿）	5 227.10	24 951.89	30 953.96	38 097.21	35 789.47	44 618.80
进口铁矿石	2 902.74	3 259.49	6 607.3	5 153.18	8 240.55	7 570.11
废钢量	29.176 3	35.930 4	42.290 3	45.778 2	53.468 3	57.112 2
铁块	40.248 5	49.565 7	58.339 2	63.150 8	73.759 1	78.786 0
铁合金	14.558 6	17.928 8	21.102 3	22.842 8	26.670 0	28.498 3
耐火材料	7.726 2	9.514 7	11.198 9	12.122 5	14.158 9	15.123 9
石灰石	173.750 3	213.972 0	251.846 7	272.617 9	318.413 7	340.114
白云石	75.747 5	93.282 5	109.794 1	118.849 5	138.814 5	148.274 9
其他辅助材料	23.732 5	29.226 4	34.399 7	37.236 8	43.492 0	46.456 1
合计	8 494.779 9	28 660.800 5	38 090.231 2	43 822.988 5	44 698.796 5	52 903.275 4

注：为便于统计，把资源消耗量少的，如锰矿石、钛矿和非金属材料统一加和，称为其他辅助材料

由表 4-1 可见，在 2005～2010 年，河北钢铁工业资源消耗量处于持续增加的过程，铁矿石（原矿）量由 2005 年的 5227.10 万 t 增加到 2010 年的 44 618.80 万 t，增加了 7.5 倍；资源消耗总量（不包括进口铁矿石量）由 2005 年的 5592.0399 万 t 增加到 2010 年的 45 333.1654 万 t，增加了 7.1 倍。总体来看，河北钢铁工业资源消耗量呈增长趋势。

2005～2010 年，主要的能源输入为煤炭、焦炭、燃料油和电力，根据《经济系统物质流分析指导手册》的要求，需把焦炭等二次能源转化成化石燃料，把电力的"kW·h"转换成相应物料的质量单位"kg"或"t"。由于我国电力 70% 以上多由火力发电机组提供，我们参照 200MW 火力发电机组的各种物料消耗数据，计算发电厂生产 1kW·h 电所消耗的煤炭量，并把它们叠加到钢铁生产过程的相关物料中。由调研知，200MW 火力发电机组生产 1kW·h 电，消耗原煤 350g，据此把河北钢铁工业的用电量转化成原煤量，结果如表 4-2 所示。

表 4-2　河北钢铁工业 2005～2010 年电力消耗

名称	2005 年	2006 年	2007 年	2008 年	2009 年	2010 年
电力/（万 kW·h）	2 783 343.25	3 638 243.11	4 108 902.19	4 596 711.65	5 505 742.46	5 763 852.05
电转化成原煤/万 t	974.17	1 273.39	1 438.12	1 608.85	1 927.01	2 017.35

　　焦炭转化成原煤，按等当量热值转化，即 1t 焦炭可转换成 1.3599t 原煤，据此可计算 2005～2010 年河北钢铁工业焦炭转换成原煤量，结果见表 4-3。

表 4-3　河北钢铁工业 2005～2010 年焦炭消耗（单位：万 t）

名称	2005 年	2006 年	2007 年	2008 年	2009 年	2010 年
焦炭	1548.63	1669.57	1699.19	2138.80	1904.37	2355.90
焦炭转化成原煤	2106.04	2270.51	2310.78	2908.63	2589.81	3203.87

　　2005～2010 年现已消耗的原煤和燃料油量，如表 4-4 所示。

表 4-4　河北钢铁工业 2005～2010 年现已消耗原煤和燃料油量（单位：万 t）

名称	2005 年	2006 年	2007 年	2008 年	2009 年	2010 年
原煤	2855.05	3078.01	3132.61	3943.09	3510.88	4343.33
燃料油	22.62	24.39	24.82	31.25	27.82	34.42

注：不包括由电力和焦炭折算来的原煤量

　　对表 4-2～表 4-4 的燃料数据进行汇总，可得 2005～2010 年河北钢铁工业所消耗的原煤和燃料油消耗量，结果如表 4-5 所示。

表 4-5　河北钢铁工业 2005～2010 年总的原煤和燃料油消耗量（单位：万 t）

名称	2005 年	2006 年	2007 年	2008 年	2009 年	2010 年
原煤	5935.26	6621.91	6881.51	8460.57	8027.71	9564.54
燃料油	22.62	24.39	24.82	31.25	27.82	34.42
合计	5957.88	6646.30	6906.33	8491.82	8055.53	9598.96

　　由表 4-5 可见，河北钢铁工业化石燃料消耗由 2005 年的 5957.88 万 t，增长到 2010 年的 9598.96 万 t，年均递增 10.01%，并呈逐年递增的发展趋势。

4.3.3　物质输出核算

　　钢铁工业对原料进行加工后，除生产合格钢铁产品外，还向自然环境排放废弃物，如废气、废水（废水在 4.3.4 节专题论述）和固体废弃物，具体如下。

（1）钢铁产品

2005～2010 年河北钢铁工业生产的合格钢材产量，如表 4-6 所示。

表 4-6　2005～2010 年河北钢铁工业生产的合格钢材产量（单位：万 t）

名称	2005 年	2006 年	2007 年	2008 年	2009 年	2010 年
钢材	6 465.10	8 467.10	10 474.91	11 571.79	15 134.47	16 757.23

由表 4-6 可见，河北钢铁工业钢材产量增长迅猛，由 2005 年的 6465.10 万 t，增长到 2010 年的 16 757.23 万 t，年均递增 20.98%。

（2）排放到大气中的废弃物

钢铁工业排放到大气中的废弃物主要有二氧化硫、烟尘、工业粉尘、焦炉煤气、高炉煤气和转炉煤气。为统一物料计算，把煤气的体积量转换成质量。由文献知，焦炉煤气、高炉煤气和转炉煤气的密度分别按 $0.452kg/m^3$、$1.334kg/m^3$ 和 $1.368kg/m^3$ 计算[91]。2005～2010 年河北钢铁工业煤气产生量、排放量情况，如表 4-7 所示。

表 4-7　2005～2010 年河北钢铁工业煤气产生量、排放量

项目		2005 年	2006 年	2007 年	2008 年	2009 年	2010 年
焦炉煤气	产生量/万 m³	317 160.78	353 424.18	408 259.62	425 140.45	452 363.24	444 058.80
	利用量/万 m³	314 261.55	346 759.18	402 904.92	420 569.26	448 586.48	441 345.01
	排放量/万 m³	2 899.23	6 665.00	5 354.70	4 571.19	3 776.76	2 713.79
	重量/万 t	1.31	3.01	2.42	2.07	1.71	1.23
高炉煤气	产生量/万 m³	5 355 347.32	7 188 354.56	10 272 789.28	10 925 095.57	14 462 462.96	15 995 616.95
	利用量/万 m³	4 719 947.37	6 712 350.03	9 844 591.32	10 633 003.68	13 690 395.97	15 483 412.53
	排放量/万 m³	635 399.95	476 004.53	428 197.96	292 091.89	772 066.99	512 204.42
	重量/万 t	847.62	634.99	571.22	389.65	1 029.94	683.28
转炉煤气	产生量/万 m³	172 437.73	400 631.60	323 819.00	333 961.43	574 907.79	796 220.99
	利用量/万 m³	142 778.23	270 321.04	279 076.75	315 534.38	471 128.30	684 095.40
	排放量/万 m³	29 659.50	130 310.56	44 742.25	18 427.05	103 779.49	112 125.59
	重量/万 t	40.57	178.26	61.21	25.21	141.97	153.39
排放重量合计/万 t		889.50	816.26	634.85	416.93	1 173.62	837.90

由表 4-7 可知，河北钢铁工业煤气排放重量自 2005 年以来呈下降趋势，但在 2009 年突然升高，到达 1173.62 万 t，到 2010 年下降为 837.90 万 t。

2005～2010 年河北钢铁工业二氧化硫、烟尘和工业粉尘排放量，如表 4-8 所示。

表 4-8　2005～2010 年河北钢铁工业二氧化硫、烟尘和工业粉尘排放量（单位：万 t）

项目	2005 年	2006 年	2007 年	2008 年	2009 年	2010 年
二氧化硫	9.1329	12.9328	15.6136	15.0573	13.4223	14.1383
烟尘	2.1252	2.9627	4.6654	4.7808	5.2711	5.5816
工业粉尘	5.1196	5.4839	5.9169	5.0503	6.0727	6.9243
合计	16.3777	21.3794	26.1959	24.8884	24.7661	26.6442

由表 4-8 可知，2005～2010 年河北钢铁工业二氧化硫、烟尘和工业粉尘排放量总体呈递增趋势，其中排放量增幅最大的是烟尘，年均递增 21.30%；工业粉尘排放量增幅较小，年均递增 6.23%；二氧化硫排放量增幅居中，年均递增 9.13%。

(3) 排放到地表的废弃物

主要为工业固体废弃物，包括钢渣、高炉渣和尘泥，表 4-9 给出了 2005～2010 年河北钢铁工业钢渣、高炉渣和尘泥的产生量、利用量、排放量。

表 4-9　2005～2010 年河北钢铁工业钢渣、高炉渣和尘泥的产生量、排放量（单位：万 t）

	项目	2005 年	2006 年	2007 年	2008 年	2009 年	2010 年
钢渣	产生量	474.94	579.95	773.3606	797.8739	916.2208	1178.3453
	利用量	415.29	491.92	725.7486	754.252	865.2196	1144.3989
	排放量	59.65	88.03	47.612	43.6219	51.0012	33.9464
高炉渣	产生量	1839.33	1480.1	2205.2016	2301.5761	2806.7501	3259.0504
	利用量	1587.44	1364.81	2186.5059	2279.5789	2804.6321	3250.1811
	排放量	251.89	115.29	18.6957	21.9972	2.118	8.8693
尘泥	产生量	331.69	276.2	425.1781	325.9869	376.0196	457.1078
	利用量	323.8	255.64	423.3689	325.9671	375.6299	453.6667
	排放量	7.89	20.56	1.8092	0.0198	0.3897	3.4411
排放量合计		319.43	223.88	68.1169	65.6389	53.5089	46.2568

由表 4-9 可知，2005～2010 年河北钢铁工业固体废弃物排放量逐年降低，由 2005 年的 319.43 万 t，降到 2010 年的 46.2568 万 t，年均递减 32.05%。其中，高炉渣排放量降幅最大，年均递减 48.79%；钢渣排放量降幅较小，年均递

减 10.66% 。

4.3.4 水的输入、输出核算

2005～2010 年河北钢铁工业的物质输入与输出情况，如表 4-10 所示。

表 4-10 2005～2010 年河北钢铁工业的物质输入与输出量（单位：万 t）

项目	2005 年	2006 年	2007 年	2008 年	2009 年	2010 年
用水总量	289 406.46	532 395.81	646 356.44	665 455.01	756 526.54	975 587.67
取新水总量	14 509.69	18 274.54	23 384.06	23 873.31	26 246.01	29 349.80
重复用水量	274 895.86	514 121.24	577 146.56	599 420.47	715 330.35	947 753.38
废水排放量	5 001.9900	6 560.3200	4 761.2153	4 281.4015	3 906.6450	3 893.7954

由表 4-10 可见，河北钢铁工业用水总量、取新水总量、重复用水量均呈逐年递增趋势，年均分别递增 27.51%、15.13% 和 28.09%。废水排放量呈逐年递减趋势，年均递减 4.89%，但总量依然很大。

正如物质流分析方法里所提到的，水在物质总输入中的比例很大，如果全部予以加和统计，必然使固体物质流显得很小。因此，本研究中对水的输入和输出不再做统计分析。

4.3.5 物质平衡项核算

在物质平衡项中，输入端为氧气（空气），输出端为二氧化碳和水蒸气。它们主要消耗于能源物质的燃烧过程中，没有直接可用的统计数据。因此，用主要氧化产物（二氧化碳、二氧化硫、水蒸气）的排放量进行估算。计算方法：将化石燃料燃烧排放的二氧化碳排放量乘以 32/44 系数，二氧化硫排放量乘以 1/2 系数，燃烧产生的水蒸气量乘以 16/18 系数，然后三者相加。其中只有二氧化硫的排放量 4.3.3 节已给出，因此要对能源物质使用过程二氧化碳和水蒸气的排放量进行计算。

河北钢铁工业系统使用的能源物质主要为原煤和燃料油（焦炭、电力已折合成原煤，见 4.3.2 节），2005～2010 年数据可在 4.3.2 节查到。相应的二氧化碳和水蒸气的排放量，可根据排放系数计算。二氧化碳和水蒸气的排放系数[92]，如表 4-11 所示。然后，经过平衡计算，可得到氧气消耗。

表4-11　能源物质燃烧过程中二氧化碳和水蒸气的排放系数

项目	二氧化碳排放系数	水蒸气排放系数
原煤/(t/t 燃料)	2.0	—
燃料油/(t/t 燃料)	3.0216	1.3867
汽油/(t/t 燃料)	3.0393	1.3165
煤油/(t/t 燃料)	3.0666	1.3283
柴油/(t/t 燃料)	3.1457	1.3625
液化气/(t/t 燃料)	3.0382	3.2740
天然气/(t/m³)	2.0285	1.6597

由上所述，利用4.3.2节的河北钢铁工业2005～2010年的原煤和燃料油的消耗量，可计算出输出端二氧化碳和水蒸气的平衡项，结果如表4-12所示。

表4-12　输出端的二氧化碳和水蒸气（单位：万t）

项目		2005 年	2006 年	2007 年	2008 年	2009 年	2010 年
原煤	二氧化碳	11 870.52	13 243.82	13 763.02	16 921.14	16 055.42	19 129.08
	水蒸气	—	—	—	—	—	—
燃料油	二氧化碳	68.35	73.70	75.00	94.43	84.06	104.00
	水蒸气	31.37	33.82	34.42	43.33	38.58	47.73
合计	二氧化碳	11 938.87	13 317.52	13 838.02	17 015.57	16 139.48	19 233.08
	水蒸气	31.37	33.82	34.42	43.33	38.58	47.73

由表4-12可知，河北钢铁工业2005～2010年输出端平衡项中，二氧化碳的增幅较大，年均递增10.01%；与二氧化碳相比，水蒸气的增幅较小，年均递增8.76%。在河北钢铁工业高速发展的情况下，二氧化碳与水蒸气的排放量仍有进一步增加的趋势。

由表4-12中的二氧化碳和水蒸气的数据，以及4.3.3节二氧化硫的数据，按上面所给折算系数，分别计算输入端氧气的消耗量，结果如表4-13所示。

表4-13　输入端氧气的消耗量（单位：万t）

项目	2005 年	2006 年	2007 年	2008 年	2009 年	2010 年
二氧化碳需氧量	8 682.82	9 685.46	10 064.03	12 374.95	11 737.80	13 987.69
水蒸气需氧量	27.88	30.06	30.60	38.52	34.29	42.43
二氧化硫需氧量	4.57	6.47	7.81	7.53	6.71	7.07
合计	8 715.27	9 721.99	10 102.44	12 421.00	11 778.80	14 037.19

由表 4-13 可见，河北钢铁工业 2005～2010 年输入端氧气的消耗量增长幅度较大，年均递增 10.00% 左右。

4.3.6 隐藏流核算

4.3.6.1 隐藏流核算说明

目前，准确核算隐藏流，面临较大的挑战。一方面，物质流研究在中国还是一个全新的领域，隐藏流系数估算较少，与分析对应的数据较为缺乏；另一方面，隐藏流与生产方式、生产力水平等有关，这表现为不同国家隐藏流系数不尽相同，同一国家内不同区域之间也不尽相同，同一国家或地区不同时期的隐藏流系数也会有明显的不同。

在欧盟统计局的《经济系统物质流分析指导手册》体系中，对隐藏流，仅估计能源、金属、工业矿产品及建筑材料四类物质。本研究核算用的隐藏流系数大多采用国外的估计系数，如果国内已有估计系数，则尽可能采用国内的估计系数。对隐藏流系数的选择，本研究将依照如下原则进行选择：① 优先考虑国内正式发表的研究成果；② 就个别物质进行估算；③ 采用与中国自然地理条件相近或生产力水平相当的国家或地区的研究成果；④ 采用全球平均的研究成果；⑤ 采用其他国家的研究成果。另外，对一些暂时找不到系数或是本区域特有的物质，则统一采用日本对进口半成品及成品的估算方法，均取隐藏流系数等于 4.00t/t 来进行处理[93]。

结合河北钢铁工业发展特点，将对以下二类主要隐藏流进行核算，即化石燃料隐藏流，金属、非金属矿物隐藏流。

按照德国 Wuppertal 气候环境与能源研究所对全球隐藏流系数的研究结果，原油为 1：1.22，原煤为 1：6。考虑到中国煤炭资源以硬煤为主，因此在计算煤炭隐藏流时取硬煤的隐藏流系数为 1：2.36[94]。

金属、非金属矿物隐藏流系数[95]，如表 4-14 所示。对进口的半成品及成品的隐藏流，采用德国半成品重量对半成品隐藏流比例，其隐藏流系数为 4.00t/t。

表 4-14 金属、非金属矿物隐藏流系数

序号	名称	隐藏流系数/(t/t)	研究使用国家与说明
1	铁矿石原矿	2.01	中国
2	铁	1.80	日本、德国、美国
3	锰	2.30	日本、德国、美国

序号	名称	隐藏流系数/（t/t）	研究使用国家与说明
4	铜	2.00	日本、德国、美国
5	镍	17.50	日本、德国
6	铝	0.48	日本、德国
7	铅	2.36	日本、德国
8	锌	0.69	日本、德国
9	锡	1 448.90	日本、德国
10	铬	3.20	日本、德国
11	钨	63.10	日本、德国
12	银	14 265.00	日本、德国
13	金	303 030.00	日本、德国
14	花岗石	5.80*	中国
15	大理石	4.60*	中国
16	石灰石	4.00*	中国
17	瓷土	3.00*	中国
18	石膏	0.50*	中国
19	砖	4.00	
20	磷矿石	4.00	采用日本对进口半成品及成品的估算方法
21	半成品及成品（其他）	4.00	

*对应数据来源于《台湾物质流建置与应用研究初探》

4.3.6.2 内隐藏流情况

按照上述原则与计算标准，计算河北钢铁工业 2005~2010 年金属、非金属矿物及燃料隐藏流量，结果如表 4-15 所示。

表 4-15 河北钢铁工业金属、非金属矿物及燃料隐藏流量（单位：万 t）

项目	2005 年	2006 年	2007 年	2008 年	2009 年	2010 年
铁矿石（原矿）	10 506.47	50 153.30	62 217.46	76 575.39	71 936.83	89 683.79
进口铁矿石	5 224.93	5 867.08	11 893.14	9 275.72	14 832.99	13 626.20
石灰石	695.00	855.89	1 007.39	1 090.47	1 273.65	1 360.46
白云石	302.99	373.13	439.18	475.40	555.26	593.10
原煤	14 007.21	15 627.71	16 240.36	19 966.95	18 945.40	22 572.31
燃料油	27.60	29.76	30.28	38.13	33.94	41.99
合计	30 764.20	72 906.87	91 827.81	107 422.06	107 578.07	127 877.85

由表 4-15 可知，河北钢铁工业 2005 ~ 2010 年隐藏流保持着持续增长的态势。隐藏流量从 2005 年的 30 764. 20 万 t 增加到 2010 年的 127 877. 85 万 t，年均递增 32.97%。其中，国内铁矿石（原矿）的隐藏流是主体，它由 2005 年的 10 506. 47 万 t 增长到 2010 年的 89 683. 79 万 t，年均递增 53. 55%；进口铁矿石隐藏流也持续快速增长，从 2005 年的 5224. 93 万 t 增加到 2010 年的 13 626. 20 万 t，年均递增 21. 13%，表明河北钢铁工业发展过程中，存在较大的外部性。

4. 3. 7 物质流分析指标核算

利用 4. 3. 2 ~ 4. 3. 6 节的统计数据进行详细核算，得到河北钢铁工业的物质流指标，如表 4-16 所示。为了便于进行分析和比较，在河北钢铁工业物质流分析中仍然使用物质流指标英文缩写，结果如表 4-16 所示。

表 4-16   河北钢铁工业物质流分析指标（单位：万 t）

	主要指标	2005 年	2006 年	2007 年	2008 年	2009 年	2010 年
输入	直接物质输入（DMI）	11 549. 9199	32 047. 6105	38 389. 2612	47 161. 6285	44 513. 7765	54 932. 1254
	物质总输入（TMI）	37 089. 1899	99 087. 4005	118 323. 9312	145 307. 9685	137 258. 8565	169 183. 7754
	物质总需求（TMR）	42 314. 1199	104 954. 4805	130 217. 0712	154 583. 6885	152 091. 8465	182 809. 9754
输出	生产过程输出（DPO）	13 195. 5677	14 412. 8594	14 601. 6128	17 566. 3273	17 429. 9450	20 191. 6110
	直接物质输出（DMO）	19 660. 6677	22 879. 9594	25 076. 5228	29 138. 1173	32 564. 4150	36 948. 8410
消费	物质消费（DMC）	5 084. 8199	23 580. 5105	27 914. 3512	35 589. 8385	29 379. 3065	38 174. 8954
	物质总消费（TMC）	30 624. 0899	90 620. 3005	107 849. 0212	133 736. 1785	122 124. 3865	152 426. 5454

基于物质流核算框架，根据河北钢铁工业的具体情况，对欧盟统计局《经济系统物质流分析指导手册》做出适当调整，对河北钢铁工业进行物质流分析。

（1）物质输入情况

河北的矿物质输入量在 2005 ~ 2010 年总量处于持续增加的过程，铁矿石（原矿）量由 2005 年的 5227. 10 万 t 增加到 2010 年的 44 618. 80 万 t，增加了 7. 5

倍；资源消耗总量（不包括进口铁矿石量）由 2005 年的 5592.0399 万 t 增加到 2010 年的 45 333.165 4 万 t，增加了 7.1 倍。总体来看，河北钢铁工业资源消耗量呈增长趋势。河北钢铁工业化石燃料消耗由 2005 年的 5957.88 万 t，增长到 2010 年的 9598.96 万 t，年均递增 10.01%，增幅较大。

（2）物质输出情况

2005~2010 年，在河北钢铁工业废气、粉尘和固体废弃物三类废物的排放中，除粉尘排放呈递增趋势外，其余两种废物的排放均呈递减趋势。粉尘排放由 2005 年的 16.3777 万 t，增加到 2010 年的 26.6442 万 t，年均递增 10.22%。河北钢铁工业煤气排放量自 2005 年以来呈下降趋势，但在 2009 年突然升高，到达 1173.62 万 t，到 2010 年下降为 837.90 万 t。工业固体废弃物的排放量逐年降低，由 2005 年的 319.43 万 t 降到 2010 年的 46.2568 万 t，年均递减 32.05%。其中，高炉渣排放量降幅最大，年均递减 48.79%；钢渣排放量降幅较小，年均递减 10.66%。

（3）水的输入、输出情况

河北钢铁工业用水总量、取新水总量、重复用水量均呈逐年递增趋势，年均分别递增 27.51%、15.13% 和 28.09%。废水排放量呈逐年递减趋势，年均递减 4.89%，但总量依然很大。

（4）隐藏流情况

河北钢铁工业 2005~2010 年隐藏流保持着持续增长的态势。隐藏流量从 2005 年的 30 764.20 万 t 增加到 2010 年的 127 877.85 万 t，年均递增 32.97%。其中，国内铁矿石原矿的隐藏流是主体，它由 2005 年的 10 506.47 万 t 增长到 2010 年的 89 683.79 万 t，年均递增 53.55%；进口铁矿石隐藏流也持续快速增长，从 2005 年的 5224.93 万 t 增加到 2010 年的 13 626.20 万 t，年均递增 21.13%，表明河北钢铁工业发展过程中，存在较大的外部性。

（5）物质利用规模迅速增大，资源环境压力增强

在河北经济快速发展过程中，河北钢铁工业从资源环境系统中开采利用的物质量也呈快速增加之势。如果矿物质利用技术水平提高不明显，那么随着河北钢铁工业规模的不断增大，工业系统的物质需求也在不断增长，这必然带来环境破坏的增强，同时也给过程排放控制增加更大的压力。

（6）污染控制力度得到加强，然而治理形势依然严峻

虽然物质利用量有不断增加的趋势，但总体上河北钢铁工业的过程排放有减少的趋势，这说明河北加强了对污染排放的控制力度。然而，总体上河北钢铁工业的过程排放规模依然巨大，部分污染物的排放还未能得到有效控制，如二氧化硫排放量呈逐年增加的趋势，这说明河北钢铁工业环境治理任务依然严峻。

4.4 钢铁工业物质代谢分析

将物质流分析中的数据与河北钢铁工业发展指标相结合，可以进行工业物质流分析。通过物流分析不仅可以从总量和规模上判断河北钢铁工业发展过程中的资源和环境压力，而且可以深入解读其可持续发展的运行效率，同时还可以从定量上分析可持续发展带来的资源环境压力。这些分析结论将有助于观察河北钢铁工业物质代谢的变化规律及预测未来经济发展的资源需求，从而为河北省政府制定合理的可持续发展战略提供科学的依据。

从物质代谢规模和结构分析、物质代谢效率分析和物质代谢全景分析三个维度展开，深入剖析、解读河北钢铁工业可持续发展规律。基于物质代谢的视角，以物质流分析为工具，通过 DMI、TMR 等一系列输入类总量指标来对河北钢铁工业可持续发展中物质代谢的总量及其变化特征进行分析，从中观察河北钢铁工业发展对自然资源的总体压力；通过 DPO、DMO 等一些输出类总量指标来对河北钢铁工业可持续发展过程中所产生的输出物质总量及变化特征进行分析，从中观察河北钢铁工业发展所带来的环境总体压力；通过物质流的单位工业增加值的消耗量等物质消耗强度指标来衡量河北钢铁工业物质代谢的强度，从本质上评价河北钢铁工业可持续发展的资源、环境压力；通过资源生产率和环境效率类指标，来衡量河北钢铁工业可持续发展运行效率；通过对河北钢铁工业物质代谢全景的分析，从河北钢铁工业的整体发展来评价其可持续发展的资源、环境压力。

4.4.1 物质代谢规模和结构分析

4.4.1.1 输入端的物质代谢规模和结构

（1）输入物质流规模

对于河北钢铁工业输入端物质代谢规模的变化情况，重点分析直接物质输入（DMI）、物质总输入（TMI）和物质总需求（TMR）三个指标。DMI 是指进入河北钢铁工业并由该工业系统进一步转化的物质量。虽然隐藏流并不直接服务于生产和消费活动，但却成为自然环境的生态包袱。因此，河北钢铁工业内物质研究不能忽略这部分环境资源的消耗。TMI 在 DMI 基础上，把隐藏流考虑在内。TMR是衡量工业系统资源消耗总量的指标，考虑了国内隐藏流和进口隐藏流。可见，TMR 考虑隐藏流的角度比 TMI 更为宽泛，它把整个工业系统作为生态系统来考虑经济系统的输入。图 4-3 为河北钢铁工业 2005～2010 年输入端的物质代谢规模。

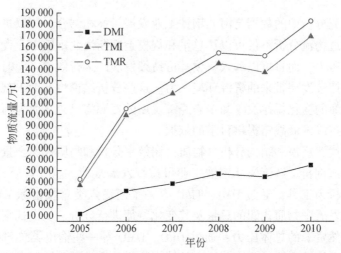

图 4-3　河北钢铁工业 2005～2010 年输入端的物质代谢规模

由图 4-3 可知，河北钢铁工业 2005～2010 年物质输入总量持续快速增加。其中，DMI 从 2005 年的 11 549.9199 万 t 增加到 2010 年的 54 932.1254 万 t，年均递增 36.60%，增幅很大。TMI、TMR 的变化规律与 DMI 一致。相对于其他两个指标，TMR 的增幅缓慢一些，从 2005 年的 42 314.1199 万 t 增加到 2010 年的 182 809.9754 万 t，年均递增 34.00%。通过对 DMI 与 TMR 的对比分析可以发现，隐藏流对工业系统物质规模的影响较大，隐藏流对 TMR 的年均贡献为 70.48%。

可见，河北钢铁工业需要更多的资源，以满足其经济快速增长的需要。资源开采量的加大，必然导致环境压力的增加。此外，在资源的开采过程中，产生了巨大的伴随性环境破坏，需得到高度重视。

（2）输入物质流结构

A. 金属与非金属矿物质构成

图 4-4 是金属与非金属矿物质构成。由图可见，在河北钢铁工业输入物质中，金属物质输入量占主导地位，除 2005 年为 96.69% 以外，2006～2010 年金属物质输入量的比例均在 98% 以上。表明河北钢铁工业在高速发展的过程中，对金属矿物的依赖程度不断增加。

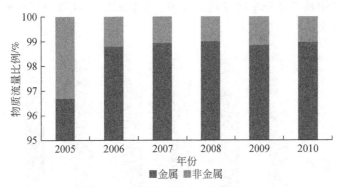

图 4-4　金属与非金属矿物质构成

B. 废钢与天然矿产的构成

如图 4-5 所示，在河北钢铁工业生产过程中，天然矿产消耗占主导地位，除 2005 年外，其他年份天然矿产消耗均在 99.8% 以上。而废钢消耗，除 2005 年所占比例达到 0.34% 外，其他年份均在 0.10% 左右。可见，河北钢铁工业的快速发展，很大程度上依赖于天然矿产资源，废钢等再生资源的回收利用量很少。虽然伴随着钢铁工业的快速发展，废钢资源短缺[96]，但是河北钢铁工业应积极行动起来，开拓废钢资源市场，加强废钢资源的回收利用，这样不仅可以节约天然矿产资源，减少环境污染，而且可以大幅度地降低能源的消耗。

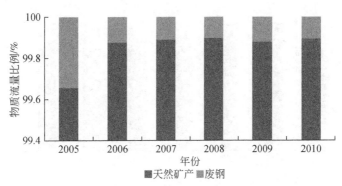

图 4-5　废钢与天然矿产的构成

C. 矿物质与化石燃料的构成

图 4-6 是河北钢铁工业矿物质与化石燃料的构成。由图可见，在河北钢铁工业直接物质输入中，矿物质占主导地位，除 2005 年矿物质占直接物质输入量的比例为 58.78% 外，其余年份的比例均在 80% 以上，虽有波动，但变化不大。表明河北钢铁工业生产过程中，矿物质消耗占主导地位，对资源的需求量大。可以

预见，在河北钢铁工业未来的发展过程中，矿物质的消耗将持续增加，资源与环境压力继续增大。

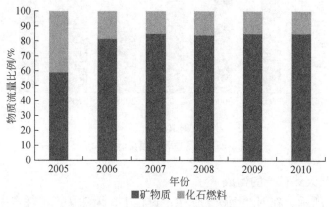

图 4-6　矿物质与化石燃料构成

D. 国产与进口铁矿石的构成

如图 4-7 所示，在河北钢铁工业国产与进口铁矿石的构成中，国产铁矿石占主导地位，除 2005 年国产铁矿石的比例为 64.30% 外，其余年份国产铁矿石所占比例均在 81% 以上，并有增加的趋势。建议更多地开发利用国外资源，减轻国内铁矿资源的压力。

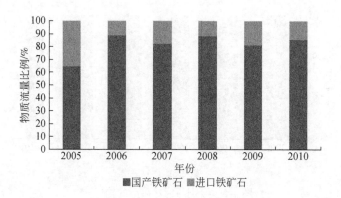

图 4-7　国产与进口铁矿石的构成

4.4.1.2　输出端的物质代谢规模和结构

（1）输出物质流规模

对河北钢铁工业输出端的物质代谢规模的变化情况，重点分析生产过程排放

（DPO）和直接物质输出（DMO）两个指标。其中 DPO 主要是指工业生产过程产生的各种废弃物，而 DMO 等于 DPO 与出口物质量之和，用于衡量工业系统输出于本区域世界其他地方的直接物质量，此处为钢材产量。

图 4-8 是河北钢铁工业 DPO 和 DMO 的变化趋势图。由图可见，河北钢铁工业 2005～2010 年物质输出量呈增加趋势。其中，DPO 从 2005 年的 13 195.5677 万 t 增加到 2010 年的 20 191.611 万 t，年均递增 8.88%。相对于 DPO 来讲，DMO 增幅较大，它从 2005 年的 19 660.6677 万 t 增加到 2010 年的 36 948.8410 万 t，年均递增 13.45%。由此表明，河北钢铁工业的钢产量增速高于污染物的排放速度。但是，2005～2010 年河北钢铁工业污染物的排放，还是增长了 1.5 倍多，环境压力将逐年增加。

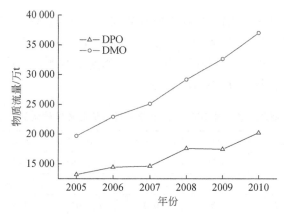

图 4-8　河北钢铁工业 DPO 和 DMO 的变化趋势

由上可见，在河北钢铁工业高速发展的过程中，环境压力逐年增加，对环境的影响日益加重，已成为影响河北钢铁工业可持续发展的一个重要因素，应引起河北钢铁工业管理层的高度重视。

（2）输出物质流结构

图 4-9 是河北钢铁工业 2005～2010 年气体废物和固体废物的变化趋势。由图可见，河北钢铁工业气体废物的排放量占主导地位，其排放量比例由 2005 年的 97.58% 迅速增长到 2007 年的 99.53%，此后缓慢增长，6 年间年均递增 9.65%。相对于气体废物来讲，固体废物排放比例逐年下降，年均下降 27.03%，下降幅度很大。由此表明，河北钢铁工业在固体废弃物的综合利用方面，采取了一些技术措施，提高了固体废物的利用效率。

表 4-17 给出了河北钢铁工业 2005～2010 年各种气体废物的排放情况。由表可见，二氧化碳的排放比例最高，它由 2005 年的 92.72% 快速上升到 2008 年的

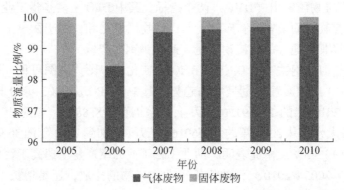

图 4-9 河北钢铁工业 2005 ~ 2010 年气体废物和固体废物排放比例

97.23%,经 2009 年的小幅回落后,2010 年又上升到 95.47%。其次,煤气排放量所占比例较高,但呈下降趋势,其由 2005 年的 6.91% 下降到 2008 年的 2.38%,随后经 2009 年的上升后,2010 年下降到 4.16%。气体废物排放量最小的是烟尘,所占比例在 0.02% ~ 0.04%。

表 4-17 河北钢铁工业 2005 ~ 2010 年各种气体废物排放比例(单位:%)

名称	2005 年	2006 年	2007 年	2008 年	2009 年	2010 年
煤气排放量	6.91	5.75	4.37	2.38	6.75	4.16
二氧化硫	0.07	0.09	0.11	0.09	0.08	0.07
烟尘	0.02	0.02	0.02	0.02	0.04	0.03
工业粉尘	0.04	0.04	0.04	0.03	0.03	0.05
二氧化碳	92.72	93.86	95.21	97.23	92.88	95.47
水蒸气	0.24	0.24	0.24	0.25	0.22	0.24

由上可见,河北钢铁工业温室气体——二氧化碳的排放量很高,应加强二氧化碳气体捕捉技术的研发和引进,减少二氧化碳的排放,回收利用二氧化碳,作为工业和食品用的原料。煤气排放量虽有所下降,但波动较大,主要受回收、储存、利用能力的影响,需加强相关技术的研发,以及煤气回收利用系统的优化。

4.4.1.3 物质输入与输出关系分析

对物质输入与输出之间的关系,重点讨论 DMI 与 DPO 的关系,主要是由于这两个指标与工业系统活动密切相关。

由图 4-10 可见,DMI 与 DPO 显示出了较高的线性相关性,R^2 为 0.805。表明河北钢铁工业生产过程的废物排放量受 DMI 的影响明显,工业系统内物质代谢调控的关键是从源头上控制物质输入规模，特别是控制天然资源的输入量。

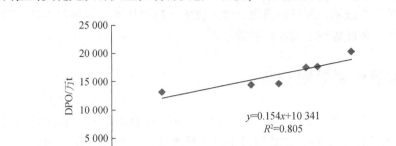

图4-10 河北钢铁工业2005~2010年物质输入与输出关系

4.4.1.4 物质代谢消耗分析

对河北钢铁工业物质消耗的变化情况，重点分析物质消耗（DMC）和物质总消耗（TMC）两个指标。物质消耗反映的是工业系统内部直接使用的物质总量，等于直接物质输入与出口物质之差，隐藏流不计入工业系统内物质消耗。物质总消耗是生产和消费活动中所消耗的物质总量。图4-11是河北钢铁工业2005~2010年物质消耗和物质总消耗的变化趋势。

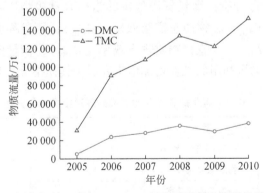

图4-11 河北钢铁工业2005~2010年物质消耗和物质总消耗变化

由图4-11可知，河北钢铁工业物质消耗和物质总消耗的年均增幅很大，分别为84.42%和51.01%，而且呈逐年增长的态势。可见，河北钢铁工业的快速发展，以消耗大量的资源、能源为代价，不仅对环境产生严重影响，而且造成大量的资源、能源浪费。鉴于此，河北钢铁工业应大力发展循环经济，实施"3R"

原则，源头实施减量化、过程实施资源消耗控制、末端实施废弃物资源化战略，大力发展清洁生产技术、废气资源综合利用技术、替代技术，如精料方针、连铸连轧、干熄焦、负能炼钢、喷吹煤粉等技术。

4.4.2　物质代谢效率分析

在循环经济和工业生态学的研究中，可以通过三个视角来衡量物质代谢效率：① 资源效率指标（R），主要通过单位物质流输入（资源消耗）所创造的经济价来表征；② 环境效率指标（E），主要通过单位物质流输出（环境污染）所创造的经济价值来表征；③ 资源循环利用效率指标（RR），这是循环经济效率分析所具有的特殊指标。为便于查阅，表 4-18 列出了工业系统物质代谢效率指标及其计算方法。

表 4-18　工业系统物质代谢效率指标计算方法

指标	符号	计算方法
资源效率	R	工业增加值/输入物质
环境效率	E	工业增加值/输出物质
资源循环利用效率	RR	工业增加值/资源循环利用量

结合河北钢铁工业的发展实际，本研究从资源效率、环境效率和资源循环利用效率三个维度进行分析，衡量资源效率的指标有直接物质输入效率（R_{DMI}）、物质总输入效率（R_{TMI}）和物质总需求效率（R_{TMR}）；衡量环境效率的指标有生产过程输出效率（E_{DPO}）和直接物质输出效率（E_{DMO}）；衡量资源循环利用效率的指标用单位废弃物再利用的工业增加值来表示。具体指标，如表 4-19 所示。

表 4-19　河北钢铁工业物质代谢效率指标计算方法

维度	指标	符号	计算方法
资源效率	直接物质输入效率	R_{DMI}	$R_{DMI} = VAI/DMI$
	物质总输入效率	R_{TMI}	$R_{TMI} = VAI/TMI$
	物质总需求效率	R_{TMR}	$R_{TMR} = VAI/TMR$
环境效率	生产过程输出效率	E_{DPO}	$E_{DPO} = VAI/DPO$
	直接物质输出效率	E_{DMO}	$E_{DMO} = VAI/DMO$
资源循环利用效率	资源循环利用效率	RR	$RR = VAI/RM$

注：VAI 是工业增加值（value-added of industry）的首个字母，RM 是资源循环利用量（recycling material）的首字母

4.4.2.1　基于资源效率指标的物质代谢效率分析

资源效率表示单位物质消耗所创造的经济价值，是衡量工业系统年度资源利用效率的指标。资源效率的提高是实现经济发展过程中物质减量化的根本途径，资源效率越高，工业系统越趋近可持续发展目标，反之则越背离可持续发展目标。

图 4-12 为河北钢铁工业 2005～2010 年的工业增加值的变化趋势图。由图可见，河北钢铁工业的工业增加值增长迅速，由 2005 年的 499.54 亿元增加到 2010 年的 1769.08 亿元，年均递增 28.78%，6 年间工业增加值增加了 2.5 倍。

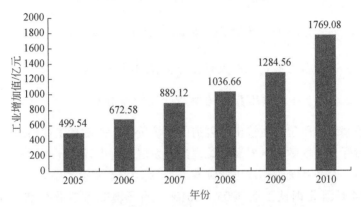

图 4-12　河北钢铁工业 2005～2010 年的工业增加值

在河北钢铁工业快速发展的过程中，也给资源、能源带来一定的影响。图 4-13 是河北钢铁工业 2005～2010 年资源效率变化情况。由图可见，R_{DMI}、R_{TMI} 和 R_{TMR} 三个指标均呈现出先大幅降低，然后小幅上升的态势。R_{DMI} 由 2005 年的 432.51 万元/t 下降至 2006 年的 209.87 万元/t，下降幅度高达 51.48%；随后小幅回升，到 2010 年上升到 322.05 万元/t，年均递增 11.30%。R_{TMI} 由 2005 年的 134.69 万元/t 下降到 2006 年的 67.88 万元/t，下降幅度比 R_{DMI} 大，为 49.60%，此后逐年升高，到 2010 年达到 104.57 万元/t，年均递增 11.41%。同样，R_{TMR} 由 2005 年的 118.06 万元/t 下降到 2006 年的 64.08 万元/t，下降幅度为 45.72%，之后其逐年上升，到 2010 年上升到 96.77 万元/t，年均递增 10.85%。

由上可见，单位物质输入取得的经济效益不明显，表明河北钢铁工业 2005～2010 年的经济增长以一种粗放式的形式进行，经济增长主要靠物质输入的增加来实现，其资源利用技术和水平进步的速度不快。此外，对比 R_{DMI}、R_{TMI} 和 R_{TMR} 三个指标的增长幅度可以发现，随着河北钢铁工业的不断发展，资源的浪费及环境负荷的增加日益明显。因此，河北钢铁工业应在生产源头、过程和末端提高资

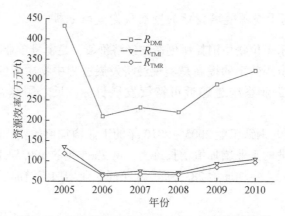

图 4-13 河北钢铁工业 2005 ～ 2010 年的资源效率

源利用效率，减少资源浪费，加大对废弃资源的回收力度。

4.4.2.2 基于环境效率指标的物质代谢效率分析

环境效率表示单位物质输出所创造的经济价值，是衡量工业系统年度物质输出效率的指标。环境效率的提高是减缓经济发展过程中环境压力的根本途径，环境效率越高，经济系统越趋近可持续发展目标，反之则越背离可持续发展目标。

图 4-14 是河北钢铁工业 2005 ～ 2010 年的环境效率变化趋势。由图可见，E_{DPO} 和 E_{DMO} 两项指标均有不同程度的增加。其中，E_{DPO} 由 2005 年的 378.57 万元/t 上升到 2010 年的 876.15 万元/t，年均递增 18.27%。与 E_{DPO} 相比，E_{DMO} 增长幅度较小，由 2005 年的 254.08 万元/t 增加到 2010 年的 478.79 万元/t，年均递增 13.51%。

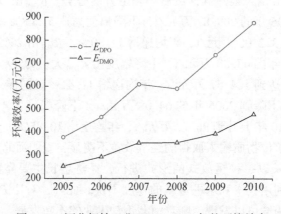

图 4-14 河北钢铁工业 2005 ～ 2010 年的环境效率

由上可见，河北钢铁工业2005～2010年 E_{DPO} 和 E_{DMO} 得到一定程度的提高，单位污染物的排放和产品输出的经济效益不断提高，一方面可能是国家和河北省政府加强了环境监管，有效遏制了污染物的排放；另一方面可能是污染处理技术水平得到了一定程度的提高。但由 E_{DMO} 指标的变化情况来看，钢铁产品多为普通型材，板管比较低，致使钢材附加值较低，从而造成 E_{DMO} 增长率较低。因此，河北钢铁工业应改进生产工艺，引进先进的工业生产技术和设备，加大高附加值产品的生产，提高产品附加值。此外，河北钢铁工业应进一步加强环境治理措施，提高废弃物回收利用效率，进一步提高环境效率。

4.4.2.3 基于资源循环利用效率指标的物质代谢效率分析

在4.3节已有数据的基础上，对其资源利用量进行分析、汇总，可得河北钢铁工业2005～2010年废弃资源再利用情况，如表4-20所示。

表4-20 河北钢铁工业2005～2010年的废弃物再利用情况（单位：万t）

名称	2005年	2006年	2007年	2008年	2009年	2010年
煤气利用量	6 633.78	9 480.81	13 696.57	14 806.18	19 110.25	21 790.20
固体废弃物利用量	2 326.53	2 112.37	3 335.6234	3 359.798	4 045.4816	4 848.2467
合计	8 960.31	11 593.18	17 032.1934	18 165.978	23 155.7316	26 638.467

图4-15是河北钢铁工业2005～2010年的资源循环利用效率。由图可见，河北钢铁工业2005～2010年的资源循环利用效率呈上升-下降-上升的波动上升趋势，其由2005年的557.50万元/t上升到2010年的664.11万元/t，年均递增3.56%，上升幅度较低。

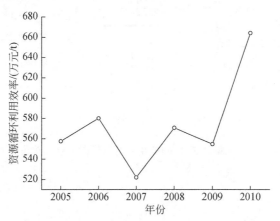

图4-15 河北钢铁工业2005～2010年的资源循环利用效率

可见，河北钢铁工业资源循环利用效率虽呈上升趋势，但波动较大、上升幅度较小。其主要原因在于废弃资源物的回收利用技术水平还较低，全员资源节约意识有待提高，源头减量化措施有待加强。

4.4.3 物质代谢全景分析

物质代谢全景分析，是对整个河北钢铁工业系统的总体鸟瞰和综合平衡，具有一定的宏观指导意义。本节在前面各节分析的基础上，建立 2005 年、2008 年和 2010 年的河北钢铁工业物质代谢全景分析图，如图 4-16 ~ 图 4-18 所示。2008 年河北钢铁工业进行重组，唐钢集团与邯钢集团合并成河北钢铁集团有限公司，其他私营钢铁企业也在国家钢铁产业政策的指导下进行了相应的重组，故也建立了河北钢铁工业 2008 年的物质代谢全景分析图。

通常，在工业社会的全部代谢过程中，水和空气约占 95%，其余物料约占 5%，它们之间比例相差悬殊，势必影响对物料的代谢分析。河北钢铁工业系统的代谢过程亦是如此，2005 ~ 2010 年水消耗量占输入物质量的平均比例为 94.93%（表 4-21），通常对其进行单独的代谢分析。所以，本节不考虑水的代谢。另外，为了平衡物质代谢的输入与输出，空气输入作为物质输入加以考虑。

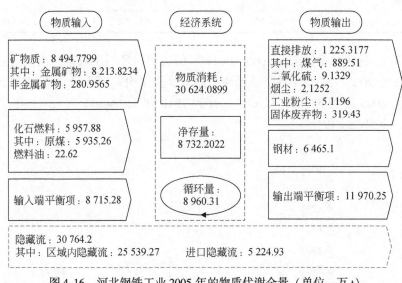

图 4-16 河北钢铁工业 2005 年的物质代谢全景（单位：万 t）

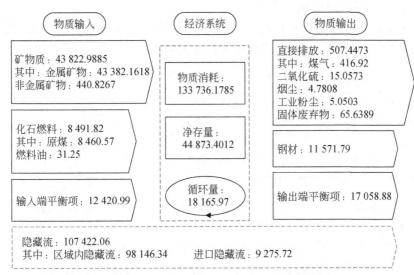

图 4-17　河北钢铁工业 2008 年的物质代谢全景（单位：万 t）

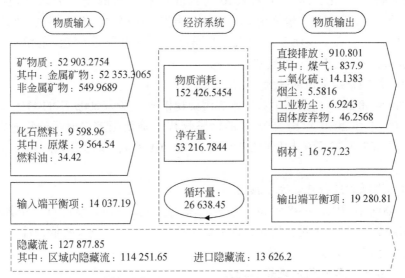

图 4-18　河北钢铁工业 2010 年的物质代谢全景（单位：万 t）

表 4-21　河北钢铁工业 2005～2010 年的水消耗量占输入物质量的比例（单位:%）

项目	2005 年	2006 年	2007 年	2008 年	2009 年	2010 年
水消耗量占输入物质量的比例	97. 15	94. 89	94. 43	93. 82	94. 42	94. 86

通过对图 4-16 ~ 图 4-18 的对比分析，可以得出以下结论。

(1) 物质代谢规模不断增大

河北钢铁工业的物质代谢规模扩大较为明显，分解来看，其物质的输入、消耗和输出三个过程的规模都得到不同程度的扩大，如表 4-22 所示。

表 4-22 河北钢铁工业 2005 ~ 2010 年的物质输入、消耗和输出比较

项目	2008 年比 2005 年增加倍数	2010 年比 2005 年增加倍数
物质输入	2.79	3.30
物质消耗	4.37	4.98
物质输出	5.14	6.09

由表 4-22 可见，与 2005 年相比，2008 年河北钢铁工业物质输入、物质消耗和物质输出分别增加了 2.79 倍、4.37 倍和 5.14 倍；2010 年河北钢铁工业物质输入、物质消耗和物质输出分别增加了 3.30 倍、4.98 倍和 6.09 倍。可见，河北钢铁工业的物质代谢规模呈不断上升的趋势，但上升速度有所减缓。

(2) 物质输入大量增加

与 2005 年相比，2008 年和 2010 年河北钢铁工业的物质输入分别增加了 2.79 倍和 3.30 倍，物质输入量大幅增加。虽然 2010 年比 2008 年输入物质有所增多，但增幅不大，说明河北钢铁工业通过改革重组资源，能源的消耗量在降低，但其总量仍处于增长的趋势。

(3) 污染物排放波动较大

2008 年和 2010 年河北钢铁工业的污染物排放分别为 2005 年的 41%、74%。虽然 2008 年和 2010 年比 2005 年的污染物排放降低很多，但污染物排放量由 2008 年的 507.4473 万 t 上升到 2010 年的 910.801 万 t，增加了 79.49%，增长幅度较大。

(4) 资源对外存在较大依赖性

与 2005 年相比，2008 年和 2010 年河北钢铁工业的进口铁矿石量分别增加了 1.78 倍和 2.61 倍。可见，河北钢铁工业对铁矿资源存在较大的依赖性，而且这种依赖性有进一步增强的趋势。

(5) 生产过程物质消耗规模较大

与 2005 年相比，2008 年和 2010 年物质消耗量分别增加 4.37 倍和 4.98 倍，物质消耗规模较大，而且呈逐年递增的趋势。

(6) 生产过程中物质输出量较大

2008 年和 2010 年河北钢铁工业的物质输出量分别为 2005 年的 5.14 倍和 6.09 倍，物质输出量较大，并呈增长的态势。造成这一问题的主要原因在于，河北钢铁工业产能不断扩大，生产设备和基础设施不断增加，从而造成河北钢铁工业物质输出量的增加幅度较大，而且呈不断增加的趋势。

由上可见，河北钢铁工业的可持续发展任重道远。首先，需要通过提高物质利用效率来完成对源头物质输入量的控制，以实现减量化，从源头控制资源环境压力；其次，需要加强对消耗过程的控制，扩大物质的循环利用，以实现生产过程间的废弃物循环再利用；最后，要在继续加强过程排放控制的同时，实现废弃物的回收再利用，减少环境压力。

本章分析了河北钢铁工业物质流规模和结构、物质代谢效率和物质流的全景，所得结论如下。

（1）输入端的物质代谢规模和结构

河北钢铁工业 2005~2010 年物质输入总量持续快速增加。其中，DMI 从2005 年的 11 549.9199 万 t 增加到 2010 年的 54 932.1254 万 t，年均递增36.60%，增幅很大。TMR 的增幅缓慢一些，它从 2005 年的 42 314.1199 万 t 增加到 2010 年的 182 809.9754 万 t，年均递增 34.00%。通过对 DMI 与 TMR 的对比分析可以发现，隐藏流对工业系统物质规模的影响较大，隐藏流对 TMR 的贡献率年均为 70.48%。河北钢铁工业的资源开采量的不断加大，必然导致环境压力的增加。在资源的开采过程中，也产生了巨大的伴随性环境破坏，需得到高度重视。

在河北钢铁工业生产过程中，天然矿产消耗占主导地位，除 2005 年外，其他年份天然矿产消耗均在 99.8% 以上。而废钢消耗，除 2005 年所占比例达到0.34% 外，其他年份均在 0.10% 左右。可见，河北钢铁工业的快速发展，很大程度上依赖于天然矿产资源，废钢等再生资源的回收利用量很少。

（2）输出端的物质代谢规模和结构

河北钢铁工业 2005~2010 年物质输出量呈增加趋势。其中，DPO 从 2005 年的 13 195.5677 万 t 增加到 2010 年的 20 191.611 万 t，年均递增 8.88%。相对于DPO 来讲，DMO 增幅较大，它从 2005 年的 19 660.6677 万 t 增加到 2010 年的36 948.8410 万 t，年均递增 13.45%。由此表明，河北钢铁工业的钢产量增速高于污染物的排放速度。但是，2005~2010 年河北钢铁工业污染物的排放，还是增长了 1.5 倍多，环境压力正逐年增加。

（3）物质代谢消耗分析

2005~2010 年河北钢铁工业物质消耗和物质总消耗的年均增幅很大，分别为 84.42% 和 51.01%，而且呈逐年增长的态势。河北钢铁工业的快速发展，以消耗大量的资源、能源为代价，不仅对环境产生严重影响，而且造成大量的资源、能源浪费。

(4) 物质代谢效率分析

单位物质输入取得的经济效益不明显，表明河北钢铁工业 2005～2010 年的经济增长以一种粗放式的形式进行，经济增长主要靠物质输入的增加来实现，其资源利用技术和水平进步的速度不快。通过对比 R_{DMI}、R_{TMI} 和 R_{TMR} 三个指标的增长幅度可以发现，随着河北钢铁工业的不断发展，资源的浪费及环境负荷的增加日益明显。

河北钢铁工业 2005～2010 年 E_{DPO} 和 E_{DMO} 得到一定程度的提高，单位污染物的排放和产品输出的经济效益不断提高，一方面可能是国家和河北省政府加强了环境监管，有效遏制了污染物的排放；另一方面可能是污染处理技术水平得到了一定程度的提高。

河北钢铁工业资源循环利用效率虽呈上升趋势，但波动较大、上升幅度较小。其主要原因在于废弃资源物的回收利用技术水平还较低，全员资源节约意识有待提高，源头减量化措施有待加强。

(5) 物质代谢全景分析

与 2005 年相比，2010 年河北钢铁工业物质输入、物质消耗和物质输出分别增加了 3.30 倍、4.98 倍和 6.09 倍。河北钢铁工业的物质代谢规模呈不断上升的趋势，但上升速度有所减缓。河北钢铁工业污染物排放总量逐年增加，且处于增长的趋势。与 2005 年相比，2008 年和 2010 年河北钢铁工业的进口铁矿石量分别增加了 1.78 倍和 2.61 倍。河北钢铁工业对铁矿资源存在较大的依赖性，而且这种依赖性有进一步增强的趋势。2008 年和 2010 年河北钢铁工业的物质输出量分别比 2005 年增加了 5.14 倍和 6.09 倍，净存量较大，并呈增长的态势。

第 5 章 | 企业尺度物质代谢分析

每一个企业都应把输入、输出它的各股元素流的来龙去脉弄得一清二楚，使每一种物质、每 1kg 物质，都呈现在眼前，这样不仅可让企业清楚哪些副产品、废品被丢弃，哪些被利用，还可让企业制定出更加合理的提高资源效率和环境效率的措施，使企业从中获利丰厚。

物质代谢分析方法是分析企业各股元素流动情况的一种好方法，是通过编制元素收支平衡表和绘制元素流图的方法，来正确认识和分析企业的元素流动情况，对企业降低资源消耗、提高环境质量具有现实意义。因此，本章将给出企业的元素物质代谢分析的方法与步骤，并以某钢铁企业为例，对其铁元素进行物质代谢分析，找出影响该企业铁资源效率和铁环境效率的原因，提出改进措施和建议。

5.1 企业物质代谢分析的方法与步骤

以物质代谢分析理论为基础，结合企业生产特点及企业内元素流动规律，给出企业的元素物质代谢分析的方法与步骤：

1）分析企业生产现状，收集与其生产有关的某种元素（某种元素指代企业的 Fe、Cu、Ca 等任意某一种元素）的物料数据，弄清各股物流的来龙去脉。

2）将企业内各工序各股物流的实物量乘以相应的该元素含量，转换成为元素重量。

3）对各生产工序数据进行元素重量平衡校正，方法是用输入工序的元素重量减去输出工序的元素重量。不足部分计为生产损失，作为工序向外界输出物的一部分参与环境效率计算；盈余部分可以记录下来（一般为库存），但不参与资源效率的计算。

4）以 1t 最终产品为基准，按生产流程的逆方向，计算各工序各股物流元素重量。例如，在钢铁生产过程中，它的生产顺序一般为矿山——→烧结——→炼铁——→炼钢——→轧钢。在计算各工序各股物流的铁元素重量时，要以 1t 最终钢材产品为基准，然后按钢铁生产流程的逆方向，即轧钢——→炼钢——→炼铁——→烧结——→矿山方向，依次计算各股物流铁量。第三步和第四步，可同时进行。

5）按第四步计算结果，编制企业的元素物料收支平衡表。

6）根据收支平衡表，绘制企业生产的元素流图。在绘图过程中，要标明各股元素流名称、流向和流量。

7）由于输入企业的物料中有由天然资源加工生产的中间产品（如钢铁企业生产用的铁精矿粉、烧结矿等），需把这些物料折合成天然资源量（如铁矿石等天然铁资源量），以及生产这些物料过程中产生的排放物量，便于精确计算企业的该元素资源效率和环境效率。

8）计算输入企业的天然资源量、回收资源量和输出企业的副产品、废品量。然后，计算企业的该元素资源效率、环境效率和 S 指数。

9）根据上述计算与分析，找出企业在资源消耗、副产品、废品排放等方面存在的问题，提出降低资源消耗、改善环境质量的措施。

5.2　钢铁企业的物质代谢分析

以某钢铁企业为例，按照 5.1 节所述方法与步骤，对该企业的铁元素进行物质代谢分析，理清输入、输出企业的各股铁元素流的来龙去脉，弄清哪些副产品、废品被丢弃，哪些被利用，制定提高企业铁资源效率和铁环境效率的措施。

5.2.1　现状分析

该钢铁企业是典型的高炉-转炉生产流程，它由矿山、烧结、炼铁、炼钢和轧钢五个主体工序组成。2002 年该企业共生产铁、钢、材 4 830 418.57t、5 065 284t、4 357 663t。钢材产品主要有棒材、线材、中型材、矿用钢、轻轨和窄带钢等。生产原料主要为铁矿石等天然铁资源。生产过程中产生的副产品、废品主要有尾矿、水渣、废坯、钢渣、轧废、氧化铁皮等。以下按工序对该企业2002 年输入、输出含铁物料的现状进行具体的分析。

(1) 矿山工序

矿山工序包括 A 矿山、B 矿山和 C 矿山三条主要采选一体化生产线。2002 年共开采铁矿石（现场把铁矿石称为原矿）3 740 463t，生产铁精矿粉 1 474 813t。三条采选生产线的主要生产情况如下。

A. A 矿山

A 矿山为露天开采铁矿山，于 1975 年 7 月 1 日建成投产。矿山设计规模为采选综合设计能力 150 万 t/a，产品为单一磁铁精矿粉。2002 年共生产平均品位68.04% 的铁精矿粉 400 515t，综合选矿比为 2.7716。表 5-1 为 A 矿山生产 1t 铁精矿粉所需铁矿石量和产生尾矿量的含铁物料数据。

表 5-1 A 矿山生产 1t 铁精矿粉的含铁物料数据

铁矿石		铁精矿粉		尾矿	
数量/(t/t精)	品位/%	数量/(t/t精)	品位/%	数量/(t/t精)	品位/%
2.7716	27.94	1.0000	68.04	1.7716	5.31

B. B 矿山

B 矿山为露天开采铁矿山，始建于 1986 年，于 1989 年建成投产。矿山设计规模为采选综合设计能力 150 万 t/a，产品为单一磁铁精矿粉。2002 年共生产平均品位 67.91% 的铁精矿粉 677 845t，综合选矿比为 2.1916。表 5-2 为 B 矿山生产 1t 铁精矿粉所需铁矿石量和产生尾矿量的含铁物料数据。

表 5-2 B 矿山生产 1t 铁精矿粉的含铁物料数据

铁矿石		铁精矿粉		尾矿	
数量/(t/t精)	品位/%	数量/(t/t精)	品位/%	数量/(t/t精)	品位/%
2.1916	33.54	1.0000	67.91	1.1916	4.69

C. C 矿山

C 矿山亦为露天开采铁矿山，始建于 1987 年，是国家 "八五" 期间建设的重点矿山之一。矿山设计规模为采选综合设计能力 122 万 t/a，产品为单一磁铁精矿粉。2002 年共生产平均品位 64.47% 的铁精矿粉 396 453t，综合选矿比为 2.8877。表 5-3 为 C 矿山生产 1t 铁精矿粉所需铁矿石量和产生尾矿量的含铁物料数据。

表 5-3 C 矿山生产 1t 铁精矿粉的含铁物料数据

铁矿石		铁精矿粉		尾矿	
数量/(t/t精)	品位/%	数量/(t/t精)	品位/%	数量/(t/t精)	品位/%
2.8877	27.58	1.0000	64.47	1.8877	8.03

（2）烧结工序

烧结工序分 A 烧结和 B 烧结两条烧结矿生产线。A 烧结矿生产线主要是为 A 炼铁工序供应烧结矿；B 烧结矿生产线主要是为 B 炼铁工序供应烧结矿。2002 年 A 烧结和 B 烧结两条烧结矿生产线共生产烧结矿 6 831 824t。以下是两条烧结矿生产线的主要生产情况。

A. A 烧结厂

A 烧结厂有一座综合混匀料场、两台 24m² 烧结机。烧结所用原料主要包括铁精矿粉、球团粉和氧化铁皮等。2002年A烧结厂共生产平均品位55.42%的烧结矿1 099 224t。表5-4为A烧结厂生产1t烧结矿的主要含铁物料数据。

表5-4 A烧结厂生产1t烧结矿的主要含铁物料数据

名称	数量/(t/t烧)	品位/%	名称	数量/(t/t烧)	品位/%
铁精矿粉	0.4462	66.43	印度粉	0.1347	65.50
南非粉	0.0550	65.00	球团粉	0.0371	62.75
巴西粉	0.0413	66.50	氧化铁皮	0.0109	70.00
澳矿粉	0.0051	64.50	烧结矿	1.0000	55.42

B. B烧结厂

B烧结厂有一座大型综合混匀料场、两台180m²烧结机和一台265m²烧结机。烧结所用原料包括铁精矿粉、球团粉和钢渣粉等。2002年B烧结厂共生产平均品位57.40%的烧结矿5 732 600t。表5-5为B烧结厂生产1t烧结矿的主要含铁物料数据。

表5-5 B烧结厂生产1t烧结矿的主要含铁物料数据

名称	数量/(t/t烧)	品位/%	名称	数量/(t/t烧)	品位/%
铁精矿粉	0.1657	67.02	南非粉	0.0073	65.00
地方精粉	0.0573	64.50	球团粉	0.0080	60.80
澳矿粉	0.1756	64.50	钒钛矿粉	0.0016	41.00
印度粉	0.0595	65.00	钢渣粉	0.0291	25.00
巴西粉	0.1259	67.20	烧结矿	1.0000	57.40
CSF巴西粉	0.1281	66.50			

(3) 炼铁工序

炼铁工序包括A炼铁和B炼铁两条生产线。A炼铁生产的铁水全部供B炼钢厂；B炼铁生产的铁水在满足A炼钢厂需要外，余下部分供B炼钢厂。2002年两条炼铁生产线共生产铁水4 830 418.57t。以下是A炼铁和B炼铁两条生产线的主要生产情况。

A. A炼铁厂

A炼铁厂拥有四座体积为100m³的高炉和一座体积为300m³的高炉。炼铁生产用原料主要包括烧结矿和球团矿等。2002年A炼铁厂共生产合格铁水826 818.54t。表5-6为A炼铁厂生产1t铁水的主要含铁物料数据。

表5-6 A 炼铁厂生产 1t 铁水的主要含铁物料数据

名称	数量/(t/t 铁)	品位/%	名称	数量/(t/t 铁)	品位/%
烧结矿	1.3278	55.42	高炉渣	0.3941	1.26
球团矿	0.5429	62.75	高炉灰	0.0535	41.2
返矿粉	0.1727	56.80	铁水	1.0000	94.35
内部废铁	0.0116	94.35			

B. B 炼铁厂

B 炼铁厂现有两座体积为 1260m^3 的高炉和一座体积为 2560m^3 的高炉。炼铁生产所用原料主要有烧结矿、巴西矿、澳矿、南非矿和球团矿等。2002 年 B 炼铁厂共生产合格铁水 4 003 600.03t。表5-7 为 B 炼铁厂生产 1t 铁水的主要含铁物料数据。

表5-7 B 炼铁厂生产 1t 铁水的主要含铁物料数据

名称	数量/(t/t 铁)	品位/%	名称	数量/(t/t 铁)	品位/%
烧结矿	1.4021	57.40	澳返矿	0.0180	64.50
巴西矿	0.1194	67.50	南非返矿	0.0013	65.00
澳矿	0.1350	64.50	球团返矿	0.0123	60.80
南非矿	0.0087	65.00	内部废铁	0.0009	94.35
钛矿	0.0082	41.00	高炉渣	0.3371	1.26
球团矿	0.1817	60.80	高炉灰	0.0275	39.15
烧结返矿	0.1791	57.40	铁水	1.0000	94.35
巴西返矿	0.0150	67.50			

（4）炼钢工序

炼钢工序拥有 A 炼钢和 B 炼钢两条生产线。2002 年两条生产线共生产 5 065 284t 合格连铸坯（全连铸生产）。以下是 A 炼钢厂和 B 炼钢厂两条生产线的主要生产情况。

A. A 炼钢厂

A 炼钢厂经过多次改造，年设计生产能力为 300 万 t。现拥有两座 150t 顶低复吹转炉和两台 8 机 8 流方坯连铸机，生产规格为 135mm×135mm 和 165mm×165mm 的连铸坯。2002 年 A 炼钢厂共生产合格连铸坯 2 160 891t，主要向 B 轧钢厂、C 轧钢厂、E 轧钢厂、G 轧钢厂和 I 轧钢厂（部分）供应合格连铸坯。表5-8 为 A 炼钢厂生产 1t 连铸坯的主要含铁物料数据。

表5-8　A炼钢厂生产1t连铸坯的主要含铁物料数据

名称	数量/(t/t钢)	品位/%	名称	数量/(t/t钢)	品位/%
铁水	0.9688	94.35	渣钢	0.0066	80.00
铁块	0.0936	94.35	内部废钢	0.0184	100.00
澳矿	0.0034	65.00	转炉渣	0.1300	14.34
合金料	0.0163	18.50	转炉灰	0.0122	59.87
轧钢切头	0.0158	100.00	废坯	0.026	100.00
氧化铁皮	0.0014	70.00	连铸坯	1.0000	100.00

B. B炼钢厂

B炼钢厂现有四座容量为40t的氧气顶吹转炉和六台连铸机，主要生产规格为135mm×135mm、165mm×165mm、165mm×225mm和165mm×280mm的连铸坯。2002年B炼钢厂共生产合格连铸坯2 904 393t，主要向A轧钢厂、D轧钢厂、F轧钢厂和I轧钢厂（部分）供应合格连铸坯。表5-9为B炼钢厂生产1t连铸坯的主要含铁物料数据。

表5-9　B炼钢厂生产1t连铸坯的主要含铁物料数据

名称	数量/(t/t钢)	品位/%	名称	数量/(t/t钢)	品位/%
铁水	0.8909	94.35	污泥球	0.0102	46.00
铁块	0.1524	94.35	内部废钢	0.0190	100.00
澳矿	0.0057	65.00	转炉渣	0.0950	14.34
合金料	0.0194	15.99	转炉灰	0.0122	59.87
轧钢切头	0.0075	100.00	废坯	0.0028	100.00
氧化铁皮	0.0092	70.00	连铸坯	1.0000	100.00
渣钢	0.0185	80.00			

(5) 轧钢工序

轧钢工序共包括A~I九条生产线。主要产品为棒材、线材、工字钢、角钢、矿工钢、槽钢、矿用支撑钢、轻轨和窄带钢等。2002年轧钢工序共生产4 357 663t合格钢材。以下是这九条生产线的主要生产情况。

A. A轧钢厂

A轧钢厂于1989年9月竣工投产，年设计生产能力为35万t。主要产品为Φ5.5~13mm光圆线材和螺纹钢，主要钢种为碳素结构钢、优质碳素结构钢、硬线钢及焊条钢等。主轧设备由国外引进，为20世纪80年代国际先进水平。有一座步进式加热炉，主轧机为25架高速无扭轧机，其中粗轧机组为Φ500×4、中轧

机组为 $\Phi400\times5$、预精轧机组为 $\Phi300\times6$、精轧机组为 $\Phi210\times10$。线材经斯太尔摩冷却线后，进行集卷、打捆、入库。所用原料为 135mm×135mm×12 000mm 连铸坯，由 B 炼钢厂提供。2002 年 A 轧钢厂共生产 543 806.82t 线材。表 5-10 为 A 轧钢厂生产 1t 线材的主要含铁物料数据。

表 5-10　A 轧钢厂生产 1t 线材的主要含铁物料数据（单位：t/t 材）

名称	连铸坯	线材	切头	轧废	氧化铁皮	烧损（排放）
数量	1.0203	1.0000	0.0058	0.0026	0.0101	0.0018

B. B 轧钢厂

B 轧钢厂于 2000 年 6 月竣工投产，年设计生产能力为 35 万 t。主要产品为 $\Phi6.5\sim13$mm 光圆线材，主要钢种为碳素结构钢、优质碳素结构钢和硬线钢等。主体设备由国内设计、加工制造。有一座步进式加热炉，主轧机为 25 架高速无扭轧机，其中粗轧机组为 $\Phi500\times7$、中轧机组为 $\Phi400\times8$、精轧机组 $\Phi200\times10$，线材经风冷线后，进行集卷、打捆、入库。所用原料为 135mm × 135mm × 12 000mm 连铸坯，由 A 炼钢厂提供。2002 年 B 轧钢厂共生产 541 771.443t 线材。表 5-11 为 B 轧钢厂生产 1t 线材的主要含铁物料数据。

表 5-11　B 轧钢厂生产 1t 线材的主要含铁物料数据（单位：t/t 材）

名称	连铸坯	线材	切头	轧废	氧化铁皮	烧损（排放）
数量	1.0221	1.0000	0.0071	0.0030	0.0102	0.0018

C. C 轧钢厂

C 轧钢厂为横列式复二重轧机，后经改造，在 $\Phi400$ 横列式轧机前安装一架 $\Phi550$ 三辊开坯机。原料由原来的 60mm×60mm 初轧坯改为由 A 炼钢厂供应的 165mm×165mm 连铸坯。主要产品为 $\Phi6.5\sim10$mm 普通线材，主要钢种为碳素结构钢、低合金钢和焊条钢。2002 年 C 轧钢厂共生产 414 855.89t 线材。表 5-12 为 C 轧钢厂生产 1t 线材的主要含铁物料数据。

表 5-12　C 轧钢厂生产 1t 线材的主要含铁物料数据（单位：t/t 材）

名称	连铸坯	线材	切头	轧废	氧化铁皮	烧损（排放）
数量	1.0429	1.0000	0.0105	0.0103	0.0188	0.0033

D. D 轧钢厂

D 轧钢厂于 1996 年 6 月竣工投产，年设计生产能力为 60 万 t。主要产品为 $\Phi12\sim40$mm 螺纹钢和 $\Phi14\sim50$mm 圆钢，主要钢种为碳素结构钢和低合金钢。有两座步进式加热炉，主轧机为 18 架连续式轧机，其中粗轧机组为 Φ684×4、Φ510×2，中轧机组为 Φ430×6、精轧机组 Φ365×6，棒材经水冷后，进行剪切、包装、入库。所用原料为 165mm×165mm×12 000mm 连铸坯，由 B 炼钢厂供给。2002 年 D 轧钢厂共生产 926 498.42t 棒材。表 5-13 为 D 轧钢厂生产 1t 钢材的主要含铁物料数据。

表 5-13　D 轧钢厂生产 1t 钢材的主要含铁物料数据（单位：t/t 材）

名称	连铸坯	棒材	切头	轧废	氧化铁皮	烧损（排放）
数量	1.0252	1.0000	0.0126	0.0056	0.0060	0.0010

E. E 轧钢厂

E 轧钢厂为横列式复二重轧机，后经改造，在 Φ400 横列式轧机前安装一架 Φ650 三辊开坯机。原料由原来的 65mm×65mm 初轧坯改为由 A 炼钢厂供应的 165mm×165mm 连铸坯。主要产品为 Φ16~28mm 螺纹钢，主要钢种为碳素结构钢和低合金钢。2002 年 E 轧钢厂共生产 383 018.87t 螺纹钢。表 5-14 为 E 轧钢厂生产 1t 钢材的主要含铁物料数据。

表 5-14　E 轧钢厂生产 1t 钢材的主要含铁物料数据（单位：t/t 材）

名称	连铸坯	钢材	切头	轧废	氧化铁皮	烧损（排放）
数量	1.0597	1.0000	0.0265	0.0092	0.0204	0.0036

F. F 轧钢厂

F 轧钢厂经 1997 年改造后，把横列式轧机改造为半连续式窄带钢生产线，年设计生产能力为 70 万 t。有一座加热炉，13 架轧机，其中粗轧机组为 Φ550×2、中轧机组为 Φ450×3（1 架立辊轧机、2 架平辊轧机）、精轧机组为 Φ300×8（2 架立辊轧机、6 架平辊轧机），窄带钢经卷取后，包装入库。其所用原料为 165mm×165mm、165mm×225mm 和 165mm×280mm 连铸坯，均由 B 炼钢厂供应。主要产品为宽 128~350mm、厚 1.8~12mm 的带钢，主要钢种为碳素结构钢、低合金钢和优质碳素结构钢等。2002 年 F 轧钢厂共生产 686 194.65t 窄带钢。表 5-15 为 F 轧钢厂生产 1t 钢材的主要含铁物料数据。

表 5-15　F 轧钢厂生产 1t 钢材的主要含铁物料数据（单位：t/t 材）

名称	连铸坯	钢材	切头	轧废	氧化铁皮	烧损（排放）
数量	1.0233	1.0000	0.0011	0.0095	0.0108	0.0019

G. G 轧钢厂

G 轧钢厂始建于 20 世纪 50 年代，主轧设备为横列式轧机，后经改造，在 Φ400 横列式轧机前增设一架 Φ550 三辊开坯机。其所用原料由原来的 60mm× 60mm 初轧坯改为由 A 炼钢厂供应的 165mm×165mm 连铸坯。主要产品为 Φ6.5~ 10mm 普通线材和 60mm×60mm 初轧坯，主要钢种为碳素结构钢和低合金钢。2002 年 G 轧钢厂共生产 390 361.22t 线材和初轧坯。表 5-16 为 G 轧钢厂生产 1t 钢材的主要含铁物料数据。

表 5-16　G 轧钢厂生产 1t 钢材的主要含铁物料数据（单位：t/t 材）

名称	连铸坯	钢材	切头	轧废	氧化铁皮	烧损（排放）
数量	1.0318	1.0000	0.0094	0.0055	0.0144	0.0025

H. H 轧钢厂

H 轧钢厂始建于 20 世纪 50 年代，主轧设备为三排横列式轧机。其所用原料是由 G 轧钢厂和 I 轧钢厂提供的 65mm×65mm 初轧坯，其中 G 轧钢厂提供 204 220t 初轧坯；I 轧钢厂提供 39 872.61t 初轧坯。主要产品为 Φ12~25mm 螺纹钢和圆钢，主要钢种为碳素结构钢、优质碳素结构钢和低合金钢。2002 年 H 轧钢厂共生产 234 470.856t 棒材。表 5-17 为 H 轧钢厂生产 1t 钢材的主要含铁物料数据。

表 5-17　H 轧钢厂生产 1t 钢材的主要含铁物料数据（单位：t/t 材）

名称	初轧坯	钢材	切头	轧废	氧化铁皮	烧损（排放）
数量	1.0410	1.0000	0.0190	0.0016	0.0174	0.0030

I. I 轧钢厂

I 轧钢厂始建于 1957 年，主要设备为两排横列式轧机：Φ650×1 三辊开坯机和 Φ550×3 三辊轧机。主要产品为工字钢、角钢、槽钢、矿用支撑钢、轻轨和初轧坯等，主要钢种为碳素结构钢、低合金钢和优质碳素结构钢等。其所用原料为 165mm×165mm、165mm×225mm 和 165mm×280mm 连铸坯，75.15% 由 B 炼钢厂供应，余下 24.85% 由 A 炼钢厂供应。2002 年 I 轧钢厂共生产480 777.441t 中型材和 39 872.61t 初轧坯。表 5-18 为 I 轧钢厂生产 1t 钢材的主要含铁物料数据。

表 5-18　I 轧钢厂生产 1t 钢材的主要含铁物料数据（单位：t/t 材）

名称	连铸坯	钢材	切头	轧废	氧化铁皮	烧损（排放）
数量	1.0504	1.0000	0.0288	0.0009	0.0176	0.0031

5.2.2 钢铁企业物质代谢收支平衡表

在钢铁企业现状分析的基础上，以 1t 钢材为基准，按生产的逆方向，即轧钢——→炼钢——→炼铁——→烧结——→矿山方向，计算各工序各股物流铁量。按计算结果，编制钢铁企业各工序铁元素收支平衡表。根据铁元素收支平衡表，绘制钢铁企业生产铁流图。

(1) 钢铁企业铁元素收支平衡表的编制

A. 轧钢工序的铁元素收支平衡表

轧钢工序共分为 9 个生产工序。因为在编制钢铁企业铁元素收支平衡表时，要以 1t 钢材产品为基准，所以需把 9 个轧钢工序生产的钢材总产量视为 1t，然后求出每个轧钢厂在生产钢材（总）产量 1t 时，各自应生产多少吨钢材。表 5-19 为当 9 个轧钢厂生产 1t 钢材时，每个轧钢厂的钢材产量。

表 5-19　9 个轧钢厂生产 1t 钢材时每个轧钢厂的钢材产量

单位	实际钢材产量/t	钢材产量（t/t 钢材总产量）
A 轧钢厂	543 806.820	0.1248
B 轧钢厂	541 771.443	0.1243
C 轧钢厂	414 855.890	0.0952
D 轧钢厂	926 498.420	0.2126
E 轧钢厂	383 018.870	0.0879
F 轧钢厂	686 194.650	0.1575
G 轧钢厂	186 141.220	0.0427
H 轧钢厂	234 470.856	0.0538
I 轧钢厂	440 904.831	0.1012
合计	4 357 663.0	1.0000

由表 5-19 可知，当 9 个轧钢厂生产 1t 钢材时，每个轧钢厂生产的钢材产量。按表 5-19 所示钢材产量，对每个轧钢厂的物料进行铁元素收支平衡计算。由计算结果可编制出 9 个轧钢厂的铁元素收支平衡表（表 5-20）。

表 5-20　轧钢工序铁元素收支平衡表（单位：t 铁/t 材）

单位	输入	输出						
	连铸坯	钢材	初轧坯	轧钢切头	轧废	氧化铁皮	排放	小计
A 轧钢厂	0.1273	0.1248		0.0007	0.0003	0.0013	0.0002	0.1273

续表

单位	输入	输出						
	连铸坯	钢材	初轧坯	轧钢切头	轧废	氧化铁皮	排放	小计
B 轧钢厂	0.1271	0.1243		0.0009	0.0004	0.0013	0.0002	0.1271
C 轧钢厂	0.0993	0.0952		0.0010	0.0010	0.0018	0.0003	0.0993
D 轧钢厂	0.2180	0.2126		0.0027	0.0012	0.0013	0.0002	0.2180
E 轧钢厂	0.0931	0.0879		0.0023	0.0008	0.0018	0.0003	0.0931
F 轧钢厂	0.1612	0.1575		0.0002	0.0015	0.0017	0.0003	0.1612
G 轧钢厂	0.0923	0.0427	0.0468	0.0008	0.0005	0.0008	0.0008	0.0923
H 轧钢厂	0.0560 *	0.0538		0.0010	0.0001	0.0009	0.0002	0.0560
I 轧钢厂	0.1159	0.1012	0.0092	0.0032	0.0001	0.0019	0.0003	0.1159
合计	1.0902	1.0000	0.0560	0.0128	0.0059	0.0133	0.0022	1.0902

＊表示初轧坯

B. 炼钢工序的铁元素收支平衡表

由表 5-20 知,生产 1t 钢材将需 1.0342t(1.0902t-0.0560t)连铸坯。根据各轧钢厂用 A 炼钢厂和 B 炼钢厂连铸坯的数量,确定 A 炼钢厂和 B 炼钢厂生产的连铸坯数量,并以此对 A 炼钢厂、B 炼钢厂进行铁元素收支平衡计算。

由 5.2.1 节可知,A 炼钢厂向 B 轧钢厂、C 轧钢厂、E 轧钢厂、G 轧钢厂和 I 轧钢厂(24.85% 的连铸坯由 A 炼钢厂提供)提供连铸坯;B 炼钢厂向 A 轧钢厂、D 轧钢厂、F 轧钢厂和 I 轧钢厂(75.15% 的连铸坯由 B 炼钢厂提供)提供连铸坯。结合表 5-20 提供的轧钢工序所需连铸坯数量,可计算出 A 炼钢厂向轧钢工序提供 0.4406t 连铸坯;B 炼钢厂向轧钢工序提供 0.5936t 连铸坯。分别对 A 炼钢厂生产 0.4406t 连铸坯和 B 炼钢厂生产 0.5936t 连铸坯的各种物料消耗量和产生量进行铁元素收支平衡计算。由计算结果可编制出 A、B 两炼钢厂的铁元素收支平衡表(表 5-21)。

表 5-21 炼钢工序铁元素收支平衡表(单位:t 铁/t 材)

项目	名称	A 炼钢厂	B 炼钢厂	合计
		数量	数量	数量
输入	铁水	0.4028	0.4989	0.9017
	铁块	0.0389	0.0854	0.1243
	澳矿	0.0010	0.0022	0.0032
	合金料	0.0013	0.0018	0.0031
	轧钢切头	0.0070	0.0045	0.0115
	氧化铁皮	0.0004	0.0038	0.0042

项目	名称	A 炼钢厂	B 炼钢厂	合计
		数量	数量	数量
输入	渣钢	0.0023	0.0088	0.0111
	污泥球		0.0028	0.0028
	内部废钢	0.0081	0.0113	0.0194
	小计	0.4618	0.6195	1.0813
输出	连铸坯	0.4406	0.5936	1.0342
	转炉渣	0.0082	0.0081	0.0163
	转炉灰	0.0032	0.0015	0.0047
	废坯	0.0011	0.0017	0.0028
	污泥球		0.0028 *	0.0028
	内部废钢	0.0081	0.0113	0.0194
	排放	0.0006	0.0005	0.0011
	小计	0.4618	0.6195	1.0813

* 表示 B 炼钢厂利用其副产品转炉灰生产的污泥球量

C. 炼铁工序的铁元素收支平衡表

由表 5-21 知，A、B 两炼钢厂生产 1.0342t 连铸坯需要 0.9017t 铁水。由 5.2.1 节知，2002 年 A、B 两炼铁厂共生产铁水 4 830 418.57t，其中 A 炼铁厂生产铁水 826 818.54t，B 炼铁厂生产铁水 4 003 600.03t。A 炼铁厂和 B 炼铁厂所生产的铁水量分别占全年铁水总量的 17.12% 和 82.88%。那么，当 A、B 两炼铁厂生产 0.9017t 铁水时，A 炼铁厂将需生产 0.1544t 铁水，B 炼铁厂将需生产 0.7473t 铁水。在生产过程中，A 炼铁厂的铁水全部供 B 炼钢厂；B 炼铁厂的铁水在满足 A 炼钢厂的需要后，余下部分也供给 B 炼钢厂。

分别对 A 炼铁厂生产 0.1544t 铁水和 B 炼铁厂生产 0.7473t 铁水的各种物料消耗量和产生量进行铁元素收支平衡计算。由计算结果可编制出 A、B 两炼铁厂的铁元素收支平衡表，见表 5-22。

表 5-22　炼铁工序铁元素收支平衡表（单位：t 铁/t 材）

项目	名称	A 炼铁厂	B 炼铁厂	合计
		数量	数量	数量
输入	烧结矿	0.1204	0.6374	0.7578
	球团矿	0.0558	0.0875	0.1433
	巴西矿		0.0638	0.0638

项目	名称	A炼铁厂	B炼铁厂	合计
		数量	数量	数量
输入	澳矿		0.0690	0.0690
	南非矿		0.0045	0.0045
	钛矿		0.0027	0.0027
	内部废铁	0.0018	0.0007	0.0025
	小计	0.1780	0.8656	1.0436
输出	铁水	0.1544	0.7473	0.9017
	烧结返矿	0.0161	0.0814	0.0975
	内部废铁	0.0018	0.0007	0.0025
	高炉渣	0.0008	0.0033	0.0041
	高炉灰	0.0036	0.0086	0.0122
	巴西返矿		0.0080	0.0080
	澳返矿		0.0092	0.0092
	南非返矿		0.0006	0.0006
	球团返矿		0.0059	0.0059
	排放	0.0013	0.0006	0.0019
	小计	0.1780	0.8656	1.0436

D. 烧结工序的铁元素收支平衡表

由表5-22知，A、B两炼铁厂生产0.9017t铁水需要0.7578t烧结矿。其中A炼铁厂需烧结矿0.1204t；B炼铁厂需烧结矿0.6374t。由5.2.1节知，A烧结厂的烧结矿只供A炼铁厂；B烧结厂的烧结矿只供B炼铁厂。所以，A烧结厂需生产0.1204t烧结矿；B烧结厂需生产0.6374t烧结矿。

分别对A烧结厂生产0.1204t烧结矿和B烧结厂生产0.6374t烧结矿的各种物料消耗量和产生量进行铁元素收支平衡计算。由计算结果可编制出A、B两烧结厂的铁元素收支平衡表（表5-23）。

表5-23　烧结工序铁元素收支平衡表（单位：t/t材）

项目	名称	A烧结厂	B烧结厂	合计
		数量	数量	数量
输入	铁精矿粉*	0.0644	0.1233	0.1877
	地方精粉		0.0411	0.0411

项目	名称	A 烧结厂	B 烧结厂	合计
		数量	数量	数量
输入	澳矿粉	0.0007	0.1258	0.1265
	球团粉	0.0051	0.0053	0.0104
	钒钛矿		0.0008	0.0008
	印度粉	0.0192	0.0430	0.0622
	巴西粉	0.0060	0.0939	0.0999
	CSF 巴西粉		0.0946	0.0946
	南非粉	0.0078	0.0052	0.0130
	钢渣粉		0.0081	0.0081
	烧结返矿	0.0161	0.0814	0.0975
	巴西返矿		0.0080	0.0080
	澳返矿		0.0092	0.0092
	南非返矿		0.0006	0.0006
	球团返矿		0.0059	0.0059
	高炉灰	0.0036	0.0086	0.0122
	氧化铁皮	0.0017		0.0017
	小计	0.1246	0.6548	0.7794
输出	烧结矿	0.1204	0.6374	0.7578
	排放	0.0042	0.0174	0.0216
	小计	0.1246	0.6548	0.7794

*指该企业生产的铁精矿粉

E. 矿山工序的铁元素收支平衡表

由表 5-23 知，A、B 两烧结厂生产 0.7578t 烧结矿需要 0.6362t 铁精矿粉，其中只有 0.1877t 铁精矿粉由该企业矿山工序提供，其余 0.4485t 铁精矿粉由企业外购。生产 0.4485t 外购铁精矿粉的各种物料铁元素收支平衡计算放在 5.2.3 节进行。下面对企业内矿山工序生产 0.1877t 铁精矿粉的各种物料进行收支平衡计算。

由 5.2.1 节知，2002 年 A、B、C 三座矿山共生产铁精矿粉 1 474 813t，其中 A 矿山生产平均品位 68.04% 的铁精矿粉 400 515t；B 矿山生产平均品位 67.91% 的铁精矿粉 677 845t；C 矿山生产平均品位 64.47% 的铁精矿粉 396 453t。用铁精矿粉实物量乘以与之对应的品位，可求得 A、B、C 三座矿山所生产的铁精矿粉的铁量

A 矿山铁精矿粉的铁量：$400\ 515 \times 0.6804 \approx 272\ 510t$

B 矿山铁精矿粉的铁量：$677\ 845 \times 0.6791 \approx 460\ 325t$

C 矿山铁精矿粉的铁量：396 453×0.6447≈255 593t

A、B、C 三座矿山铁精矿粉的铁量总和为

$$272\ 510+460\ 325+255\ 593=988\ 428t$$

那么，每座矿山所生产的铁精矿粉的铁量占矿山铁精矿粉总铁量的比例为

$$A\ 矿山：\frac{272\ 510}{988\ 428}≈27.57\%$$

$$B\ 矿山：\frac{460\ 325}{988\ 428}≈46.57\%$$

$$C\ 矿山：\frac{255\ 593}{988\ 428}≈25.86\%$$

则：

A 矿山供给烧结厂的铁精矿粉铁量为

$$0.1877×27.57\%≈0.0518t$$

B 矿山供给烧结厂的铁精矿粉铁量为

$$0.1877×46.57\%≈0.0874t$$

C 矿山供给烧结厂的铁精矿粉铁量为

$$0.1877×25.86\%≈0.0485t$$

分别对 A 矿山生产 0.0518t 铁精矿粉、B 矿山生产 0.0874t 铁精矿粉和 C 矿山生产 0.0485t 铁精矿粉的各种物料消耗量和产生量进行铁元素收支平衡计算。由计算结果可编制出 A、B 和 C 三座矿山的铁元素收支平衡表（表 5-24）。

表 5-24 矿山工序铁元素收支平衡表（单位：t/t 材）

	名称	A 矿山	B 矿山	C 矿山	合计
		数量	数量	数量	数量
输入	铁矿石	0.0590	0.0946	0.0599	0.2135
	小计	0.0590	0.0946	0.0599	0.2135
输出	铁精矿粉	0.0518	0.0874	0.0485	0.1877
	尾矿	0.0072	0.0072	0.0114	0.0258
	小计	0.0590	0.0946	0.0599	0.2135

（2）钢铁企业生产铁流图的绘制

结合钢铁企业的现状分析，以各工序铁元素收支平衡表数据为基础，参照 5.1 节的绘图步骤，绘制该钢铁企业生产铁流图（图 5-1）。图 5-1 是以 1t 合格钢材铁量为基准的实际钢铁生产流程铁流图。图中的箭头标明了各股铁流的方向，箭头的上下方分别标明了各股铁流的名称和铁量。圆圈内标明了矿山、烧结、炼铁、炼钢、轧钢各工序。

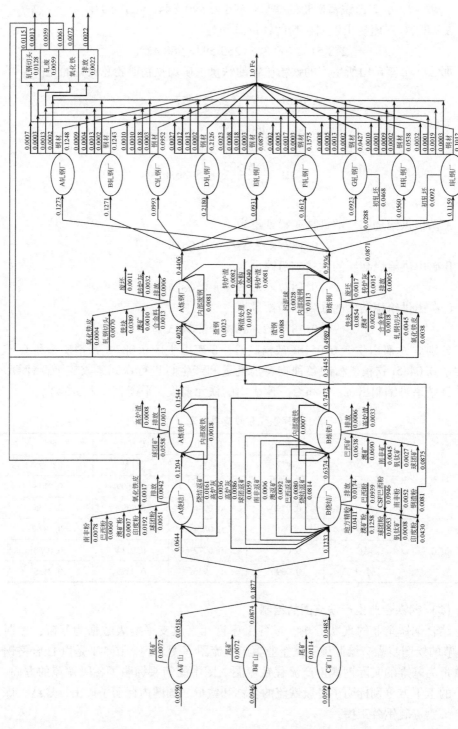

图 5-1 钢铁企业生产铁流图(单位：t)

5.2.3 折合计算

在该企业生产过程中，由于企业内部生产的原料量无法满足生产需要，需由外界购入大量铁精矿粉、块矿、球团矿、铁块等原料。因为这些原料都是由铁矿石等天然铁资源经过一道或几道工序加工生产出来的半成品，所以在计算该企业生产过程中所消耗的天然铁资源量和排放量时，要把加工生产这些原料所消耗的铁矿石等天然铁资源量和排放量计算在内。因此，有必要对上述外购原料进行折合计算，以便更准确地计算出该企业生产过程中所消耗的天然铁资源量和排放量。

(1) 铁精矿粉的折合计算

地方精粉、澳矿粉、印度粉、巴西粉、CSF 巴西粉和南非粉等外购铁精矿粉，都是通过选矿工序对铁矿石进行加工而成的半成品。因此，在计算该企业生产过程的天然铁资源消耗量和排放量时，有必要把生产这些铁精矿粉所消耗的铁矿石量和排放量计算在内。由于条件限制，无法确定生产这些外购铁精矿粉的铁矿石消耗量和排放量。但有一点可以确定，那就是它们的生产工艺过程与该企业三座矿山的生产工艺相似。所以，在计算这些外购铁精矿粉的铁矿石消耗量和排放量时，可参照这三座矿山生产 1t 铁精矿粉时平均消耗的铁矿石量和产生的尾矿量，来计算这些外购铁精矿粉所消耗的铁矿石量和产生的尾矿量。

表 5-25 为 A、B、C 三座矿山工序的铁矿石、铁精矿粉、尾矿的实物量、铁量和品位。

表 5-25 三座矿山工序的物料数据

工序	名称	实物量/t	铁量/t	品位/%
A 矿山	铁矿石	1 110 076	310 155	27.94
	铁精矿粉	400 515	272 510	68.04
	尾矿	709 561	37 678	5.31
B 矿山	铁矿石	1 485 543	498 251	33.54
	铁精矿粉	677 845	460 325	67.91
	尾矿	807 698	37 881	4.69
C 矿山	铁矿石	1 144 844	315 747	27.58
	铁精矿粉	396 453	255 593	64.47
	尾矿	748 391	60 096	8.03

利用表 5-25 所给 A、B、C 三座矿山工序的铁矿石实物量和铁量,可求得三座矿山工序所消耗的铁矿石的平均品位

铁矿石实物量=1 110 076+1 485 543+1 144 844=3 740 463t

铁矿石铁量=310 155+498 251+315 747=1 124 153t

$$铁矿石平均品位=\frac{1\ 124\ 153}{3\ 740\ 463}≈30.05\%$$

利用表 5-25 所给 A、B、C 三座矿山工序的铁精矿粉实物量和铁量,可求得它们所生产的铁精矿粉的平均品位

铁精矿粉实物量=400 515+677 845+396 453=1 474 813t

铁精矿粉铁量=272 510+460 325+255 593=988 428t

$$铁精矿粉平均品位=\frac{988\ 428}{1\ 474\ 813}≈67.02\%$$

同样,利用表 5-25 所给 A、B、C 三座矿山工序产生的尾矿实物量和铁量,可求得它们所产生的尾矿的平均品位

尾矿实物量=709 561+807 698+748 391=2 265 650t

尾矿铁量=37 678+37 881+60 096=135 655t

$$尾矿平均品位=\frac{135\ 655}{2\ 265\ 650}≈5.98\%$$

由此可计算出 A、B、C 三座矿山工序生产 1t 平均品位 67.02% 的铁精矿粉所消耗的铁矿石量和产生的尾矿量,计算结果见表 5-26。

表 5-26 矿山工序生产 1t 铁精矿粉的物料数据

铁矿石			铁精矿粉			尾矿		
数量 /(t/t 精)	品位 /%	铁量 /t 铁	数量 /(t/t 精)	品位 /%	铁量 /t 铁	数量 /(t/t 精)	品位 /%	铁量 /t 铁
2.5362	30.05	0.7621	1.0	67.02	0.6702	1.5362	5.98	0.0919

由表 5-26 可见,生产铁量为 0.6702t 的铁精矿粉,要消耗铁量为 0.7621t 的铁矿石,产生铁量为 0.0919t 的尾矿。那么,生产铁量为 1t 的铁精矿粉,将消耗铁量为 1.1371t(0.7621/0.6702)的铁矿石,产生铁量为 0.1371t(0.0919/0.6702)的尾矿。因此,当生产铁量为 0.0078t 的南非粉时,它所消耗的铁矿石铁量为

$$0.0078×1.1371≈0.0089t$$

产生的尾矿铁量为

$$0.0078×0.1371≈0.0011t$$

其他外购铁精矿粉的折合计算略,可参见南非粉的折合计算过程,计算结果

见表 5-27。

表 5-27　铁精矿粉的折合计算结果（单位：t）

单位	名称	铁精矿粉的铁量	铁矿石的铁量	尾矿的铁量
A 烧结厂	南非粉	0.0078	0.0089	0.0011
	巴西粉	0.0060	0.0068	0.0008
	澳矿粉	0.0007	0.0008	0.0001
	印度粉	0.0192	0.0218	0.0026
B 烧结厂	地方精粉	0.0411	0.0467	0.0056
	澳矿粉	0.1258	0.1430	0.0172
	印度粉	0.0430	0.0489	0.0059
	巴西粉	0.0939	0.1068	0.0129
	CSF 巴西粉	0.0946	0.1076	0.0130
	南非粉	0.0052	0.0059	0.0007

（2）块矿的折合计算

块矿主要是指未经选矿直接用作生产原料的块状高品位铁矿石。所以，可把生产所用块矿铁量认为是铁矿石铁量，即

1）A 炼钢厂

澳矿的铁矿石铁量为 0.0010t。

2）B 炼钢厂

澳矿的铁矿石铁量为 0.0022t。

3）B 炼铁厂

巴西矿的铁矿石铁量为 0.0638t；

澳矿的铁矿石铁量为 0.0690t；

南非矿的铁矿石铁量为 0.0045t；

钛矿的铁矿石铁量为 0.0027t。

4）B 烧结厂

钒钛矿的铁矿石铁量为 0.0008t。

（3）竖炉球团的折合计算

竖炉球团矿的生产是把铁精矿粉、皂土等原料制成球团后，入炉焙烧而成。因此，在对球团矿进行折合计算时，首先比照竖炉生产的原料消耗情况计算铁精矿粉消耗量；其次比照铁精矿粉的折合计算方法，对铁精矿粉进行折合计算。

表 5-28 为某竖炉球团厂 2002 年生产 1t 平均品位 62.75 % 的球团矿所消耗原料量和排放量。

表5-28　竖炉球团生产用主要物料数据

名称	数量/(t/t球)	品位/%	名称	数量/(t/t球)	品位/%
铁精矿粉	0.9485	66.43	球团矿	1.0000	62.75
皂土	0.0358	3.05	除尘灰*	0.0330	61.78

*表示除尘灰在竖炉球团生产过程内部循环利用

以表5-28数据为基础，计算生产铁量为1t的球团矿所需原料铁量和排放铁量，即

1）铁精矿粉

$$0.9485×0.6643÷0.6275≈1.0041t$$

2）皂土

$$0.0358×0.0305÷0.6275≈0.0017t$$

3）除尘灰

$$0.0330×0.6178÷0.6275≈0.0325t$$

4）排放

$$Q=1.0041+0.0017-1.0000=0.0058t$$

可见，竖炉生产铁量为1t的球团矿，将需铁量为1.0041t的铁精矿粉和铁量为0.0017t的皂土。由铁精矿粉的折合计算知，生产铁量为1.0041t的铁精矿粉，将消耗铁量为1.1418t（1.0041×1.1371）的铁矿石，并产生铁量为0.1377t（1.0041×0.1371）的尾矿。因此，生产铁量为1t的球团矿将消耗铁量为1.1435t（1.1418+0.0017）的铁矿石，产生排放铁量0.1435t（0.1377+0.0058）。以此为基础，可对球团矿进行折合计算，计算结果见表5-29。

表5-29　各工序球团矿的折合计算结果（单位：t）

单位	球团矿的铁量	铁矿石的铁量	排放铁量
A炼铁厂	0.0558	0.0638	0.0080
B炼铁厂	0.0875	0.1001	0.0126
A烧结厂	0.0051	0.0058	0.0007
B烧结厂	0.0053	0.0061	0.0008

(4) 铁块的折合计算

炼钢用铁块一部分由炼铁厂供给，另一部分外购。因此在对铁块进行折合计算时，按照该钢铁企业由矿山→烧结→炼铁的生产物料参数计算生产铁块所消耗的铁矿石铁量和产生的排放铁量。由5.2.2节计算可知，生产铁量为0.9017t的铁水，消耗铁量为1.0273t铁矿石，产生的排放铁量为0.1354t。因此，

生产铁量为 1t 的铁水，将消耗铁量为 1.1393t 的铁矿石，产生的排放铁量为 0.1502t。同时，在生产铁量为 0.9017t 的铁水时，将消耗铁量为 0.0081t 的钢渣和铁量为 0.0017t 的氧化铁皮，同样生产铁量为 1t 的铁水，将消耗铁量为 0.0090t 钢渣和铁量为 0.0019t 的氧化铁皮。因此，可根据上面分析，对铁块进行折合计算，计算结果见 5-30。

表 5-30　各工序铁块的折合计算结果（单位：t）

单位	铁块铁量	铁矿石铁量	排放铁量	钢渣铁量	氧化铁皮铁量
A 炼钢厂	0.0389	0.0443	0.0058	0.0003	
B 炼钢厂	0.0854	0.0973	0.0128	0.0008	0.0002 *

* 因为 A 炼钢厂铁块折合氧化铁皮量为 0.000 07t，B 炼钢厂铁块折合氧化铁皮量为 0.000 16t，两个值均较小，所以把两个炼钢厂氧化铁皮的折合量加和记为 0.0002t

5.2.4　钢铁企业物质代谢效率分析

(1) 铁资源量的计算

因为轧钢工序无外界天然铁资源输入，所以，只需计算该企业生产 1t 钢材时输入炼钢、炼铁、烧结、矿山的铁资源量。具体计算过程如下。

A. 炼钢工序

输入炼钢工序的原料为块矿和铁块等。根据 5.2.3 节的折合计算结果，可求得输入炼钢工序的天然铁资源量。

$$天然铁资源量 = 铁块 + 块矿$$
$$= 0.0443 + 0.0973 + 0.0010 + 0.0022 + 0.0013 + 0.0018$$
$$= 0.1479t$$

B. 炼铁工序

输入炼铁工序的原料为块矿和球团矿等。根据 5.2.3 节的折合计算结果，可求得输入炼铁工序的天然铁资源量。

$$天然铁资源量 = 球团矿 + 块矿$$
$$= 0.0638 + 0.1001 + 0.0638 + 0.0690 + 0.0045 + 0.0027$$
$$= 0.3039t$$

C. 烧结工序

输入烧结工序的原料为铁精矿粉和球团矿等。根据 5.2.3 节的折合计算结果，可求得输入烧结工序的天然铁资源量。

$$天然铁资源量 = 铁精矿粉 + 球团矿$$
$$= 0.0089 + 0.0068 + 0.0008 + 0.0218 + 0.0467 + 0.1430 + 0.0489$$

$$+0.1068+0.1076+0.0059+0.0058+0.0061+0.0008$$
$$=0.5099t$$

D. 矿山工序

输入矿山工序的原料为铁矿石。根据5.2.3节的计算结果，可求得输入矿山工序的铁资源量。

$$天然铁资源量=铁矿石量$$
$$=0.0590+0.0946+0.0599$$
$$=0.2135t$$

由上述计算可求得该企业生产1t钢材所消耗的天然铁资源量为

$$R=0.1479+0.3039+0.5099+0.2135$$
$$=1.1752t$$

E. 废（渣）钢量的计算

由5.2.2节可知，该企业外购废（渣）钢0.0029t（0.0111+0.0081−0.0163）；由6.7.3节的铁块折合计算知，又外购废（渣）钢0.0011t。因此，该企业生产1t钢材共外外购废（渣）钢量为

$$S=0.0029+0.0011$$
$$=0.0040t$$

（2）铁排放量的计算

A. 轧钢工序

轧钢工序的排放量包括切头、轧废、氧化铁皮和排放（烧损）。下面计算轧钢工序的排放量。

切头除了给炼钢厂0.0115tFe外，其余全部排放，切头的排放量为

$$切头=0.0007+0.0009+0.0010+0.0027+0.0023$$
$$+0.0002+0.0008+0.0010+0.0032-0.0115$$
$$=0.0013t$$

轧废全部排放

$$轧废=0.0003+0.0004+0.0010+0.0012+0.0008$$
$$+0.0015+0.0005+0.0001+0.0001$$
$$=0.0059t$$

氧化铁皮除了给炼钢厂0.0042tFe、烧结厂0.0017tFe外，生产0.1243tFe（0.0389+0.0854）铁块，还使用了0.0002tFe氧化铁皮，其余全部排放，则氧化铁皮的排放量为

$$氧化铁皮=0.0013+0.0013+0.0018+0.0013+0.0018+0.0017$$
$$+0.0013+0.0009+0.0019-0.0042-0.0017-0.0002$$

$$=0.0072t$$

轧钢生产过程中的烧损为

$$烧损量 = 0.0002 + 0.0002 + 0.0003 + 0.0002 + 0.0003$$
$$+ 0.0003 + 0.0002 + 0.0002 + 0.0003$$
$$= 0.0022t$$

轧钢工序的总排放量为

$$排放量 = 切头 + 轧废 + 氧化铁皮 + 烧损$$
$$= 0.0013 + 0.0059 + 0.0072 + 0.0022$$
$$= 0.0166t$$

B. 炼钢工序

炼钢工序的排放量包括铁块的排放（折合）、转炉灰、废坯和排放物。下面计算炼钢工序的排放量。

$$排放量 = 铁块 + 转炉灰 + 废坯 + 排放$$
$$= 0.0058 + 0.0128 + 0.0011 + 0.0017 + 0.0032 + 0.0016 + 0.0005 + 0.0005$$
$$= 0.0272t$$

C. 炼铁工序

炼铁工序的排放量包括高炉渣、球团矿的排放（折合）和排放物。下面计算炼铁工序的排放量。

$$排放量 = 高炉渣 + 排放 + 球团矿$$
$$= 0.0008 + 0.0033 + 0.0013 + 0.0006 + 0.0080 + 0.0126$$
$$= 0.0266t$$

D. 烧结工序

烧结工序的排放量主要为铁精矿粉的排放（折合）、球团矿的排放（折合）和烧结排放。下面计算烧结工序的排放量。

$$排放铁量 = 铁精矿粉 + 球团矿 + 排放$$
$$= 0.0011 + 0.0008 + 0.0001 + 0.0026 + 0.0056 + 0.0172 + 0.0059$$
$$+ 0.0129 + 0.0130 + 0.0007 + 0.0007 + 0.0008 + 0.0042 + 0.0174$$
$$= 0.0830t$$

E. 矿山工序

矿山工序的排放物为尾矿。下面计算矿山工序的排放量。

$$排放量 = A 尾矿 + B 尾矿 + C 尾矿$$
$$= 0.0072 + 0.0072 + 0.0114$$
$$= 0.0258t$$

由上述计算可求得该企业生产 1t 钢材时的总排放量为

$$Q = 0.0166 + 0.0272 + 0.0266 + 0.0830 + 0.0258 = 0.1792t$$

（3）钢铁企业的铁资源效率、铁环境效率和废钢指数的计算

由上述计算可见，2002年该钢铁企业生产1t钢材共消耗天然铁资源1.1752t，把钢材产品量和天然铁资源量代入铁资源效率公式，可计算出该钢铁企业的铁资源效率

$$r = \frac{P}{R} = \frac{1.0}{1.1752} \approx 0.8509t/t$$

2002年该钢铁企业生产1t钢材向外排放废品和污染物0.1792t，把钢材产品量和排放量代入铁环境效率公式，可计算出该钢铁企业的铁环境效率

$$q = \frac{P}{Q} = \frac{1.0}{0.1792} \approx 5.5804t/t$$

2002年该钢铁企业生产1t钢材共消耗废钢0.0040t，把钢材产品量和废钢量代入废钢指数公式，可计算出该钢铁企业的废钢指数

$$S = \frac{F}{P} = \frac{0.0040}{1.0} \approx 0.0040t/t$$

可见，该钢铁企业的铁资源效率、铁环境效率和废钢指数值较低，特别是废钢指数，仅为0.0040t/t，远小于2001年中国钢铁工业废钢指数0.1290t/t[97]。主要原因在于，该钢铁企业生产1t钢材的废钢消耗量低，它只占钢铁生产用铁资源量的0.34%，99.66%的铁资源来自铁矿石等天然铁资源，从而使得企业废钢指数和铁资源效率较低。同时，由于该企业生产过程向外排放的副产品、废品等污染物量较多，它占输入该企业铁资源总量的15.20%，这样也就使得该企业铁环境效率较低。

5.3 钢铁企业收支平衡表分析

通过编制钢铁企业铁元素收支平衡表与绘制钢铁企业生产铁流图，理清了输入、输出该企业的各股铁流的流向和流量，据此计算了企业铁资源效率、铁环境效率和废钢指数。结果表明，该企业的铁资源效率、铁环境效率和废钢指数较低。分析其原因主要有两个方面：一方面是该企业生产过程中大量依靠铁矿石等天然铁资源，只使用很少一部分废钢资源；另一方面是副产品、废品的排放量较多。因此，为提高该企业铁资源效率、铁环境效率和废钢指数，企业一方面要加大生产过程中的废钢使用量，降低天然铁资源的消耗量；另一方面要降低副产品、废品的排放量。在目前废钢资源短缺的情况下，后者对企业来说更为重要一些。所以，研究该企业哪些副产品、废品被排放，哪些被利用，找出企业在资源消耗和副产品、废品排放等方面存在的问题，对提高企业铁资源效率，改善环境

质量至关重要。

由 5.2.2 节的企业铁元素收支平衡表与企业生产铁流图可知该企业副产品、废品的数量和流向，据此可编制出该企业 2002 年副产品、废品的铁元素收支平衡表（表5-31）。该表横向分为 20 行，前 19 行为副产品、废品的各股物料，第 20 行为物料的合计值。纵向分为三栏，第一栏为企业副产品、废品的产生量。该栏分为两列，其中每列分别代表物料量和物料量与企业副产品、废品总量的比值。第二栏为本企业副产品、废品的内部循环量。该栏分为两列，其中每列各代表物料量和物料量与企业副产品、废品总量的比值。第三栏为企业输出的物料量。该栏分为五列，其中每列分别代表输出物料量、输出的物料中已被下游企业或工序使用的数量和其比值，以及排放量和其比值。为便于大家对表 5-31 的进一步理解，做补充说明如下：

1）表中给出的副产品、废品量为企业生产 1t 钢材产生的副产品、废品量。

2）输出量中的已用量是指已被下游企业或工序使用的副产品、废品量，排放量是指未被使用而排入环境的副产品、废品量。

3）表中的比值是指物料量占副产品、废品总量（指总产生量 0.3712t）的比例。

4）企业的副产品、废品按类统计，如高炉渣、钢渣、返矿粉等；折合计算中的副产品、废品量也按类统计，如球团排放、铁块排放等不再细分。

5）表中所有物料量均为铁量。

表 5-31 钢铁企业副产品、废品的铁元素收支平衡表

序号	项目	产生量		内部循环量		输出量				
		数量/(t/t 材)	比值	数量/(t/t 材)	比值	数量/(t/t 材)	已用/(t/t 材)	比值	排放/(t/t 材)	比值
1	轧钢切头	0.0128	3.45	0.0115	3.1	0.0013	0.0013	0.35		
2	轧废	0.0059	1.59			0.0059	0.0059	1.59		
3	氧化铁皮	0.0133	3.58	0.0061	1.64	0.0072	0.0072	1.94		
4	轧钢排放	0.0022	0.59			0.0022			0.0022	0.59
5	废坯	0.0028	0.75			0.0028	0.0028	0.75		
6	内部废钢	0.0194	5.23	0.0194	5.23					
7	钢渣	0.0163	4.39	0.0163	4.39					
8	转炉灰	0.0075	2.02	0.0028	0.75	0.0047			0.0047	1.27
9	转炉排放	0.0011	0.30			0.0011			0.0011	0.30
10	内部废铁	0.0025	0.67	0.0025	0.67					

序号	项目	产生量		内部循环量		输出量				
		数量/ (t/t材)	比值	数量/ (t/t材)	比值	数量/ (t/t材)	已用/ (t/t材)	比值	排放/ (t/t材)	比值
11	高炉渣	0.0041	1.10			0.0041	0.0041	1.10		
12	高炉灰	0.0122	3.29	0.0122	3.29					
13	返矿粉	0.1212	32.65	0.1212	32.65					
14	高炉排放	0.0019	0.51			0.0019			0.0019	0.51
15	烧结排放	0.0216	5.82			0.0216			0.0216	5.82
16	尾矿	0.0258	6.95			0.0258			0.0258	6.95
17	尾矿*	0.0599	16.14			0.0599			0.0599	16.14
18	球团排放*	0.0221	5.95			0.0221			0.0221	5.95
19	铁块排放*	0.0186	5.01			0.0186			0.0186	5.01
20	合计	0.3712	100.0	0.1920	51.72	0.1792	0.0213	5.74	0.1579	42.54

* 表示折合计算部分的排放量

　　由表 5-31 可见，该企业全年生产过程中产生的副产品、废品共 19 类，吨材副产品、废品产生量为 0.3712t。在这些副产品、废品中，企业内部循环使用的占 8 类，其数量为 0.1920t/t 材，占副产品、废品总量的 51.72%；输出副产品、废品占 14 类，输出量为 0.1792t/t 材，占副产品、废品总量的 48.28%。在输出的副产品、废品中，已被下游企业或工序使用的副产品、废品占 5 类，为 0.0213t/t 材，占副产品、废品总量的 5.74%，比例较低；排入环境的副产品、废品占 9 类，为 0.1579t/t 材，占副产品、废品总量的 42.53%，比例较高。

　　由 5.2.4 节知，2002 年该企业生产 1t 钢材共消耗铁资源量 1.1792t，其中铁矿石等天然铁资源量为 1.1752t，占资源消耗总量的 99.66%；废钢量为 0.0040t，占资源消耗总量的 0.34%。可见，该企业生产几乎完全依赖于铁矿石等天然铁资源。在该企业所消耗的 1.1792t/t 材资源中，副产品、废品的产生量占铁资源消耗总量的 31.48%，并且副产品、废品的 42.53% 散失于环境之中，对环境产生不同程度的影响。因此，降低天然铁资源的消耗，提高企业铁资源效率；降低副产品、废品的排放，提高铁环境效率；加大废钢量的投入，提高废钢指数，将成为该企业今后持续发展工作的重点。

第6章 生产流程的元素流分析

生产不同的产品，需要不同的生产流程。对每一生产流程来讲，它都根据产品生产要求，由多道工序组成。原材料经流程内各道工序加工后，生产出合格的产品。在由原料到产品的生产过程中，通常会有一种元素（至少是一种元素）贯穿整个产品的生产过程，把流程内各工序串在一起，形成一种元素流，或多种元素流。再有，对不同的生产流程，也会有不同的元素流。所以，为便于分析生产流程的不同元素的流动规律，以及这种流动规律对该元素资源效率和环境效率的影响，选用流程中某一元素 M（指代生产流程中 Fe、Cu、Ca 等任意某一种元素）作为代表性元素，分析生产流程中元素 M 的流动规律，以及其流动对流程的元素 M 资源效率和环境效率的影响。

6.1　基本概念

6.1.1　元素 M 资源效率

资源效率[98]是指单位天然资源所能生产出来的产品量。提高资源效率，就可用较少的天然资源生产较多的产品，减少废物和污染物向环境的排放，降低环境负荷。

生产流程的元素 M 资源效率是指统计期内输入生产流程单位天然 M 资源量所能生产的最终合格产品 M 量。它等于最终合格产品 M 量除以输入该流程天然 M 资源量，即

$$r = \frac{P}{R} \tag{6-1}$$

式中，r——流程的元素 M 资源效率，t/t；

P——最终合格产品 M 量，t；

R——生产 P t 产品输入流程的天然 M 资源量，t。

对流程内各工序来讲，工序的元素 M 资源效率等于统计期内该工序生产合格产品 M 量除以输入该生产工序原料 M 量，即

$$r_i = \frac{P_i}{P_{i-1}} \qquad\qquad (6\text{-}2)$$

式中，r_i——第 i 道工序的元素 M 资源效率，t/t；

P_i——第 i 道工序生产的合格产品 M 量，t；

P_{i-1}——第 i 道工序为生产 P_i t 合格产品所输入的原料 M 量，t，P_{i-1} 包括上道工序的 M 量、由流程外输入该工序的 M 资源量或由天然 M 资源加工后得到的半成品量；工序内部或工序之间循环的 M 资源量及回收 M 资源量不计入内。

可见，元素 M 资源效率是衡量生产过程中天然 M 资源节约程度的重要指标。元素 M 资源效率越高，天然 M 资源越节省。

6.1.2 元素 M 环境效率

环境效率[99]是指与单位排放物量相对应的产品量。提高环境效率，就可在较少的污染物排放条件下，生产更多的产品，降低对环境的影响。

生产流程的元素 M 环境效率是指统计期内与生产流程单位排放物 M 量相对应的最终合格产品 M 量。它等于最终合格产品 M 量除以该流程排放的污染物 M 量，即

$$q = \frac{P}{Q} \qquad\qquad (6\text{-}3)$$

式中，q——流程的元素 M 环境效率，t/t；

P——最终合格产品 M 量，t；

Q——流程在生产 Pt 产品的过程中向外界环境排放的污染物 M 量，t。

对流程内各工序来讲，工序的元素 M 环境效率等于统计期内该工序生产合格产品 M 量除以该生产工序排放的污染物 M 量，即

$$q_i = \frac{P_i}{Q_i} \qquad\qquad (6\text{-}4)$$

式中，q_i——第 i 道工序的元素 M 环境效率，t/t；

P_i——第 i 道工序生产的合格产品 M 量，t；

Q_i——第 i 道工序在生产 P_i t 合格产品时所排放的污染物 M 量，t，Q_i 包括该工序向外界输出的副产品、废品和其他排放物的 M 量。

可见，元素 M 环境效率是衡量生产过程中排放的污染物 M 量多少及环境状况好坏的重要指标。元素 M 环境效率越高，排放的污染物 M 量越少，环境状况越好。

6.2　基准元素 M 流图

为便于分析生产流程中元素 M 流对流程的元素 M 资源效率的影响，借鉴基准物流图分析法[100]，构思了一张生产流程的基准元素 M 流图：

1）整个生产流程中元素 M 的唯一流向是从上游工序流向下游工序。

2）在流程的中途，无元素 M 量的输入、输出。

本书把能同时满足以上两个条件，并以 1t 产品（M 量）为最终产品的元素 M 流图，定义为该生产流程的基准元素 M 流图。

为行文方便，在以下的讨论中，各种物料量均指物料的元素 M 量。

图 6-1 是一生产流程的基准元素 M 流图，假定此流程全部以天然 M 资源进行生产。图中每个圆圈分别代表一个工序，圆圈内的号码分别代表由上游至下游的 5 道不同的生产工序，箭头代表元素 M 的流向，在箭头的上方标明了元素 M 的重量。设第 5 道工序产出的合格产品量为 1t，由质量守恒定律知，其各道工序的 M 量均为 1t。基于这张基准元素 M 流图，由式（6-1）可求得该流程的元素 M 资源效率。

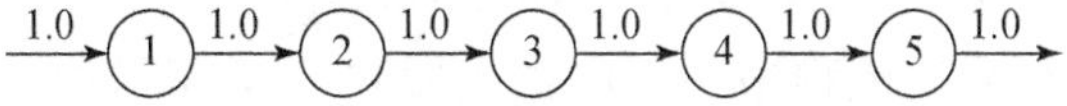

图 6-1　生产流程的基准元素 M 流图

$$r_0 = \frac{P}{R} = \frac{1.0}{1.0} = 1.0$$

可见，该流程基准元素 M 流图的元素 M 资源效率为 1.0t/t。它是分析各种生产流程的元素 M 资源效率的基础。

同样，由式（6-2）可计算出流程中各工序的元素 M 资源效率均为 1.0t/t。

对如图 6-1 所示生产流程，由于其各工序均没有污染物排放，即排放物量为零，该流程的元素 M 环境效率和工序的元素 M 环境效率为无穷大。

6.3　生产流程中元素 M 流对流程的元素 M 资源效率的影响

生产流程的元素 M 流不可能满足 6.2 节提到的基准元素 M 流图的假设条件，偏离基准元素 M 流图的情况是普遍存在的。本节以图 6-1 为基础，以几个典型元素 M 流情况为例加以分析比较。

例1：回收的 M 资源从外界输入流程中某道工序

向图6-1中的工序 4 输入回收的 M 资源 s （$s<1.0$）t，工序 4 的产量仍为 1.0t，见图6-2。因此，工序 3 进入工序 4 的原料量由 1.0t 减为 （$1.0-s$）t。上游各工序之间的 M 流量也相应减少。由于回收的 M 资源不属于天然资源，输入流程的天然 M 资源量变为 （$1.0-s$）t，这样，流程的元素 M 资源效率为

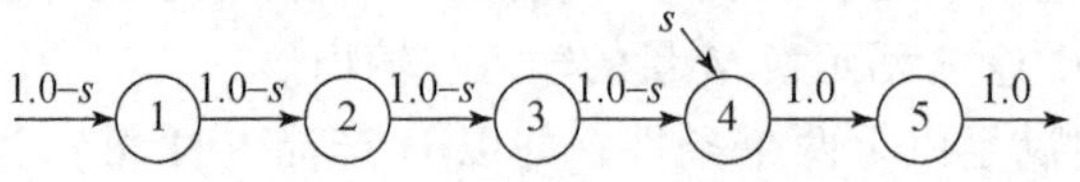

$$\xrightarrow{1.0-s} \boxed{1} \xrightarrow{1.0-s} \boxed{2} \xrightarrow{1.0-s} \boxed{3} \xrightarrow{1.0-s} \boxed{4} \xrightarrow{1.0} \boxed{5} \xrightarrow{1.0}$$

图6-2　例1的元素 M 流图

$$r = \frac{1.0}{1.0-s} > r_0$$

由此可见，从外界向流程中某工序输入回收的 M 资源，可提高流程的元素 M 资源效率，并且回收的 M 资源输入量越大，流程的元素 M 资源效率越高。因此，应尽可能向流程多输入回收的 M 资源。

各工序的元素 M 资源效率相乘，得

$$r_1 \times r_2 \times r_3 \times r_4 \times r_5 = \frac{1.0-s}{1.0-s} \times \frac{1.0-s}{1.0-s} \times \frac{1.0-s}{1.0-s} \times \frac{1.0}{1.0-s} \times \frac{1.0}{1.0} = \frac{1.0}{1.0-s} = r$$

由此可见，从外界向流程中某工序输入回收的 M 资源时，流程的元素 M 资源效率等于各工序的元素 M 资源效率的乘积。

例2：天然 M 资源从外界输入流程中某道工序

向图6-1中的工序 4 输入天然 M 资源 α （$\alpha<1.0$）t，工序 4 的产量仍为 1.0t，见图6-3。这时，上游各工序之间的 M 流量也相应减少。输入流程的天然 M 资源总量等于 $[(1.0-\alpha)+\alpha]$t，故流程的元素 M 资源效率

$$\xrightarrow{1.0-\alpha} \boxed{1} \xrightarrow{1.0-\alpha} \boxed{2} \xrightarrow{1.0-\alpha} \boxed{3} \xrightarrow{1.0-\alpha} \boxed{4} \xrightarrow{1.0} \boxed{5} \xrightarrow{1.0}$$

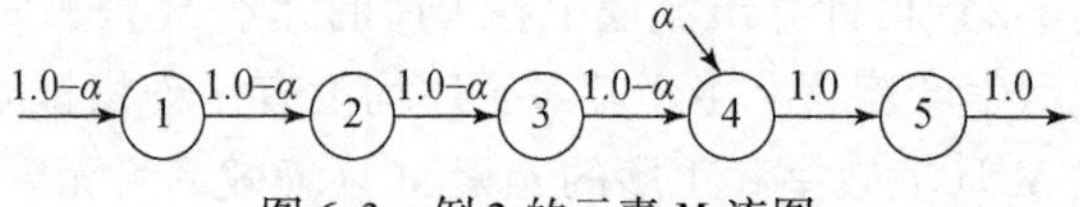

图6-3　例2的元素 M 流图

$$r = \frac{1.0}{(1.0-\alpha)+\alpha} = 1.0 = r_0$$

可见，从外界向流程中某工序输入天然 M 资源，不改变流程的元素 M 资源效率。

此时，各工序的元素 M 资源效率相乘，得

$$r_1 \times r_2 \times r_3 \times r_4 \times r_5 = \frac{1.0-\alpha}{1.0-\alpha} \times \frac{1.0-\alpha}{1.0-\alpha} \times \frac{1.0-\alpha}{1.0-\alpha} \times \frac{1.0}{(1.0-\alpha)+\alpha} \times \frac{1.0}{1.0} = \frac{1.0}{1.0} = 1.0 = r$$

可见，天然 M 资源从外界输入流程中某工序时，流程的元素 M 资源效率等于各工序的元素 M 资源效率的乘积。

例 3：副产品或废品从某道工序向外界输出（不回收）

以图 6-1 中的工序 3 为例，说明这种情况下的 M 流对流程的元素 M 资源效率的影响，如图 6-4 所示。

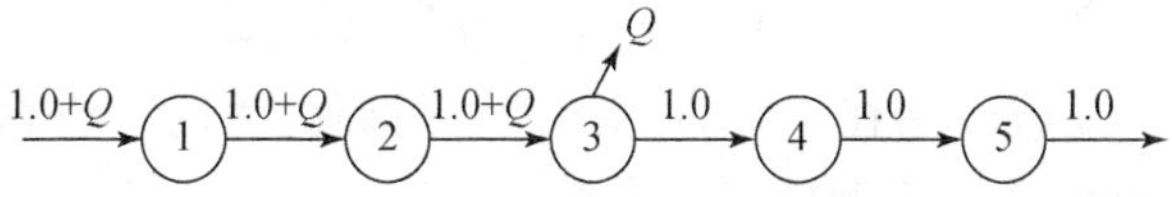

図 6-4 例 3 的元素 M 流图

由图可见，副产品或废品 Q（$Q<1.0$）t，由工序 3 直接向外界输出，不回收。工序 3 的产量仍为 1.0t，上游各道工序的产量都将增至（1.0+Q）t。此时，输入流程的天然 M 资源量变为（1.0+Q）t。在这种情况下，流程的元素 M 资源效率

$$r=\frac{1.0}{1.0+Q}<r_0$$

由此可见，副产品或废品从某道工序向外界输出，会降低流程的元素 M 资源效率，并且副产品或废品的输出量越大，流程的元素 M 资源效率越低。因此，为了提高流程的元素 M 资源效率，必须努力降低各工序向外界输出的副产品或废品量。

各工序的元素 M 资源效率相乘，得

$$r_1\times r_2\times r_3\times r_4\times r_5=\frac{1.0+Q}{1.0+Q}\times\frac{1.0+Q}{1.0+Q}\times\frac{1.0}{1.0+Q}\times\frac{1.0}{1.0}\times\frac{1.0}{1.0}=\frac{1.0}{1.0+Q}=r$$

由此可见，当副产品或废品从某道工序向外界输出时，流程的元素 M 资源效率等于各工序的元素 M 资源效率的乘积。

例 4：副产品或废品在工序内部返回、重新处理

以图 6-1 中的工序 3 为例，说明这种情况下的 M 流对流程的元素 M 资源效率的影响。副产品或废品 β（$\beta<1.0$）t，返回到本工序入口端，重新处理，如图 6-5 所示。由图可见，工序 3 的产量应仍保持原来的数量 1.0t，其他各道工序的产量仍为 1.0t。这样，流程的元素 M 资源效率

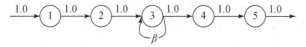

图 6-5 例 4 的元素 M 流图

$$r = \frac{1.0}{1.0} = r_0$$

由此可见，工序内部副产品或废品的返回量多少，对流程的元素 M 资源效率没有影响。

各工序的元素 M 资源效率相乘，得

$$r_1 \times r_2 \times r_3 \times r_4 \times r_5 = \frac{1.0}{1.0} \times \frac{1.0}{1.0} \times \frac{1.0}{1.0} \times \frac{1.0}{1.0} \times \frac{1.0}{1.0} = 1.0 = r$$

可见，当副产品或废品在工序内部返回、重新处理时，流程的元素 M 资源效率等于各工序的元素 M 资源效率的乘积。

例 5：下游工序的副产品或废品返回上游工序，重新处理

以图 6-1 中的工序 4 为例，说明这种情况下的 M 流及其对流程的元素 M 资源效率的影响，如图 6-6 所示。由图可见，工序 4 的副产品或废品返回到上游工序 2，重新处理。工序 4 的产量仍保持原来的数量 1.0t；但与此同时，工序 4 的副产品或废品量为 β（$\beta<1.0$）t，它返回工序 2 重新处理。故工序 2、工序 3 的产量将增至（$1.0+\beta$）t。工序 1 的输入量和输出量仍为 1.0t。这样，流程的元素 M 资源效率

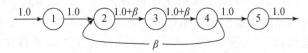

图 6-6　例 5 的元素 M 流图

$$r = \frac{1.0}{1.0} = r_0$$

可见，下游工序的副产品或废品返回上游工序时，对流程的元素 M 资源效率没有影响。

各工序的元素 M 资源效率相乘，得

$$r_1 \times r_2 \times r_3 \times r_4 \times r_5 = \frac{1.0}{1.0} \times \frac{1.0+\beta}{1.0} \times \frac{1.0+\beta}{1.0+\beta} \times \frac{1.0}{1.0+\beta} \times \frac{1.0}{1.0} = 1.0 = r$$

可见，副产品或废品由下游工序返回上游工序，重新处理，只对相关工序的元素 M 资源效率产生影响，对流程的元素 M 资源效率没有影响，并且流程的元素 M 资源效率仍等于各工序的元素 M 资源效率的乘积。

例 6：工序之间有多股 M 流返回，重新处理

这种情况的 M 流，如图 6-7 所示。由图可见，共有三股 M 流返回，重新处理。β_2、β_3 分别由下游工序 3、工序 4 返回工序 2，重新处理；β_1 在工序 3 内部返回入口端，重新处理。工序 4、工序 5 的产量仍为 1.0t。工序 3 的产量增至（$1.0+\beta_3$）t，工序 2 的产量增至（$1.0+\beta_2+\beta_3$）t。工序 1 的输入和输出量应仍为 1.0t。

所以流程的元素 M 资源效率为

$$r = \frac{1.0}{1.0} = r_0$$

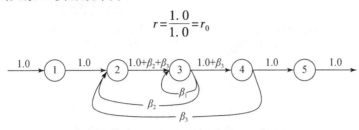

图 6-7　例 6 的元素 M 流图

由此可见，工序之间有多股 M 流返回，重新处理时，对流程的元素 M 资源效率没有影响。

各工序的元素 M 资源效率相乘，得

$$r_1 \times r_2 \times r_3 \times r_4 \times r_5 = \frac{1.0}{1.0} \times \frac{1.0 + \beta_2 + \beta_3}{1.0} \times \frac{1.0 + \beta_3}{1.0 + \beta_2 + \beta_3} \times \frac{1.0}{1.0 + \beta_3} \times \frac{1.0}{1.0} = 1.0 = r$$

由此可见，工序之间有多股 M 流返回，重新处理，只对相关工序的元素 M 资源效率有影响，而对流程的元素 M 资源效率没有影响，并且流程的元素 M 资源效率仍等于各工序的元素 M 资源效率的乘积。

因为流程内 M 循环流（如 β）和输入 M 流对流程的元素 M 环境效率没有影响，只有各工序的输出 M 流对流程的元素 M 环境效率有影响，且 M 流的输出量越大，流程的元素 M 环境效率越低。所以，本节将不分析生产流程中 M 流对流程的元素 M 环境效率的影响。

6.4　生产流程的元素 M 流图

实际生产流程的元素 M 流图不像基准元素 M 流图那么简单，也不像 6.3 节所举各个典型例子那么简单。实际上各道工序都可能发生偏离基准元素 M 流图的现象，而且在同一道工序还可能存在若干种现象，甚至同一种现象可包括几股不同的元素 M 流。因此，在实际生产过程中，含元素 M 物料的流动情况十分复杂，任何一道生产工序 i 都可能发生如图 6-8 所示的情况。

1）第 $i-1$ 道工序产品作为原料输入第 i 道工序，其元素 M 重量为 P_{i-1}，t/t 产品。

2）作为原料从外界向第 i 道输入的物料，其元素 M 重量为 a_i，t/t 产品。

3）第 i 道工序向外界排放的废物或污染物，其元素 M 重量为 Q_i，t/t 产品。

4）第 i 道工序生产的不合格产品或废品，又作为原料返回到本道工序或上游工序，其元素 M 重量为 β_i（$\beta_i = \beta_{i,i} + \beta_{i,m}$），（$m = 1, 2, \cdots, i-1$），t/t 产品。

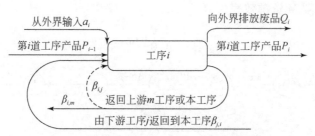

图6-8　元素 M 流在第 i 道工序的流动情况

其中，$\beta_{i,i}$ 为返回到本工序的物料所含元素 M 重量，$\beta_{i,m}$ 为由本工序返回到上游第 m 道工序的物料所含元素 M 重量。

5）下游第 j 道工序生产的不合格品或废品，作为原料返回到第 i 道工序，其元素 M 重量为 $\beta_{j,i}$（$j=i+1$，$i+2$，$\cdots$，n），t/t 产品。

6）第 i 道工序供给第 $i+1$ 道工序的合格产品，其元素 M 重量为 P_i，t/t 产品。

根据元素 M 平衡有

$$P_{i-1}+\alpha_i+\beta_{i,i}+\beta_{j,i}=P_i+Q_i+\beta_{i,i}+\beta_{i,m}$$

总的来说，在生产流程中，有一股从第一道工序一直贯穿到最后一道工序的主元素 M 流。很明显，在各相邻两工序之间这股元素 M 流的流量并不相同。

在主元素 M 流之外，还有三种不同类型的元素 M 流。第一类元素 M 流（或称 α 流），包括各道工序从流程以外输入的各种含元素 M 物料的各股元素 M 流；第二类元素 M 流（或称 β 流），包括从各道工序输出后又返回本工序重新处理的元素 M 流、由各道工序输出后返回其上游重新处理的元素 M 流，以及由下游返回到上游各工序的各股元素 M 流；第三类元素 M 流（或称 Q 流），包括各工序向外界输出后不再返回本流程的各股元素 M 流。

主元素 M 流与 α、β、Q 三类元素 M 流之间，在数量上密切相关。所以，为了正确地绘制生产流程的实际元素 M 流图，不仅要分析清楚每一股 α、β、Q 流，而且要弄清楚它们与主元素 M 流之间的相互关系。对每道工序而言，元素 M 重量的收支平衡，是必须遵守的原则。

6.5　流程的元素 M 资源效率与工序的元素 M 资源效率关系的分析

生产流程是由性质、功能不同的诸多工序所构成的系统[101]。在这一系统中，M 流将各工序紧密连接在一起，完成从资源到产品的生产加工。在产品生产过中，各工序按产品生产要求而分担不同的生产任务，使得各工序的生产工艺和设备不同，且投入各工序单位 M 资源量的产出量（合格产品 M 量）也大相径庭，即各工序的元素 M 资源效率亦不相同。而且随生产条件变化，工序的元素 M 资源效率亦发生变化。即使同一工序，由于各自生产技术和装备水平的差异，它们的元素 M 资源效率也不相同。这样，工序的元素 M 资源效率的这种差异和变化，势必对流程的元素 M 资源效率产生影响。因此，本节将以生产流程的元素 M 流图为基础，分析实际生产流程的元素 M 资源效率与工序的元素 M 资源效率的关系，推导它们之间的关系式。

6.5.1　流程内中间工序无外界工序的 M 资源输入

图 6-9 是中间工序无外界 M 资源输入的生产流程的元素 M 流图。图中每个圆圈分别代表 1 个工序，圆圈内的号码分别代表由上游至下游的 5 道不同的生产工序。箭头表示元素 M 的流向，在箭头的上方标明了元素 M 的重量，在圆圈的上方标明了各工序的元素 M 资源效率。β_1 表示工序内部循环量；β_2、β_3 表示工序之间循环量。由 6.3 节分析知，对图 6-9 所示生产流程，它的元素 M 资源效率等于各工序的元素 M 资源效率的乘积，即

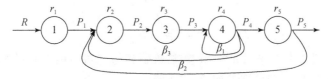

图 6-9　生产流程的元素 M 流图

$$r = r_1 \times r_2 \times r_3 \times r_4 \times r_5 \qquad (6\text{-}5)$$

式中，$r = \dfrac{P_5}{R}$，其中，$r_1 = \dfrac{P_1}{R}$，$r_2 = \dfrac{P_2}{P_1}$，$r_3 = \dfrac{P_3}{P_2}$，$r_4 = \dfrac{P_4}{P_3}$，$r_5 = \dfrac{P_5}{P_4}$。

6.5.2　流程内中间工序有外界工序的 M 资源输入

通常，在实际生产过程中，向流程内工序输入的 M 资源种类较多，它们不仅有流程内上道工序输入下道工序的 M 资源，还有流程外各个工序输入流程内某中间工序的 M 资源。下面将重点讨论由流程外多个工序向其内某中间工序输入 M 资源时，流程的元素 M 资源效率与工序的元素 M 资源效率的关系，并推导它们之间的关系式。

例7：中间工序有外界一个工序的 M 资源输入

以图 6-9 中的工序 2 为例，设有外界 1 个工序向它输入 M 资源，如图 6-10 所示。图中 M 资源 R_{11} 经流程内工序 1 加工后向工序 2 输入原料 P_{11}；另外 1 种 M 资源 R_{12} 是经流程外工序 12 加工后向工序 2 输入原料 P_{12}。与 2 个工序对应的元素 M 资源效率分别为 r_{11} 和 r_{12}。

由图 6-10 可见，相对于工序 2 来讲，可把流程外工序与流程内工序 1 重新组合，构成 1 个新工序 1。把这 2 个工序的元素 M 资源效率进行加权平均，可求得新工序 1 的元素 M 资源效率。由图 6-10 可知，这 2 个工序的产品量分别为 P_{11} 和 P_{12}，则它们的权重分别为

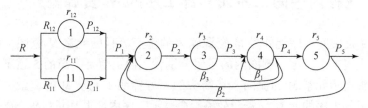

图 6-10　例7 的元素 M 流图

$$w_{11} = \frac{P_{11}}{P_{11}+P_{12}}$$

$$w_{12} = \frac{P_{12}}{P_{11}+P_{12}}$$

分别把上述 2 个工序的元素 M 资源效率和与之对应的权重的积相加，可得新工序 1 的元素 M 资源效率，即

$$r_1 = w_{11} \times r_{11} + w_{12} \times r_{12} = \sum_{j=1}^{2} (w_{1j}r_{1j}) \tag{6-6}$$

把式（6-6）代入式（6-5），可得到图 6-10 所示流程的元素 M 资源效率与工序的元素 M 资源效率的关系式，即

$$r = r_1 \times r_2 \times r_3 \times r_4 \times r_5$$
$$= \sum_{j=1}^{2} (w_{1j}r_{1j}) \times r_2 \times r_3 \times r_4 \times r_5 \tag{6-7}$$

例8：中间一个工序有 n 个工序的 M 资源输入

以图 6-9 中的工序 2 为例，设有 n 个工序向它输入 M 资源，如图 6-11 所示。图中 M 资源 R_{11} 经流程内工序 11 加工后向工序 2 输入原料 P_{11}；另外 $n-1$ 种 M 资源 R_{12}、R_{13}、$\cdots$、R_{1n} 分别经流程外 $n-1$ 个工序加工后向流程内工序 2 输入原料 P_{12}、P_{13}、$\cdots$、P_{1n}。与各工序对应的元素 M 资源效率分别为 r_{11}、r_{12}、$\cdots$、r_{1n}。

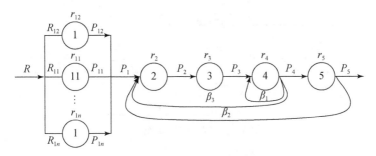

图 6-11　例 8 的元素 M 流图

由图 6-11 可见，相对于工序 2 来讲，同样可把流程外 $n-1$ 个工序与流程内工序 1 重新组合，构成 1 个新工序 1。把这 n 个工序的元素 M 资源效率进行加权平均，可求得新工序 1 的元素 M 资源效率。由图 6-11 可知，这 n 个工序的产品量分别为 P_{11}、P_{12}、$\cdots$、P_{1n}，则它们的权重为

$$w_{1j} = \frac{P_{1j}}{\sum\limits_{j=1}^{n} P_{1j}} \tag{6-8}$$

分别把上述 n 个工序的元素 M 资源效率和与之对应的权重的积相加，可得新工序 1 的元素 M 资源效率，即

$$r_1 = w_{11} \times r_{11} + w_{12} \times r_{12} + \cdots + w_{1n} \times r_{1n}$$
$$= \sum_{j=1}^{n} (w_{1j} \times r_{1j}) \tag{6-9}$$

把式（6-9）代入式（6-5），可得到图 6-11 所示流程的元素 M 资源效率与工序的元素 M 资源效率的关系式，即

$$r = \sum_{j=1}^{n} (w_{1j} \times r_{1j}) \times r_2 \times r_3 \times r_4 \times r_5 \tag{6-10}$$

例 9：中间两个相邻工序有外界工序的 M 资源输入

以图 6-9 中的工序 2 和工序 3 两个相邻工序为例，设有外界 2 个工序分别向它们输入 M 资源，如图 6-12 所示。图中 M 资源 R_{12} 由外界工序 12 加工后向工序 21 输入原料 P_{12}；M 资源 R_{22} 由外界工序 22 加工后向工序 3 输入原料 P_{22}。与两工序对应的元素 M 资源效率分别为 r_{12} 和 r_{22}。

由图可见，工序 1 的元素 M 资源效率同例 7，在此不再重复推导。下面计算工序 2 的元素 M 资源效率。设产品 P_{21} 和 P_{22} 的权重分别为 w_{21} 和 w_{22}；各生产工序的元素 M 资源效率分别为 r_{21} 和 r_{22}。由图 6-12 可见，相对于工序 22 来讲，可把工序 1 到工序 21 这段称为新工序 21，则新工序 21 的元素 M 资源效率为

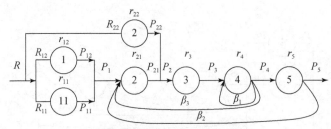

图 6-12　例 9 的元素 M 流图

$$r'_{21} = r_1 \times r_{21} = \sum_{j=1}^{2} (w_{1j} \times r_{1j}) \times r_{21} \qquad (6\text{-}11)$$

把新工序 21 与工序 22 的元素 M 资源效率进行加权平均，可得工序 1 到工序 2 这段流程的元素 M 资源效率

$$r' = w_{21} \times r'_{21} + w_{22} \times r_{22} \qquad (6\text{-}12)$$

把式（6-11）代入式（6-12）后得

$$r' = w_{21} \times \sum_{j=1}^{2} (w_{1j} \times r_{1j}) \times r_{21} + w_{22} \times r_{22} \qquad (6\text{-}13)$$

式中，$r_{21} = \dfrac{P_{21}}{P_1} = \dfrac{P_{21}}{P_{11} + P_{12}}$，$r_{22} = \dfrac{P_{22}}{R_{22}}$。

式（6-13）表示了工序 1 到工序 2 这段流程的元素 M 资源效率与工序的元素 M 资源效率的关系，那么图 6-12 所示流程的元素 M 资源效率与工序的元素 M 资源效率的关系式为

$$r = \left[\sum_{j=1}^{2} (w_{1j} \times r_{1j}) \times w_{21} \times r_{21} + w_{22} \times r_{22} \right] \times r_3 \times r_4 \times r_5 \qquad (6\text{-}14)$$

例 10：中间两个不相邻工序有外界工序的 M 资源输入

以图 6-9 中的工序 2 和工序 4 两个不相邻工序为例，设有外界 2 个工序分别向它们输入 M 资源，如图 6-13 所示。图中 M 资源 R_{12} 由外界工序 12 加工后向工序 2 输入原料 P_{12}；M 资源 R_{32} 由外界工序 32 加工后向工序 4 输入原料 P_{32}。与两工序对应的元素 M 资源效率分别为 r_{12} 和 r_{32}。

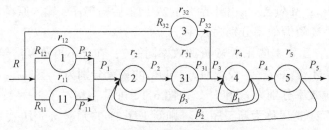

图 6-13　例 10 的元素 M 流图

由图 6-13 可见，工序 1 的元素 M 资源效率同例 7，在此不再重复推倒。下面计算工序 3 的元素 M 资源效率。设产品 P_{31} 和 P_{32} 的权重分别为 w_{31} 和 w_{32}；各生产工序的元素 M 资源效率分别为 r_{31} 和 r_{32}。由图 6-13 可见，相对于工序 32 来讲，可把工序 1 到工序 31 这段称为新工序 31，则新工序 31 的元素 M 资源效率为

$$r'_{31} = \sum_{j=1}^{2} (w_{1j} \times r_{1j}) \times r_2 \times r_{31} \tag{6-15}$$

把新工序 31 与工序 32 的元素 M 资源效率进行加权平均，可得工序 1 到工序 3 这段流程的元素 M 资源效率

$$r' = w_{31} \times r'_{31} + w_{32} \times r_{32} \tag{6-16}$$

把式 (6-15) 代入式 (6-16) 后得

$$r' = w_{31} \times \sum_{j=1}^{2} (w_{1j} \times r_{1j}) \times r_2 \times r_{31} + w_{32} \times r_{32} \tag{6-17}$$

式中，$r_{31} = \dfrac{P_{31}}{P_2}$，$r_{32} = \dfrac{P_{32}}{R_{32}}$。

式 (6-17) 表示了工序 1 到工序 3 这段流程的元素 M 资源效率与工序的元素 M 资源效率的关系，那么图 6-13 所示流程的元素 M 资源效率与工序的元素 M 资源效率的关系式为

$$r = \left[\sum_{j=1}^{2} (w_{1j} \times r_{1j}) \times w_{31} \times r_2 \times r_{31} + w_{32} \times r_{32} \right] \times r_4 \times r_5 \tag{6-18}$$

6.5.3 流程的元素 M 资源效率与工序的元素 M 资源效率的关系式

同理，对流程内其他各道工序有外界工序输入 M 资源的实际生产情况，可比照上述方法，推导出流程的元素 M 资源效率与工序的元素 M 资源效率的关系式，即

$$r = \left(\left\{ \left[\sum_{j=1}^{n} (w_{1j} \times r_{1j}) \times w_{21} \times r_{21} + \sum_{j=2}^{n} (w_{2j} \times r_{2j}) \right] \times w_{31} \times r_{31} + \sum_{j=2}^{n} (w_{3j} \times r_{3j}) \right\} \right.$$
$$\left. \times w_{41} \times r_{41} + \sum_{j=2}^{n} (w_{4j} \times r_{4j}) \right) \times r_5 \tag{6-19}$$

式中，w_{ij}——由第 j 道工序向流程内第 i 道工序输入的 M 资源权重；

r_{ij}——向流程内第 i 道工序输入 M 资源的第 j 道工序的元素 M 资源效率，t/t；

i——流程内第 i 道工序序号，$i=1, 2, \cdots, 5$；

j——向流程内第 i 道工序输入 M 资源的第 j 道工序序号，$j=1, 2, \cdots, n$。

可见，实际生产流程的元素 M 资源效率等于中间各工序的元素 M 资源效率

加权平均的积。

6.6 流程的元素 M 环境效率与工序的元素 M 环境效率关系的分析

6.6.1 流程内中间工序无外界工序的 M 资源输入

图 6-14 是中间工序无外界 M 资源输入的生产流程的元素 M 流图。图中每个圆圈分别代表 1 个工序，圆圈内的号码分别代表由上游至下游的 5 道不同的生产工序。箭头表示元素 M 的流向，在箭头的上方标明了元素 M 的重量，在圆圈的上方标明了各工序的元素 M 环境效率。Q_1、Q_2、$\cdots$、Q_5 表示各工序的排放物 M 量。β_1 表示工序内部循环量；β_2、β_3 表示工序之间循环量。由图可见，工序 1 的产品量为 P_1，排放量为 Q_1。把 P_1 和 Q_1 代入式（6-4），可得工序 1 的元素 M 环境效率，即

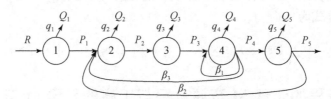

图 6-14　生产流程的元素 M 流图

$$q_1 = \frac{P_1}{Q_1}$$

对图 6-14 中的工序 2 来讲，它的产品量为 P_2，排放量为 Q_2。把 P_2 和 Q_2 代入式（6-4），可得工序 2 的元素 M 环境效率，即

$$q_2 = \frac{P_2}{Q_2}$$

按图 6-14 所示，依次可求出工序 3 ~ 工序 5 的元素 M 环境效率，即

$$q_3 = \frac{P_3}{Q_3}, \quad q_4 = \frac{P_4}{Q_4}, \quad q_5 = \frac{P_5}{Q_5}$$

由图 6-14 可见，该生产流程总的排放量为 5 道生产工序排放量的和，即

$$Q = Q_1 + Q_2 + Q_3 + Q_4 + Q_5 \tag{6-20}$$

把该流程生产的最终合格产品量 P_5 和流程的总排放量 Q 代入式（6-3），可得该生产流程的元素 M 环境效率，即

$$q = \frac{P_5}{Q}$$

$$= \frac{P_5}{Q_1 + Q_2 + \cdots + Q_5} \tag{6-21}$$

对式（6-21）进行数学变换，可得

$$q = \frac{1}{\dfrac{Q_1}{P_5} + \dfrac{Q_2}{P_5} + \cdots + \dfrac{Q_5}{P_5}}$$

$$= \frac{1}{\dfrac{1}{P_1} \times \dfrac{P_1}{P_5} + \dfrac{1}{P_2} \times \dfrac{P_2}{P_5} + \cdots + \dfrac{1}{P_5} \times \dfrac{P_5}{P_5}}{Q_1} \tag{6-22}$$

令

$$p_1 = \frac{P_1}{P_5}, p_2 = \frac{P_2}{P_5}, p_3 = \frac{P_3}{P_5}, p_4 = \frac{P_4}{P_5}, p_5 = \frac{P_5}{P_5} = 1 \tag{6-23}$$

将式（6-23）代入式（6-22），可得

$$q = \frac{1}{\dfrac{1}{q_1} \times p_1 + \dfrac{1}{q_2} \times p_2 + \cdots + \dfrac{1}{q_5} \times p_5}$$

将上式整理，可得该流程的元素 M 环境效率与工序的元素 M 环境效率的关系式，即

$$q = \frac{1}{\displaystyle\sum_{i=1}^{5} \left(\frac{1}{q_i} \times p_i \right)} \tag{6-24}$$

式中，q——流程的元素 M 环境效率，t/t；

q_i——流程内第 i 道工序的元素 M 环境效率，t/t，$i = 1, 2, \cdots, 5$；

p_i——第 i 道工序的材比系数，它等于第 i 道工序生产的合格产品 M 量除以该流程最终合格产品 M 量，t/t，$i = 1, 2, \cdots, 5$。

可见，该流程的元素 M 环境效率等于材比系数与工序的元素 M 环境效率比值的和的倒数。

6.6.2 流程内中间工序有外界工序的 M 资源输入

下面将重点讨论实际生产过程中由流程外多个工序向其内某中间工序输入 M 资源时，流程的元素 M 环境效率与工序的元素 M 环境效率的关系，并推导它们之间的关系式。

例 11：中间工序有外界一个工序的 M 资源输入

以图 6-14 中的工序 2 为例，设有外界 1 个工序向它输入 M 资源，如图 6-15 所示。图中 Q_{11} 为流程内工序 11 生产产品 P_{11} 时的排放量；Q_{12} 为流程外工序 12 生产产品 P_{12} 时的排放量。与 2 个工序对应的元素 M 环境效率分别为 q_{11} 和 q_{12}。

由图 6-15 可见，相对于工序 2 来讲，可把流程外工序 12 与流程内工序 11 重新组合，构成 1 个新工序 1。新工序 1 的产品量为 $P_{11}+P_{12}$，排放量为 $Q_{11}+Q_{12}$，把它们代入式（6-4），可得新工序 1 的元素 M 环境效率，即

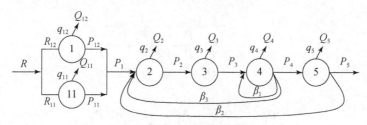

图 6-15 例 11 的元素 M 流图

$$q_1 = \frac{P_{11}+P_{12}}{Q_{11}+Q_{12}}$$

对上式进行数学变换，可得

$$q_1 = \frac{\displaystyle\sum_{j=1}^{2} P_{1j}}{\dfrac{1}{\dfrac{P_{11}}{Q_{11}}} \times P_{11} + \dfrac{1}{\dfrac{P_{12}}{Q_{12}}} \times P_{12}}$$

$$= \frac{1}{\dfrac{1}{q_{11}} \times \dfrac{P_{11}}{\displaystyle\sum_{j=1}^{2} P_{1j}} + \dfrac{1}{q_{12}} \times \dfrac{P_{12}}{\displaystyle\sum_{j=1}^{2} P_{1j}}}$$

令 $w_{11}=\dfrac{P_{11}}{P_{11}+P_{12}}$，$w_{12}=\dfrac{P_{12}}{P_{11}+P_{12}}$，则上式可变为

$$q_1 = \frac{1}{\dfrac{1}{q_{11}} \times w_{11} + \dfrac{1}{q_{12}} \times w_{12}}$$

$$= \frac{1}{\displaystyle\sum_{j=1}^{2} \left(\dfrac{w_{1j}}{q_{1j}}\right)} \tag{6-25}$$

式中，w_{1j}——权重，$j=1$，2。

可见，新工序 1 的元素 M 环境效率等于组成该工序的各工序权重与工序的元素 M 环境效率比值的和的倒数。

把式（6-25）代入式（6-24），可得图 6-15 所示流程的元素 M 环境效率与工序的元素 M 环境效率的关系式，即

$$q = \cfrac{1}{\cfrac{1}{\displaystyle\sum_{j=1}^{2}\left(\cfrac{w_{1j}}{q_{1j}}\right)} \times p_1 + \cfrac{1}{q_2} \times p_2 + \cdots + \cfrac{1}{q_5} \times p_5}$$

$$= \cfrac{1}{\displaystyle\sum_{j=1}^{2}\left(\cfrac{w_{1j}}{q_{1j}}\right) \times p_1 + \sum_{i=2}^{5}\left(\cfrac{1}{q_i} \times p_i\right)} \tag{6-26}$$

例 12：中间一个工序有 n 个工序的 M 资源输入

以图 6-14 中的工序 2 为例，设有 n 个工序向它输入 M 资源，如图 6-16 所示。图中 Q_{11} 为流程内工序 11 生产产品 P_{11} 时的排放量；Q_{12}、Q_{13}、$\cdots$、Q_{1n} 为流程外 $n-1$ 个工序生产产品 P_{12}、P_{13}、$\cdots$、P_{1n} 时的排放量。与各工序对应的元素 M 环境效率分别为 q_{11}、q_{12}、$\cdots$、q_{1n}。

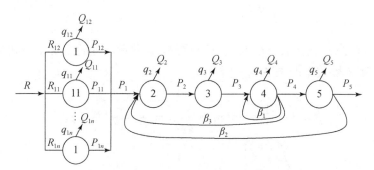

图 6-16　例 12 的元素 M 流图

由图可见，相对于工序 2 来讲，同样可把流程外 $n-1$ 个工序与流程内工序 11 重新组合，构成 1 个新工序 1。新工序 1 的产品量为 $P_{11}+P_{12}+\cdots+P_{1n}$，排放量为 $Q_{11}+Q_{12}+\cdots+Q_{1n}$，把它们代入式（6-4），可得新工序 1 的元素 M 环境效率，即

$$q_1 = \frac{P_{11}+P_{12}+\cdots+P_{1n}}{Q_{11}+Q_{12}+\cdots+Q_{1n}}$$

对上式进行数学变换，可得

$$q_1 = \frac{\sum\limits_{j=1}^{n} P_{1j}}{\dfrac{1}{\dfrac{P_{11}}{Q_{11}}} \times P_{11} + \dfrac{1}{\dfrac{P_{12}}{Q_{12}}} \times P_{12} + \cdots + \dfrac{1}{\dfrac{P_{1n}}{Q_{1n}}} \times P_{1n}}$$

$$= \frac{1}{\dfrac{1}{q_{11}} \times \dfrac{P_{11}}{\sum\limits_{j=1}^{2} P_{1j}} + \dfrac{1}{q_{12}} \times \dfrac{P_{12}}{\sum\limits_{j=1}^{2} P_{1j}} + \cdots + \dfrac{1}{q_{1n}} \times \dfrac{P_{1n}}{\sum\limits_{j=1}^{n} P_{1j}}}$$

令

$$w_{1j} = \frac{P_{1j}}{\sum\limits_{j=1}^{n} P_{1j}} \tag{6-27}$$

把式（6-27）代入上式，可得

$$q_1 = \frac{1}{\dfrac{1}{q_{11}} \times w_{11} + \dfrac{1}{q_{12}} \times w_{12} + \cdots + \dfrac{1}{q_{1n}} \times w_{1n}}$$

$$= \frac{1}{\sum\limits_{j=1}^{n} \left(\dfrac{w_{1j}}{q_{1j}} \right)} \tag{6-28}$$

把式（6-28）代入式（6-24），可得图 6-16 所示流程的元素 M 环境效率与工序的元素 M 环境效率的关系式，即

$$q = \frac{1}{\dfrac{1}{\sum\limits_{j=1}^{n} \left(\dfrac{w_{1j}}{q_{1j}} \right)} \times p_1 + \dfrac{1}{q_2} \times p_2 + \cdots + \dfrac{1}{q_5} \times p_5}$$

$$= \frac{1}{\sum\limits_{j=1}^{n} \left(\dfrac{w_{1j}}{q_{1j}} \right) \times p_1 + \sum\limits_{i=2}^{5} \left(\dfrac{1}{q_i} \times p_i \right)} \tag{6-29}$$

例 13：中间两个相邻工序有外界工序的 M 资源输入

以图 6-14 中的工序 2 和工序 3 两个相邻工序为例，设有外界 2 个工序分别向它们输入 M 资源，如图 6-17 所示。图中 Q_{12} 为流程外工序 12 生产产品 P_{12} 时的排放量；Q_{22} 为流程外工序 22 生产产品 P_{22} 时的排放量。与两工序对应的元素 M 环境效率分别为 q_{12} 和 q_{22}。

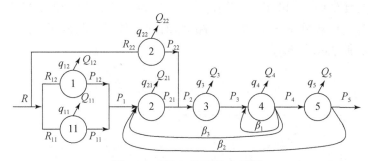

图 6-17　例 13 的元素 M 流图

由图可见，新工序 1 的元素 M 环境效率同例 11，在此不再重复推导。下面计算工序 2 的元素 M 环境效率。设 P_{21} 和 P_{22} 的权重分别为 w_{21} 和 w_{22}；各生产工序的元素 M 环境效率分别为 q_{21} 和 q_{22}，参照例 11 的推导方法，可得工序 2 的元素 M 环境效率

$$
\begin{aligned}
q_2 &= \cfrac{1}{\cfrac{1}{q_{21}} \times w_{21} + \cfrac{1}{q_{22}} \times w_{22}} \\
&= \cfrac{1}{\displaystyle\sum_{j=1}^{2}\left(\cfrac{w_{2j}}{q_{2j}}\right)}
\end{aligned}
\tag{6-30}
$$

式中，$q_{21} = \dfrac{P_{21}}{Q_{21}}$，$q_{22} = \dfrac{P_{22}}{Q_{22}}$

把式（6-25）和式（6-30）代入式（6-24），可得图 6-17 所示流程的元素 M 环境效率与工序的元素 M 环境效率的关系式，即

$$
\begin{aligned}
q &= \cfrac{1}{\cfrac{1}{\displaystyle\sum_{j=1}^{2}\left(\dfrac{w_{1j}}{q_{1j}}\right)} \times p_1 + \cfrac{1}{\displaystyle\sum_{j=1}^{2}\left(\dfrac{w_{2j}}{q_{2j}}\right)} \times p_2 + \dfrac{1}{q_3} \times p_3 + \cdots + \dfrac{1}{q_5} \times p_5} \\
&= \cfrac{1}{\displaystyle\sum_{j=1}^{2}\left(\dfrac{w_{1j}}{q_{1j}}\right) \times p_1 + \sum_{j=1}^{2}\left(\dfrac{w_{2j}}{q_{2j}}\right) \times p_2 + \sum_{i=3}^{5}\left(\dfrac{1}{q_i} \times p_i\right)} \\
&= \cfrac{1}{\displaystyle\sum_{i=1}^{2}\left[\sum_{j=1}^{2}\left(\dfrac{w_{ij}}{q_{ij}}\right) \times p_i\right] + \sum_{i=3}^{5}\left(\dfrac{1}{q_i} \times p_i\right)}
\end{aligned}
\tag{6-31}
$$

例 14：中间两个不相邻工序有外界工序的 M 资源输入

以图 6-14 中的工序 2 和工序 4 两个不相邻工序为例，设有外界 2 个工序分别

向它们输入 M 资源，如图 6-18 所示。图中 Q_{12} 为流程外工序 12 生产产品 P_{12} 时的排放量；Q_{32} 为流程外工序 32 生产产品 P_{32} 时的排放量。与两工序对应的元素 M 环境效率分别为 q_{12} 和 q_{32}。

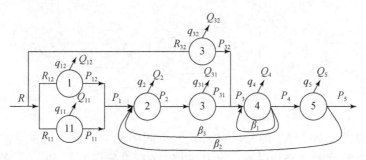

图 6-18　例 14 的元素 M 流图

由图可见，新工序 1 的元素 M 环境效率同例 11。下面计算新工序 3 的元素 M 环境效率。设 P_{31} 和 P_{32} 的权重分别为 w_{31} 和 w_{32}；各生产工序的元素 M 环境效率分别为 q_{31} 和 q_{32}，参照例 11 的推导方法，可得工序 3 的元素 M 环境效率

$$q_3 = \cfrac{1}{\cfrac{1}{q_{31}} \times w_{31} + \cfrac{1}{q_{32}} \times w_{32}}$$

$$= \cfrac{1}{\sum_{j=1}^{2} \left(\cfrac{w_{3j}}{q_{3j}} \right)} \tag{6-32}$$

式中，$q_{31} = \dfrac{P_{31}}{Q_{31}}$，$q_{32} = \dfrac{P_{32}}{Q_{32}}$。

把式（6-25）和式（6-32）代入式（6-24），可得图 2.18 所示流程的元素 M 环境效率与工序的元素 M 环境效率的关系式，即

$$q = \cfrac{1}{\cfrac{1}{\sum\limits_{j=1}^{2}\left(\frac{w_{1j}}{q_{1j}}\right)} \times p_1 + \cfrac{1}{q_2} \times p_2 + \cfrac{1}{\sum\limits_{j=1}^{2}\left(\frac{w_{3j}}{q_{3j}}\right)} \times p_3 + \cfrac{1}{q_4} \times p_4 + \cfrac{1}{q_5} \times p_5}$$

$$= \cfrac{1}{\sum\limits_{j=1}^{2}\left(\dfrac{w_{1j}}{q_{1j}}\right) \times p_1 + \dfrac{1}{q_2} \times p_2 + \sum\limits_{j=1}^{2}\left(\dfrac{w_{3j}}{q_{3j}}\right) \times p_3 + \dfrac{1}{q_4} \times p_4 + \dfrac{1}{q_5} \times p_5} \tag{6-33}$$

6.6.3 流程的元素 M 环境效率与工序的元素 M 环境效率的关系式

同理, 对流程内其他各道工序有外界工序输入 M 资源的实际生产情况, 可比照上述方法, 推导出流程的元素 M 环境效率与工序的元素 M 环境效率的关系式, 即

$$
\begin{aligned}
q &= \cfrac{1}{\displaystyle\sum_{j=1}^{n}\left(\frac{w_{1j}}{q_{1j}}\right)\times p_1 + \sum_{j=1}^{n}\left(\frac{w_{2j}}{q_{2j}}\right)\times p_2 + \cdots + \sum_{j=1}^{n}\left(\frac{w_{5j}}{q_{5j}}\right)\times p_5} \\
&= \cfrac{1}{\displaystyle\sum_{i=1}^{5}\left[\sum_{j=1}^{n}\left(\frac{w_{ij}}{q_{ij}}\right)\times p_i\right]}
\end{aligned}
\tag{6-34}
$$

式中, w_{ij}——由第 j 道工序向流程内第 i 道工序输入的 M 资源的权重;

q_{ij}——向流程内第 i 道工序输入 M 资源的第 j 道工序的元素 M 环境效率, t/t;

i——流程内第 i 道工序序号, $i=1, 2, \cdots, 5$;

j——向流程内第 i 道工序输入 M 资源的第 j 道工序序号, $j=1, 2, \cdots, n$。

可见, 流程的元素 M 环境效率值等于工序权重与工序的元素 M 环境效率比值的和与材比系数积的和的倒数。

由式 (6-34) 可见, 流程的元素 M 环境效率随工序的元素 M 环境效率的增加而增加; 流程的元素 M 环境效率随材比系数的增加而降低。值得注意的是, 材比系数对流程的元素 M 环境效率的影响程度受工序权重与工序的元素 M 环境效率比值的影响, 当工序权重与工序的元素 M 环境效率比值的和较大时, 材比系数对流程的元素 M 环境效率的影响也大。可见, 流程的元素 M 环境效率与工序的元素 M 环境效率之间的关系很复杂。

将式 (6-34) 展开, 可得

$$
\begin{aligned}
q &= \cfrac{1}{\displaystyle\sum_{i=1}^{5}\left(\sum_{j=1}^{n}\left(\frac{1}{\frac{P_{ij}}{Q_{ij}}}\times\frac{P_{ij}}{\sum_{j=1}^{n}P_{ij}}\right)\times\frac{\sum_{j=1}^{n}P_{ij}}{P_5}\right)} \\
&= \cfrac{1}{\displaystyle\sum_{i=1}^{5}\left(\frac{\sum_{j=1}^{n}Q_{ij}}{\sum_{j=1}^{n}P_{ij}}\times\frac{\sum_{j=1}^{n}P_{ij}}{P_5}\right)}
\end{aligned}
$$

$$= \frac{P_5}{\sum\limits_{i=1}^{5} \left(\sum\limits_{j=1}^{n} Q_{ij} \right)}$$

$$= \frac{P_5}{Q_1 + Q_2 + \cdots + Q_5}$$

$$= \frac{P_5}{Q} \tag{6-35}$$

式中，$Q_i = \sum\limits_{j=1}^{n} Q_{ij}$，其中，$i = 1, 2, \cdots, 5$；$j = 1, 2, \cdots, n$。

由式（6-35）可见，式（6-34）经化简整理后等于流程最终合格产品 M 量除以该流程向外排放的总污染物 M 量，证明式（6-34）所表示的流程的元素 M 环境效率与工序的元素 M 环境效率之间的关系式是正确的。

6.7 流程的元素 M 资源效率与流程的元素 M 环境效率关系的分析

流程的元素 M 资源效率和流程的元素 M 环境效率是衡量生产过程中 M 资源利用效率和环境状况的两项重要指标，因此，弄清它们之间的关系非常重要。

在生产过程中，由外界向其输入的含元素 M 的资源主要有两种：一种是天然 M 资源 R；另一种是回收 M 资源 F。它们经生产流程内各工序的加工后，生产出合格产品 P。与此同时，流程内各工序在生产过程中，将向外界排放各种废品和污染物，其排放总量为 Q，见图 6-19。由质量守恒定律可知，输入流程的物料 M 量等于输出流程的物料 M 量，即

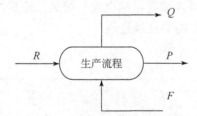

图 6-19 生产流程中含元素 M 物料的输入输出

$$R + F = P + Q \tag{6-36}$$

将式（6-36）左右两边分别除以产品量 P 可得

$$\frac{R}{P} + \frac{F}{P} = \frac{P}{P} + \frac{Q}{P}$$

对上式进行数学变换，可得

$$\frac{1}{\frac{P}{R}}+\frac{F}{P}=1+\frac{1}{\frac{P}{Q}} \tag{6-37}$$

令 $S=\dfrac{F}{P}$，并称其为 S 指数。S 指数表示的是输入流程的回收资源量与该流程生产的最终产品量的比值，也可把它称为回收资源指数。例如，对钢铁生产流程来讲，S 指数一般被称为废钢指数；对铅生产流程来讲，S 指数一般被称为废铅指数。

由 6.1 节知，流程的元素 M 资源效率为

$$r=\frac{P}{R}$$

流程的元素 M 环境效率为

$$q=\frac{P}{Q}$$

把 r、q 和 S 代入式（6-37），可得流程的元素 M 资源效率与流程的元素 M 环境效率之间的关系式，即

$$\frac{1}{r}+S=1+\frac{1}{q} \tag{6-38}$$

可见，在生产过程中，流程的元素 M 资源效率与流程的元素 M 环境效率之间相互联系，相互影响。当 S 指数一定时，如果流程的元素 M 环境效率越高，那么流程的元素 M 资源效率也越高。

6.8　案例：钢铁生产流程中铁流的计算与分析

本节在生产流程的元素流分析的基础上，以某钢铁生产流程为例，计算流程和工序的铁资源效率与铁环境效率，分析铁流对流程铁资源效率的影响、工序铁资源效率对流程铁资源效率的影响及工序铁环境效率对流程铁环境效率的影响。讨论铁资源效率、铁环境效率和废钢指数三者之间的相互影响关系，分析典型钢铁生产流程的铁资源效率，以及电炉钢比对混合流程铁资源效率的影响。

6.8.1　基本概念

（1）铁资源效率

钢铁生产流程的铁资源效率[102]是指统计期内输入钢铁生产流程单位铁矿石等天然资源铁量所能生产的最终合格产品铁量。它等于最终合格产品铁量除以输入该流程铁矿石等天然资源铁量，即

$$r = \frac{P}{R} \tag{6-39}$$

式中，r——流程铁资源效率，t/t；

　　P——最终合格产品铁量，t；

　　R——为生产 P t 产品输入流程的铁矿石等天然资源铁量，t。

对流程内各工序来讲，工序铁资源效率等于统计期内该工序生产合格产品铁量除以输入该生产工序原料铁量，即

$$r_i = \frac{P_i}{P_{i-1}} \tag{6-40}$$

式中，r_i——第 i 道工序铁资源效率，t/t；

　　P_i——第 i 道工序生产的合格产品铁量，t；

　　P_{i-1}——第 i 道工序为生产 P_i t 合格产品铁量所输入的原料铁量，t，P_{i-1} 包括上道工序的铁量、由流程外输入该工序的铁矿石铁量或由铁矿石等加工后得到的原料铁量；工序内部或工序之间循环的铁量及回收资源铁量（如废钢）不计入内。

可见，铁资源效率是衡量钢铁生产过程中铁矿石等天然铁资源节约程度的重要指标。铁资源效率越高，铁矿石等天然铁资源越节省。

（2）铁环境效率

钢铁生产流程的铁环境效率是指统计期内与钢铁生产流程单位污染物排放铁量相对应的最终合格产品铁量。它等于最终合格产品铁量除以该流程排放的污染物铁量，即

$$q = \frac{P}{Q} \tag{6-41}$$

式中，q——流程铁环境效率，t/t；

　　P——最终合格产品铁量，t；

　　Q——流程在生产 P t 产品的过程中向外界环境排放的污染物铁量，t。

对流程内各工序来讲，工序铁环境效率等于统计期内该工序生产合格产品铁量除以该生产工序排放的污染物铁量，即

$$q_i = \frac{P_i}{Q_i} \tag{6-42}$$

式中，q_i——第 i 道工序铁环境效率，t/t；

　　P_i——第 i 道工序生产的合格产品铁量，t；

　　Q_i——第 i 道工序在生产 P_i t 合格产品铁量时向外界环境排放的污染物铁量，t，Q_i 包括该工序向外界输出的副产品、废品和其他污染物铁量。

可见，铁环境效率是衡量钢铁生产过程中污染物排放铁量多少及环境状况好

坏的重要指标。铁环境效率越高，污染物排放铁量越少，环境状况越好。

（3） 废钢指数

钢铁生产流程的废钢指数是指统计期内生产单位最终产品铁量所输入该流程的废钢铁量[103]。它等于输入流程的废钢铁量除以该流程最终合格产品铁量，即

$$S = \frac{F}{P} \tag{6-43}$$

式中，S——流程废钢指数，t/t；

P——最终合格产品铁量，t；

F——生产 P t 产品所输入流程的废钢铁量，t。

可见，废钢指数是流程废钢资源充足程度的重要判据，废钢指数越大，流程废钢资源越充足。

为行文方便，在以下的讨论中，各种物料量均指物料的铁量。

6.8.2　实际钢铁生产流程铁流图的绘制步骤

实际钢铁生产流程铁流图的绘制步骤如下：

1）以某钢厂的生产流程为基础，收集统计期内有关含铁物料数据，弄清各股含铁物流的来龙去脉。

2）将各股含铁物流的实物量乘以相应的铁含量，转换成为铁元素重量。

3）对各工序数据进行铁元素重量平衡校正，方法是用输入工序的铁元素重量减去输出工序的铁元素重量。不足部分记为生产损失，作为工序向外界输出的铁流；盈余部分可以记录下来，但它不参与铁流对铁资源效率影响的分析。

4）以吨材为基准，构建实际钢铁生产流程的铁流图。图中各股铁流的数值等于各工序铁元素重量除以流程最终合格钢材产品的铁元素重量。

5）绘制实际钢铁生产流程铁流图。首先按流程生产顺序标注各工序，然后用箭头标明各股铁流的流向，并在箭头上下方标明铁流的名称和铁量。

6.8.3　铁资源效率和铁环境效率的计算与分析

以某钢厂的生产流程为对象，计算流程铁资源效率与铁环境效率、工序铁资源效率与铁环境效率，并分析它们之间的关系。该流程主要由选矿、烧结、炼铁、炼钢和轧钢 5 道工序组成。

6.8.3.1　铁流图

按某钢厂 2002 年的平均生产数据绘制生产流程的铁流图，见图 6-20。

图 6-20 是以1.0t 合格钢材铁量为基准的实际铁流图。图中的箭头标明了各股铁流的方向，箭头的上下方分别标明了各股铁流的名称和铁量。编号 1、2、3、4、5 分别表示选矿、烧结、炼铁、炼钢、轧钢这 5 道生产工序。P_1、P_2 和 I_1 分别表示该流程以外球团矿（粉）和铁块的生产工序。

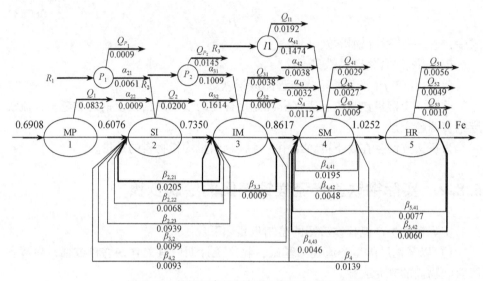

图 6-20　某钢厂高炉–转炉生产流程的铁流图

6.8.3.2　流程铁资源效率和工序铁资源效率的计算与分析

按图 6-20 可求得该流程生产 1.0t 合格钢材所需的铁资源量

R = 0.6908+0.0070+0.0009+0.1154+0.1614+0.1666+0.0032+0.0038

　　= 1.1491t

把铁资源量 R 和合格钢材量（1.0t）代入式（6-39），可求得该流程铁资源效率

$$r = \frac{1.0}{1.1491} \approx 0.87 \text{t/t} \tag{6-44}$$

下面以图 6-20 数据为基础，利用式（6-40）和式（6-8）求出该流程中各工序铁资源效率及所生产原料的权重，然后利用式（6-19）求出该流程的铁资源效率。

由图 6-20 可见，向烧结工序 2 输入的原料共三种，它们分别是铁精矿粉、球团矿粉和钒铁矿，重量分别为 0.6076t、0.0061t 和 0.0009t，三种原料的重量总和为 0.6146t。把它们分别代入式（6-8），可求得三种原料的权重，即

$$w_{11} = \frac{0.6076}{0.6146} = 0.9886$$

$$w_{12} = \frac{0.0061}{0.6146} = 0.0099$$

$$w_{13} = \frac{0.0009}{0.6146} = 0.0015$$

由图 6-20 可见，选矿工序生产 0.6076t 铁精矿粉，消耗 0.6908t 铁矿石。把它们代入式（6-40），可求得选矿工序铁资源效率

$$r_{11} = \frac{0.6076}{0.6908} \approx 0.8795\text{t/t}$$

同理，可求得球团矿生产工序铁资源效率

$$r_{12} = \frac{0.0061}{0.0070} \approx 0.8714\text{t/t}$$

因为钒铁矿未经选矿工序加工直接用于生产，所以钒铁矿生产工序的铁资源效率为 1.0t/t。

同理，可按上述方法，分别计算出输入炼铁、炼钢和轧钢工序的各种原料的权重，以及生产这些原料的各工序铁资源效率。计算结果见表 6-1。

表 6-1　各种含铁物料权重及其生产工序铁资源效率

工序	项目	权重	铁资源效率/(t/t)
工序 1	铁精矿粉 w_{11}，r_{11}	0.9886	0.8795
	球团矿粉（α_{21}）w_{12}，r_{12}	0.0099	0.8714
	钒铁矿（α_{22}）w_{13}，r_{13}	0.0015	1.0000
工序 2	烧结矿 w_{21}，r_{21}	0.7318	1.0431
	球团矿（α_{31}）w_{22}，r_{22}	0.1074	0.8155
	块矿（α_{32}）w_{23}，r_{23}	0.1608	0.8730
工序 3	铁水 w_{31}，r_{31}	0.8480	0.9836
	铁块（α_{41}）w_{32}，r_{32}	0.1451	0.8846
	块矿（α_{42}）w_{33}，r_{33}	0.0038	1.0000
	合金料（α_{43}）w_{34}，r_{34}	0.0031	1.0000
工序 4	钢坯 w_4，r_4	1.0000	1.0089
工序 5	钢材 w_5，r_5	1.0000	0.9754

把表 6-1 中的数据代入式（6-19），可求得该流程铁资源效率

$r = \{[(0.9886 \times 0.8795 + 0.0099 \times 0.8714 + 0.0015 \times 1.0000) \times 0.7318 \times 1.0431$

$$+0.1074\times0.8155+0.1608\times0.8730\big]\times0.8480\times0.9836+0.1451\times0.8846$$

$$+0.0038\times1.0000+0.0031\times1.0000\big\}\times1.0089\times0.9754$$

$$=0.87t/t \tag{6-45}$$

比较式（6-44）和式（6-45）可见，流程铁资源效率值等于中间各工序铁资源效率加权平均的积，此计算结果与6.5节的分析相符。

6.8.3.3 流程铁环境效率和工序铁环境效率的计算与分析

按图6-20可求得该流程生产1.0t合格钢材向外界环境排放的废品和污染物铁量：

$$Q=0.0832+0.0009+0.0200+0.0145+0.0038+0.0007+0.0192+0.0029$$

$$+0.0027+0.0009+0.0056+0.0049+0.0010$$

$$=0.1603t$$

把排放量Q和合格钢材产量（1.0t）代入式（6-41），可求得该流程铁环境效率为

$$r=\frac{1.0}{0.1603}=6.24t/t \tag{6-46}$$

下面以图6-20所给数据为基础，利用式（6-42）、式（6-8）和式（6-23）求出该流程中各工序铁环境效率、所生产原料的权重和材比系数，然后利用式（6-34）求出该流程的铁环境效率。

向烧结工序2输入的原料共三种，它们分别是铁精矿粉、球团矿粉和钒铁矿。由6.8.3.2节计算知，它们的权重分别为

$$w_{11}=0.9886$$

$$w_{12}=0.0099$$

$$w_{13}=0.0015$$

由图6-20可见，选矿工序生产0.6076t铁精矿粉，排放0.0832t污染物。把铁精矿粉量和排放量代入式（6-42），可求得选矿工序铁环境效率为

$$q_{11}=\frac{0.6076}{0.0832}=7.3029t/t$$

同理，可求得球团矿生产工序铁环境效率为

$$q_{12}=\frac{0.0061}{0.0009}=6.7778t/t$$

因为钒铁矿未经选矿工序加工直接用于生产，认为它没有排放物产生，所以钒铁矿生产工序的铁环境效率为∞t/t。

把上述三个工序生产的三种原料的重量总和0.6146t（0.6076+0.0061+0.0009）和流程钢材产品量1.0t代入式（6-23），可求得新工序1的材比系数

$$p_1 = \frac{0.6146}{1.0} = 0.6146$$

同理，可按上述方法，分别计算出炼铁、炼钢和轧钢工序的铁环境效率、权重和材比系数。结果见表6-2。

表6-2 各工序铁环境效率、权重和材比系数

工序	项目	铁环境效率（t/t）	权重	材比系数
工序1	铁精矿粉 q_{11}，w_{11}	7.3029	0.9886	
	球团矿粉（α_{21}）q_{12}，w_{12}	6.7778	0.0099	0.6146
	钒铁矿（α_{22}）q_{13}，w_{13}	∞	0.0015	
工序2	烧结矿 q_{21}，w_{21}	36.7500	0.7318	
	球团矿（α_{31}）q_{22}，w_{22}	6.9586	0.1074	0.9973
	块矿（α_{32}）q_{23}，w_{23}	∞	0.1608	
工序3	铁水 q_{31}，w_{31}	191.4889	0.8480	
	铁块（α_{41}）q_{32}，w_{32}	7.6771	0.1451	1.0161
	块矿（α_{42}）q_{33}，w_{33}	∞	0.0038	
	合金料（α_{43}）q_{34}，w_{34}	∞	0.0031	
工序4	钢坯 q_4，w_4	157.7231	1.0000	1.0252
工序5	钢材 q_5，w_5	86.9565	1.0000	1.0000

把表6-2中的数据代入式（6-34），可求得该流程铁环境效率为

$$q = 1 / \left[\left(\frac{0.9886}{7.3029} + \frac{0.0099}{6.7778} + \frac{0.0015}{\infty} \right) \times 0.6146 + \left(\frac{0.7318}{36.7500} + \frac{0.1074}{6.9586} + \frac{0.1608}{\infty} \right) \times 0.9973 + \right.$$

$$\left. \left(\frac{0.8480}{191.4889} + \frac{0.1451}{7.6771} + \frac{0.0038}{\infty} + \frac{0.0031}{\infty} \right) \times 1.0161 + \frac{1.0}{157.7231} \times 1.0252 + \frac{1.0}{86.9565} \times 1.0000 \right]$$

$$= 6.24 \text{t/t} \tag{6-47}$$

比较式（6-46）和式（6-47）可见，流程铁环境效率值等于工序权重与工序铁环境效率比值的和与材比系数积的和的倒数，此计算结果与6.6.3节的分析相符。

6.8.3.4 铁流对工序和流程铁资源效率的影响

（1）铁流对工序铁资源效率的影响

由6.3节分析可知，各股铁流对工序铁资源效率都产生不同的影响。以图6-20数据为基础，参照6.3节的分析方法，利用式（6-40）计算各股铁流对工序铁资源效率的影响程度，结果见表6-3。

表 6-3　各股铁流对工序铁资源效率的影响（单位：t/t 材）

影响因素	MP	SI	IM	SM	HR	P1	P2	I1
尾矿 Q_1	−0.1205							
球团矿粉 α_{21}		0.0000						
钒钛矿粉 α_{22}		0.0000						
烧结排放 Q_2		−0.0402						
块矿返矿 $\beta_{2,21}$		0.0000						
球团返矿 $\beta_{2,22}$		0.0000						
烧结返矿 $\beta_{2,23}$		0.0000						
球团矿 α_{31}			0.0000					
块矿 α_{32}			0.0000					
高炉渣 Q_{31}			−0.0040					
高炉排放 Q_{32}			−0.0006					
高炉灰 β_{32}		0.0161	−0.0110					
自产废铁 $\beta_{3,3}$			0.0000					
废钢 S_4				0.0181				
铁块 α_{41}				0.0000				
合金料 α_{42}				0.0000				
块矿 α_{43}				0.0000				
废坯 Q_{41}				−0.0028				
转炉灰 Q_{42}				−0.0026				
炼钢排放 Q_{43}				−0.0008				
钢渣 $\beta_{4,2}$		0.0151		−0.0091				
自产废钢 $\beta_{4,41}$				0.0000				
污泥回收 $\beta_{4,42}$				0.0000				
轧废 Q_{51}					−0.0054			
切头 Q_{52}					−0.0047			
轧钢排放 Q_{53}					−0.0010			
轧钢废钢 $\beta_{5,41}$				0.0076	−0.0074			

续表

影响因素	MP	SI	IM	SM	HR	P1	P2	I1
氧化铁皮 $\beta_{5,42}$				0.0060	−0.0058			
排放物 Q_{P_1}						−0.1286		
排放物 Q_{P_2}							−0.1256	
排放物 Q_{11}								−0.1152

由表 6-3 可见，影响工序铁资源效率的铁流有返回上游工序的铁流、向外界输出的副产品或废品及外界输入工序的废钢。向外界输出的副产品或废品使工序铁资源效率下降；返回上游工序的铁流和外界输入工序的废钢使相应工序的铁资源效率提高。外界输入工序的铁矿石等天然铁资源（包括其中间产品）及工序内部副产品或废品的返回对工序铁资源效率不产生影响。

（2）铁流的单位增量对流程铁资源效率的影响

为了评价不同铁流的变化对流程铁资源效率的影响，下面分析各股铁流单位增量对流程铁资源效率的影响，即各股铁流增加 1kg/t 时对流程铁资源效率的影响。以图 6-20 数据为基础，按 6.8.3.2 节的计算过程，利用式（6-19）计算各股铁流增加 1kg/t 时对流程铁资源效率的影响，计算结果见表 6-4。

表 6-4　各股铁流单位增量对流程铁资源效率的影响

吨材铁流增量（1kg/t）	流程铁资源效率增减量/(t/t)
尾矿 Q_1	−0.00074
钒钛矿粉 α_{22}	0.00012
球团矿粉 α_{21}	−0.00001
烧结排放 Q_2	−0.00084
块矿 α_{32}	0.00011
球团矿 α_{31}	−0.00001
高炉渣 Q_{31}	−0.00085
高炉排放 Q_{32}	−0.00085
废钢 S_4	0.00084
合金料 α_{42}	0.00008
块矿 α_{43}	0.00008
废坯 Q_{41}	−0.00086

吨材铁流增量（1kg/t）	流程铁资源效率增减量/（t/t）
转炉灰 Q_{42}	−0.00086
炼钢排放 Q_{43}	−0.00086
轧废 Q_{51}	−0.00087
切头 Q_{52}	−0.00087
轧钢排放 Q_{53}	−0.00087

由表6-4可见，各股铁流增加1kg/t时，废钢使流程铁资源效率提高得最多，其值为0.00084t/t。废钢属于回收资源，生产流程应多回收利用废钢。但由于目前中国钢产量持续高速增长，钢铁工业废钢资源相对短缺，输入生产流程的废钢量将受到限制。

由表6-4还可见，当各工序排放铁量增加1kg/t时，流程铁资源效率均会降低，且越是后部工序，流程铁资源效率降低越明显。

铁流对工序和流程铁环境效率影响的分析相对于铁流对工序和流程铁资源效率影响的分析来讲，比较简单。因为输入铁流和循环铁流对流程和工序铁环境效率均没有影响，有影响的只是输出（排放物）铁流。流程和工序铁环境效率随输出铁流量的增加而降低，且输出的铁流量越大，流程和工序铁环境效率就越低。

6.8.3.5 工序铁资源效率对流程铁资源效率的影响

为了评价不同工序铁资源效率变化对流程铁资源效率的影响，参照6.8.3.2节的计算过程，利用式（6-19）计算工序铁资源效率提高1%时流程铁资源效率的变化量。结果见表6-5。

表6-5 工序铁资源效率提高1%时对流程铁资源效率的影响

工序铁资源效率提高1%	流程铁资源效率变化比例/%
选矿工序 r_{11}	0.78
球团矿粉工序 r_{12}	0.16
烧结工序 r_{21}	0.79
球团矿工序 r_{22}	0.24
炼铁工序 r_{31}	1.00
铁块工序 r_{32}	0.30

工序铁资源效率提高1%	流程铁资源效率变化比例/%
炼钢工序 r_4	1.16
轧钢工序 r_5	1.16

由表 6-5 可见，流程铁资源效率随工序铁资源效率的增加而增加，工序铁资源效率越高，流程铁资源效率越高。具体而言：①工序铁资源效率越高，其变化对流程铁资源效率的影响也越大。例如，选矿和球团矿的工序铁资源效率分别为 0.8795t/t 和 0.8155t/t，当工序铁资源效率各提高 1% 时，它们分别使流程铁资源效率增加 0.78% 和 0.24%。②在工序铁资源效率相近或相等时，工序铁资源效率的变化对流程铁资源效率的影响随权重值的增加而增加。例如，铁精矿粉和球团矿粉的权重分别为 0.9886 和 0.0099，当工序铁资源效率各提高 1% 时，它们分别使流程铁资源效率增加 0.78% 和 0.16%。③在权重值相等时，工序铁资源效率的变化对流程铁资源效率的影响程度相同。例如，炼钢工序和轧钢工序产量的权重均为 1，当工序铁资源效率各提高 1% 时，它们均使流程铁资源效率增加 1.16%。

6.8.3.6 工序铁环境效率对流程铁环境效率的影响

为了评价不同工序铁环境效率变化对流程铁环境效率的影响，参照 6.8.3.3 节的计算过程，利用式（6-34）计算工序铁环境效率提高 1% 时流程铁环境效率的变化量。结果见表 6-6。

表 6-6　工序铁环境效率提高 1% 时对流程铁环境效率的影响

工序铁环境效率提高1%	流程铁环境效率变化比例/%
选矿工序 q_{11}	0.51
球团矿粉工序 q_{12}	0.01
烧结工序 q_{21}	0.12
球团矿工序 q_{22}	0.09
炼铁工序 q_{31}	0.03
铁块工序 q_{32}	0.12
炼钢工序 q_4	0.04
轧钢工序 q_5	0.07

由表6-6可见，流程铁环境效率随工序铁环境效率的增加而增加，但并不是说工序铁环境效率越高，其变化对流程铁环境效率的影响也越大，如铁精矿粉生产工序的铁环境效率为7.3029t/t，远小于炼铁生产工序的铁环境效率191.4889t/t，当两者铁环境效率均提高1%时，前者使流程铁环境效率提高0.51%，而后者使流程铁环境效率只提高0.03%。那么是什么原因呢？通过对式（6-34）的分析发现，工序铁环境效率对流程铁环境效率的影响程度受$w_{ij} \times p_i / q_{ij}$（$i=1, 2, \cdots,$ 5，$j=1, 2$）值的影响。

由表6-7可见，因为铁精矿粉生产工序的$w_{ij} \times p_i / q_{ij}$计算值为0.0831，占51.84%，炼铁生产工序的$w_{ij} \times p_i / q_{ij}$计算值为0.0043，占2.68%，所以，当铁精矿粉生产工序和炼铁生产工序铁环境效率均提高1%时，前者比后者使流程铁环境效率提高的幅度大。由表6-7还可见，随着$w_{ij} \times p_i / q_{ij}$比例的增加，工序铁环境效率变化对流程铁环境效率的影响程度逐渐增加。因此，工序铁环境效率变化对流程铁环境效率的影响程度取决于$w_{ij} \times p_i / q_{ij}$计算值及其比例，比较复杂。

表6-7 $w_{ij} \times p_i / q_{ij}$计算值及其比例

工序	$w_{ij} \times p_i / q_{ij}$计算值	$w_{ij} \times p_i / q_{ij}$比例/%
选矿工序	0.0831	51.84
球团矿粉工序	0.0009	0.56
烧结工序	0.0198	12.35
球团矿工序	0.0152	9.48
炼铁工序	0.0043	2.68
铁块工序	0.019	11.85
炼钢工序	0.0065	4.06
轧钢工序	0.0115	7.18
合计	0.1603	100.00

6.8.4 铁资源效率、铁环境效率和废钢指数之间关系的分析

6.8.4.1 废钢指数的计算与分析

对如图6-20所示的高炉-转炉流程的铁资源效率和铁环境效率，已在6.8.3.2节和6.8.3.3节中分别计算。下面计算该流程的废钢指数。由图6-20可见，流程生产1.0t合格产品，消耗0.0112t废钢。把产品量和废钢量分别代入式（6-43），可计算出该流程的废钢指数：

$$S = \frac{0.0112}{1.0} = 0.0112t/t$$

可见，该流程废钢指数较低，远小于 2001 年中国钢铁工业废钢指数 0.1290t/t[97]。主要原因在于该流程吨钢的废钢消耗量较低。由图 6-20 可见，转炉炼钢工序生产 1.0252t 钢坯，共消耗 0.0112t 废钢，即转炉吨钢废钢消耗量仅为 10.9kg（0.0112×1000/1.0252），远低于 2001 年全国重点大中型钢铁企业转炉吨钢废钢消耗量 112kg[104]。若该流程转炉吨钢废钢消耗量达到 112kg，也就是说，该流程生产 1.0t 钢材产品的废钢消耗量达到 0.1148t 时（因为流程生产 1.0t 钢材产品，需 1.0252t 钢坯，所以流程废钢消耗量应为吨钢废钢消耗量×1.0252），该流程废钢指数可提高到 0.1148t/t，与 2001 年中国钢铁工业的废钢指数的差距缩小。因此，为提高流程废钢指数，要尽量让流程多回收利用废钢。

6.8.4.2　铁资源效率、铁环境效率和废钢指数之间关系的分析

以图 6-20 所示高炉–转炉流程为基础，利用式（6-38）来分析钢铁生产流程的铁资源效率、铁环境效率和废钢指数（对应于 S 指数）三者之间的关系，并讨论废钢指数的变化对铁资源效率和铁环境效率的影响。

把该高炉–转炉流程的废钢指数 0.0112t/t 代入式（6-38），可得

$$\frac{1}{r} + 0.0112 = 1 + \frac{1}{q}$$

对上式进行整理得

$$r = \frac{1}{0.9888 + 1/q} \tag{6-48}$$

以铁环境效率（q）为自变量，铁资源效率（r）为因变量，利用式（6-48）绘制铁资源效率和铁环境效率的关系曲线，见图 6-21 中的曲线 1。图中横坐标为铁环境效率，纵坐标为铁资源效率。

由图 6-21 中曲线 1 可见，铁资源效率值 r 随铁环境效率值 q 变化的规律。q 值为 5～16t/t 时，r 值为 0.84～0.95t/t，大幅度上升；q 值为 16～40t/t 时，r 值为 0.95～0.99t/t，曲线由陡逐渐变缓；q 值超过 40t/t 以后，曲线平坦，r 值趋近于 1.01t/t。可见，当铁环境效率超过一定值后，它的变化对铁资源效率基本没有影响。由此表明，当流程废钢指数值一定时，流程铁资源效率的最大值也随之确定，它不受铁环境效率的影响。因此，分析废钢指数的变化对流程铁资源效率和铁环境效率的影响程度，是一项比较重要的工作。

由文献［105］知，国内转炉废钢比一般为 10%～20%，国外转炉废钢比一般为 15%～25%。假设该高炉–转炉流程的转炉废钢比可达 10%、15%、20% 或 25%，由现场调研知，该流程转炉吨钢钢铁料的消耗为 1093kg。将转炉吨钢钢铁

料消耗乘以废钢比可得转炉吨钢废钢消耗量,再将转炉吨钢废钢消耗量乘以1.0252可得该流程生产1.0t钢材产品的废钢消耗量。将流程的产品量(1.0t)和废钢消耗量代入式(6-43)可计算出该流程废钢指数,结果见表6-8。

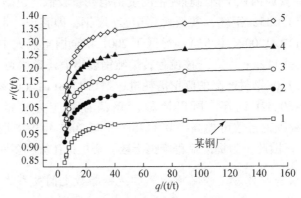

图 6-21   铁资源效率和铁环境效率的关系

表6-8   流程吨钢废钢消耗量与废钢指数

废钢比	10%	15%	20%	25%
吨钢废钢消耗量/(kg/t)	109.3	164.0	218.6	273.3
废钢指数/(t/t)	0.1121	0.1681	0.2241	0.2802

把表6-8中的废钢指数代入式(6-38)中,参照图6-21中曲线1的绘制方法,可绘制出与废钢指数0.1121t/t、0.1681t/t、0.2241t/t和0.2802t/t相对应的铁资源效率和铁环境效率关系曲线,见图6-21中的曲线2、3、4和5。

由图6-21可见,在钢铁生产过程中,随着废钢指数的增加,铁资源效率和铁环境效率的关系曲线依次整体上移,并且废钢指数增长幅度越大,关系曲线上移幅度越大。例如,当废钢指数由0.0112t/t上升到0.2802t/t时,与之对应的铁资源效率和铁环境效率的曲线1上移至曲线5。

铁资源效率和铁环境效率的关系曲线随废钢指数的增加而整体上移的主要原因有两方面:一是随着转炉废钢输入量的增加,转炉的铁水消耗量减少,随之上游高炉、烧结、选矿等工序的生产量也将减少,这样输入流程的铁矿石等天然铁资源消耗量也将减少,使得流程铁资源效率得到提高。二是伴随着各生产工序产品量的减少,工序的排放量也将减少;同时转炉用废钢量的增加,使得排放量(渣、尘)也相应减少,从而使得整个流程的总排放量降低,铁环境效率得到提高。所以,随着废钢指数增加,流程铁资源效率和铁环境效率的关系曲线也相应整体上移。因此,在条件允许的情况下,钢铁生产流程要尽量多回收利用废钢,以提高流程废钢指数，进而提高流程铁资源效率和铁环境效率。

对高炉–转炉流程来讲，由于受转炉炼钢工艺条件的限制，转炉废钢比一般不会太高。由文献［105］知，转炉废钢比最大一般可达 25%，在此条件下，高炉–转炉流程的废钢指数也不可能大幅度提高，同时铁资源效率和铁环境效率也就不可能较大幅度提高。尽管国外已开发出一些提高转炉炼钢的新技术[106]，来提高转炉多回收利用废钢的可能性，但未得到普及。所以，从目前情况来看，高炉–转炉流程废钢指数不可能大幅度提高，铁资源效率和铁环境效率也不会大幅度提高。要想改变这一局面，只有发展电炉流程。但在中国钢产量持续高速增长的情况下，废钢资源量严重不足，电炉钢生产不会大幅度发展[107]。因此，在一段时期内，中国钢铁生产的废钢指数、铁资源效率和铁环境效率不会大幅度提高。只有当中国废钢资源充足时，废钢指数、铁资源效率和铁环境效率才会大幅度提高。

第 7 章 | 包装废弃物回收利用体系物质代谢研究

物质代谢思想为分析包装废弃物的具体流量和流向提供了理论指导，物质流分析作为其主要的分析方法为研究工作奠定了技术支持。以包装废弃物为研究对象，采用传统物质流分析框架和指标进行物质代谢分析时，存在诸多不足，因此，改进传统的物质流分析框架和指标，建立针对包装废弃物的物质代谢分析的框架和指标有助于理清包装废弃物的具体流量和流向，有助于对包装废弃物的回收状况进行深入分析，找出资源浪费、环境污染的根源，更有助于凭借物质代谢分析结果制定提高包装废弃物再生利用水平的环境管理政策。

7.1 传统物质代谢框架和指标的不足

7.1.1 传统物质代谢框架的不足

如果将传统物质代谢框架应用于包装废弃物的物质代谢分析，将存在两点不足。

(1) 两者的侧重点不同

传统的物质流分析框架更侧重于关注物质从原料开采、进口、出口直至最终的产品输出、消费和报废的整个过程，而包装废弃物的物质代谢分析会更侧重于产品报废后的转化、流通和处理行为。

包装材料完成原有功能被废弃后，还要经过拾荒者的回收、运输、加工、再生利用、无害化处理等一系列过程，部分废弃包装材料被再利用或者资源化，作为产品再次返回经济系统，彻底没有使用价值或者无法使其再生利用的则予以无害化处理。因此，从研究涉及的跨度来讲，传统物质流分析的框架应用的侧重点更加宏观，更注重关注物质在整个生命周期中的具体演化；相对来讲，包装废弃物的物质代谢分析需要更加详细的分析框架，更注重包装材料被废弃后的转化、流通和处理行为，研究的领域更加细化，研究的跨度相对较小。所以，以传统物质流分析的框架从原料开采到废弃物排入自然环境整个视角分析包装废弃物的物质代谢是不科学的，分析过程显得过于粗糙且不彻底。

（2）两者研究所具备的基础条件不同

传统物质流分析框架的研究对象的起点往往是从自然界开采或者进口的物质，这类物质是社会经济增长、企业获取利润、消费者获得服务满足的主要载体，所以，对这类物质采用传统物质流分析框架的研究相对比较成熟，形成了稳定的研究框架和评价指标，对其具体流量有相对完善和权威的数据统计；而包装废弃物方面的研究很是缺乏，主要表现在缺少对包装废弃物物质代谢的关注和重视，缺少匹配的研究框架和指标，缺少研究所需要的完善的、权威性的数据统计。因此，采用传统的物质流分析框架对包装废弃物进行物质代谢分析具有较低的可操作性。

7.1.2 传统物质代谢指标的不足

已有物质流分析的各项评价指标完全是根据传统物质流分析框架的基本构成设置的，具有很强的针对性，这些指标都与传统物质流分析框架中的组成内容相关。当研究的内容由开采物质或进口物质转变为包装废弃物时，继续使用原有的评价指标已不再合适。

以原有评价指标中的国内物质开采量和国内隐藏流为例，前者表示从国内自然界开采或获取的水、气体、生物物质（BS）和非生物物质（XS），后者表示开采所需资源中必须开采但又未能进入产品生产流程及流通到市场中的开采量；对包装废弃物进行物质代谢分析时，物质输入端是以社会经济系统中产生的包装废弃物为输入原料的，两者的物质输入来源和属性存在本质上的差异；另外，由于包装废弃物来源于社会经济系统中已有的废弃物，不存在"开采所需资源中必须开采但又未能进入产品生产流程及流通到市场中的开采量"，即没有隐藏流。

通过以上两个典型指标概念的分析可知，它们已难以直接作为包装废弃物物质代谢分析的评价指标；另外，以前缺乏对废弃物物质代谢分析的重视和研究，针对废弃物产生量及再生利用情况缺乏完善的、权威性的数据统计，致使传统物质流分析框架中的绝大多数指标概念都难以直接应用到废弃物物质流分析框架中。因此，传统物质流分析框架中的指标对包装废弃物物质代谢分析已不再具有可行性，需予以改进。

7.2 物质代谢框架和指标的改进

7.2.1 改进可行性分析

完整的物质代谢过程包含物质输入、物质循环和物质输出，在这样的代谢过程中研究对象可以是原材料、产品、废弃产品、再生产品，甚至还可以是生产、加工过程中产生的废料，选取这些物质中的任何一种为研究对象都可以将其划分成物质输入、物质循环及物质输出的三段式物质代谢过程。废弃物物质代谢就是选取包装废弃物为研究对象，通过三段式物质代谢过程对包装废弃物的具体流量和流向进行分析。

由此可知，包装废弃物物质代谢是对整个物质代谢过程的进一步细化，是其中的一个子过程，它是对传统物质代谢环节中的特定流量和流向进行了进一步的放大。因此，传统用于分析从原料开采到被人类废弃排入自然环境整个物质代谢过程的分析框架可以通过改进被用于废弃物的物质代谢分析。

7.2.2　改进应遵循的原则

7.2.2.1　遵循质量守恒定律

与以往采用物质流分析框架研究物质代谢的载体相比，研究对象是包装废弃物。基于研究对象已经发生改变，物质流分析涉及的研究区间也必然发生相应改变。以纸包装为例，如果选取纸包装这种材料为研究对象，在进行物质流分析时，从纸生产的原料获取阶段到纸包装材料被废弃并循环利用得到再生纸制品的整个过程都要予以追踪研究，但是如果选取纸包装废弃物为研究对象，在其被废弃前的整个流通过程我们可以忽略，只需要考察它进入自然环境到被回收并循环利用得到再生纸制品的整个过程，使研究区间极大缩小。质量守恒定律是物质流分析的基本准则，该准则并不因为选取的研究对象发生改变而改变，也不会因为研究范围发生变化而不再适用。所以，将传统物质流分析框架改进为适用于包装废弃物的物质代谢分析的研究框架时，质量守恒定律依然适用。

7.2.2.2　遵循并延伸循环经济的 3R 原则

物质流分析为促进循环经济的发展提供了有力的决策支持工具，废弃物是连接两者的重要桥梁。废弃物是物质流分析的重要载体，而物质流分析为推进循环经济、建设循环型社会提供了重要保障，另外，循环经济已有的研究理论成果、指标也在开展物质流分析的过程中找到了应用平台。因此，它们之间是一种相辅相成、互相促进的关系。

废弃物物质代谢分析框架在传统基本分析框架的基础上，可以引入循环经济的相应概念或指标。这是由本书研究对象的独特性决定的。循环经济理论中3R（减量化、再利用和资源化）原则中，减量化原则侧重于从物质输入端来减少物料、能源的投入从而达到既定的生产消费目的，再利用原则侧重于对废弃材料反复利用来产生经济效益，而资源化原则侧重于产品在完成使用功能后通过技术等手段使其重新被利用。由上可知，可以将循环经济 3R 原则中的再利用原则和资源化原则引入废弃物物质代谢分析框架中，而且可在上述基础上进一步延伸得到再利用量、资源化量、再利用率、资源化率及再生产品量等指标。

7.2.3 废弃物物质代谢框架和指标的构建

7.2.3.1 废弃物物质代谢框架构建

通过对包装废弃物具体流向的认真梳理，结合物质代谢分析的基本思想，本研究构建的包装废弃物物质代谢分析框架，如图 7-1 所示。

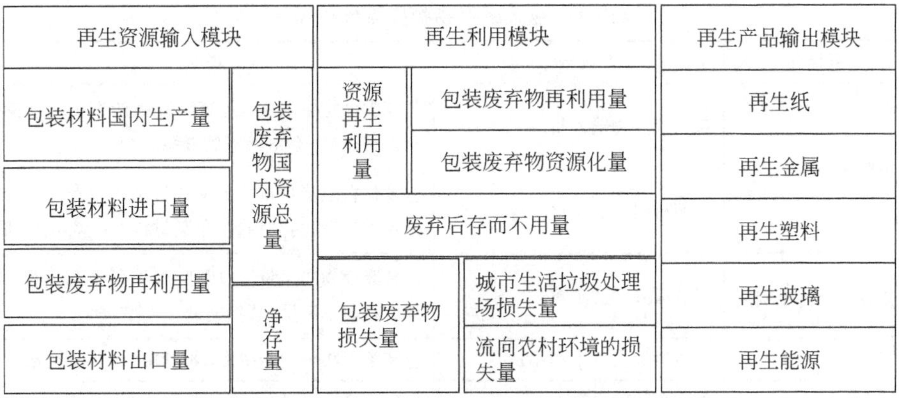

再生资源输入模块		再生利用模块		再生产品输出模块
包装材料国内生产量	包装废弃物国内资源总量	资源再生利用量	包装废弃物再利用量	再生纸
包装材料进口量			包装废弃物资源化量	再生金属
包装废弃物再利用量		废弃后存而不用量		再生塑料
	净存量	包装废弃物损失量	城市生活垃圾处理场损失量	再生玻璃
包装材料出口量			流向农村环境的损失量	再生能源

图 7-1 包装废弃物物质代谢分析框架

7.2.3.2 包装废弃物物质代谢框架说明

包装废弃物物质代谢分析框架与传统物质流分析框架形式一样，由三大模块构成，为区别于传统物质流分析的模块命名，分别将三大模块称为再生资源输入模块、再生利用模块及再生产品输出模块。其中，再生资源输入模块录入再生资源初始质量，它由国内资源生产量、资源进口量、资源出口量及再利用量四部分组成。具体到包装废弃物，即包装材料国内生产量、包装材料进口量、包装材料出口量、包装废弃物再利用量。上述四部分还可简单划分为净存量及包装废弃物国内资源总量两部分。再生利用模块记录再生资源在该模块内的具体流量和流向，主要是资源再生利用量、废弃后存而不用量和总损失量。在再生利用模块，根据再生资源的不同流向分为再利用量和资源化量。在总损失量模块，按照城镇和农村的不同流向，分为城市生活垃圾处理场中损失量和农村环境中损失量两部分。具体到包装废弃物，分别为包装废弃物再利用量、包装废弃物资源化量、包装废弃物存而不用量、包装废弃物损失量。再生产品输出模块记录再生产品和再生能源的输出数量和流向。按照包装材料的原料来分，包装废弃物主要分为纸包装废弃物、塑料包装废弃物、金属包装废弃物、玻璃包装废弃物和复合包装废弃物等，所以，再生产品输出模块主要表征再生纸、再生塑料、再生金属、再生玻璃和再生能源的输出量。

7.2.3.3 包装废弃物物质代谢指标构建

研究对象发生改变，原有的评价指标已不能直接利用，需要同步调整和优化。结合本书的研究对象和研究目的，将原有评价指标灵活调整。新指标紧密结合研究需要，表现出了更强的实用性、针对性和操作性，具体如表 7-1 所示。

表 7-1　包装废弃物物质流分析指标

一级指标	二级指标	说明
包装废弃物输入指标	包装废弃物输入量	包装废弃物输入量=包装废弃物产生量=包装材料消费总量=包装废弃物资源总量
	包装材料消费总量	包装材料消费总量=包装材料国内生产量+包装材料进口量+再利用量−包装材料出口量−净存量
包装废弃物再生利用指标	包装废弃物产生量	包装废弃物产生量=包装废弃物再生利用量+废弃后存而不用量+总损失量
	包装废弃物再生利用量	包装废弃物再生利用量=再利用量+资源化量
包装废弃物输出指标	再生模块输出量	再生模块输出量=再生产品量+再生能源量
	再生模块输出产值	再生模块输出产值=再生产品产值+再生能源产值
包装废弃物平衡指标	包装材料贸易平衡量	包装材料贸易平衡量=包装材料进口量−包装材料出口量
	包装废弃物存而不用量	包装废弃物存而不用量=包装废弃物产生量−包装废弃物再生利用量−包装废弃物资源化量−包装废弃物总损失量
	包装废弃物总损失量	包装废弃物总损失量=城市生活垃圾处理场量+农村环境损失量

一级指标	二级指标	说明
包装废弃物强度及效率指标	包装废弃物回收率	包装废弃物回收率＝包装废弃物回收量÷包装废弃物产生量
	包装废弃物再利用率	包装废弃物再利用率＝包装废弃物再利用量÷包装废弃物产生量
	包装废弃物资源化率	包装废弃物资源化率＝包装废弃物资源化量÷包装废弃物产生量
	包装废弃物循环利用率	包装废弃物循环利用率＝包装废弃物再生利用量÷包装废弃物产生量
	包装废弃物生产力	包装废弃物生产力＝包装废弃物输出模块生产总值÷包装废弃物输入量
	包装废弃物产生强度	包装废弃物产生强度＝包装废弃物产生量÷包装工业生产总值

在表7-1中，再利用量、资源化量、再利用率、资源化率、再生利用量、循环利用率等指标的构建是根据循环经济的3R原则衍生而来，是对该原则的继承和延伸。这些指标有望在评价包装废弃物及固体废弃物的物质代谢研究中发挥作用。

将改进的包装废弃物物质代谢分析框架和指标与传统的物质代谢分析框架和指标相比，前者对废弃物的物质代谢状况具有更清晰的流量和流向指示，更有助于找出包装废弃物的损失去向和数量，进而为制定有针对性的废弃物管理及环境治理政策提供更加可靠的依据。但是，我国对包装废弃物特定流向的数据缺乏可靠的、系统的统计，致使在具体操作时可能会有一定的难度。所以，实际研究中可以根据具体情况适当取舍，通过该框架和指标尽可能地对我国包装废弃物的物质代谢状况进行合理的表征。

7.3 典型包装废弃物的物质代谢分析

以纸包装和塑料包装废弃物为例，采用改进的包装废弃物物质代谢分析框架和指标对其进行物质代谢分析，揭示其物质代谢规律。

7.3.1 典型包装废弃物不同流量测算

7.3.1.1 纸包装废弃物不同流量测算

对纸包装废弃物回收量的测算思路借鉴中国环境科学研究院周炳炎等人对我国纸包装回收率的计算方法，即根据纸包装废弃物的流向得出其回收情况。具体方法为：通过计算出流向城市生活垃圾处理场及损失到农村环境中的包装废弃物数量之和可得没有回收的纸包装废弃物总量。

（1）流向城市生活垃圾处理场量测算

城市生活垃圾中纸包装物平均含量为 0.65% （为垃圾中废纸的 1/10）[108]，2006 ~ 2010 年，我国城市生活垃圾清运量分别为 14 841.3 万 t、15 214.5 万 t、15 437.7 万 t、15 733.7 万 t 和 15 804.8 万 t，具体处理量如表 7-2 所示。因此，2006 ~ 2010 年，流向城市生活垃圾中的纸包装废弃物分别为 96.5 万 t、98.9 万 t、100.3 万 t、102.3 万 t 和 102.7 万 t。

表 7-2 我国城市生活垃圾清运量及处理情况

年份	地区	生活垃圾清运量/万 t	无害化处理量/万 t	卫生填埋/万 t	堆肥/万 t	焚烧/万 t	生活垃圾无害化处理率/%
2006	全国	14 841.3	7 872.6	6 408.2	288.2	1 137.6	52.2
2007	全国	15 214.5	9 437.7	7 632.7	250.0	1 435.1	62.0
2008	全国	15 437.7	10 306.6	8 424.0	174.0	1 569.7	66.8
2009	全国	15 733.7	11 232.3	8 898.6	178.8	2 022.0	71.4
2010	全国	15 804.8	12 317.8	9 598.3	180.8	2 316.7	77.9

注：数据整理自国家统计局官网（http://www.stats.gov.cn/tjsj/ndsj/）2007 ~ 2011 年资源和环境部分

（2）流向农村环境中损失量测算

损失到农村环境中的包装废弃物数量计算思路如下：目前，周炳炎等人通过对北京市某小区一普通居民楼进行长达半年的废纸回收调查，已经得出居民人均产生废纸量为 3.41kg/月，其中纸包装废弃物为 1.70kg/月[108]。因此，损失到农村环境中的纸包装废弃物的数量可以通过将农村居民的消费水平与城镇居民的消费水平进行换算，并借助上述已有的数据进行测算。

2006 ~ 2010 年，我国城镇和农村居民消费水平、城镇和农村人口数及比例，分别见表 7-3 和表 7-4。由表可知，2006 ~ 2010 年，农村与城镇消费水平比例依次为 0.27、0.28、0.28、0.27 和 0.28，而同期农村人口数依次为 73 160 万人、71 496 万人、70 399 万人、68 938 万人和 67 113 万人。考虑到农村人口中一部分进城务工，因此，农村人口中应该减去这一数量的流动人员。陈婧研究指出外出务工的农民工人数约为 1.19 亿人[109]，假定 2006～2010 年，外出进城务工人员保持该数值不变，则实际生活在农村的人口数依次为 6.13 亿人、5.96 亿人、5.85 亿人、5.70 亿人和 5.52 亿人。

表 7-3 我国城镇和农村居民消费水平

年份	全国居民/元	农村居民/元	城镇居民/元	农村与城镇消费水平比例（城镇居民=1）
2006	6 111	2 848	10 359	0.27
2007	7 081	3 265	11 855	0.28
2008	8 183	3 756	13 526	0.28
2009	9 098	4 021	15 025	0.27
2010	9 968	4 455	15 907	0.28

注：数据整理自国家统计局官网（http://www.stats.gov.cn/tjsj/ndsj/）2007～2011 年国民经济核算部分

表 7-4 我国城镇和乡村人口数及比例

年份	城镇		农村	
	人口数/万人	比例/%	人口数/万人	比例/%
2006	58 288	44.34	73 160	55.66
2007	60 633	45.89	71 496	54.11
2008	62 403	46.99	70 399	53.01
2009	64 512	48.34	68 938	51.66
2010	66 978	49.95	67 113	50.05

注：数据整理自国家统计局官网（http://www.stats.gov.cn/tjsj/ndsj/）2007～2011 年人口部分

另外，由于我国农村地区的生活废弃物回收状况相对落后，很多地区甚至没有对废弃物进行回收，假定不具备回收条件及没有回收能力所导致的损失的包装废弃物比例为 50%。则可通过下式对损失到农村环境中的纸包装废弃物进行计算：

$$Q_i = (PR_i - PG_i) \times (RC_i / TC_i) \times \omega \times TPWM \times 12 \times 10\,000 / 1000 \qquad (7-1)$$

式中，Q_i——第 i 年农村环境中包装废弃物损失量；

PR_i——第 i 年农村居民总人数；

PG_i——第 i 年进城务工的农村居民总人数，由于本研究假定该值不变，PG_i 恒等于 1.19 亿人；

ω——农村地区不具备回收条件及没有回收能力所导致的损失的包装废弃物比例，本研究假定该值恒等于 50%；

RC$_i$/TC$_i$——我国农村居民消费和城镇居民消费比例,其中,RC$_i$为第i年农村居民消费水平,TC$_i$为第i年城镇居民消费水平;

TPWM——城镇居民人均月产生包装废弃物质量。

将表7-3和表7-4中各年数据依次代入测算式(7-1),得出2006~2010年损失到农村环境中的纸包装废弃物分别为168.8万t、170.2万t、167.1万t、157.0万t、157.7万t。

综上所述,将2006~2010年流向城市生活垃圾填埋场的纸包装废弃物处理量与农村环境中的纸包装废弃物损失量分别汇总并求和,结果如表7-5所示。

表7-5 我国纸包装废弃物的损失情况

年份	城市生活垃圾填埋场中纸包装量/万t	农村环境中纸包装废弃物损失/万t	没有回收的纸包装废弃物量/万t	国内纸包装废弃物产生量/万t	未回收量占产生量的比例/%
2006	96.5	168.8	265.3	3640	7.3
2007	98.9	170.2	269.1	4116	6.5
2008	100.3	167.1	267.4	4469	6.0
2009	102.3	157.0	259.3	4838	5.4
2010	102.7	157.7	260.4	5191	5.0

由表7-5可知,"十一五"期间,我国没有回收的纸包装废弃物量依次为265.3万t、269.1万t、267.4万t、259.3万t和260.4万t,没有回收的纸包装废弃物量在2007年后呈缓慢下降趋势,说明我国纸包装废弃物的回收利用情况逐渐好转。我国损失的纸包装废弃物的最终处理处置主要方式是填埋、简易处理及堆放,对不易分离处理的纸包装废弃物采取焚化方式处置,三者的比例依次约为60%、25%和15%。本研究采用上述比例依次对"十一五"期间我国纸包装废弃物不同处理处置方式的量进行折算。

(3) 纸包装废弃物总资源量测算

由表7-5知,2006~2010年国内纸包装废弃物产生量依次为3640万t、4116万t、4469万t、4838万t和5191万t。"十一五"期间,我国进口的三类纸包装总量依次为258万t、226万t、197万t、203万t和181万t。因此,根据进口量与包装废弃物国内生产量的总和可得包装废弃物国内资源量依次为3898万t、4342万t、4666万t、5041万t和5372万t。

(4) 纸包装废弃物再利用量测算

通常,纸包装废弃物的主要流向体现在四方面,即再利用、回收制浆、处理处置和废弃后存而不用,各流向的分配比例为再利用量占26.3%、回收制浆量占

42.5%、处理处置量占 8.6%、废弃后存而不用量占 22.6%[110]。其中，处理处置量可等同于本研究中流向城市生活垃圾填埋场的损失量和农村环境中纸包装废弃物损失量之和。由表 7-5 知，2006 ~ 2010 年这两者的损失量之和占同期纸包装废弃物总资源量的比例依次为 6.8%、6.2%、5.7%、5.1% 和 4.8%，其中，2006 年总损失量占当年纸包装资源量的比例为 6.8%，与上述研究结论中 2005 年的最终处置量 8.6% 接近，且将该值与上述五组数据按照年份先后进行排列可知，该比例呈现出由大到小的规律性变化，即 2005 ~ 2010 年，我国纸包废弃物的处理处置量占总资源量的比例逐渐减小，即通过最终处置方式处理的纸包装废弃物越来越少，间接说明通过再生利用等方式处理的纸包装废弃物越来越多。这种变化趋势符合"当前我国对纸包装废弃物回收再生的重视程度越来越高"的现实。

随着我国包装立法的逐渐完善及循环经济等理念的相继提出，我国纸包装废弃物的再利用量和回收制浆量必然同步提升。本研究假定通过再利用方式处理的纸包装废弃物量占当年纸包装废弃物总资源量的比例年递增量为 1.5%。据此，可以推算出 2006 ~ 2010 年我国再利用的纸包装废弃物量依次为 1083.6 万 t、1272.2 万 t、1437.1 万 t、1628.2 万 t 和 1815.7 万 t。

（5）纸包装废弃物资源化量测算

纸包装废弃物的回收制浆属于材料级别的循环利用，是典型的资源化处理方式。因此，由该法处理的纸包装废弃物量，即为纸包装废弃物的资源化量。在清华大学已有研究结论（即通过 2005 年回收制浆方式处理的纸包装废弃物量占纸包装废弃物总量的 42.5%）的基础上，本研究假定，"十一五"期间通过回收制浆方式处理的纸包装废弃物量占当年纸包装废弃物总资源量的比例年递增量为 1.0%。据此，通过回收制浆方式处理的纸包装废弃物量依次为 1695.6 万 t、1932.2 万 t、2123.0 万 t、2344.1 万 t 和 2551.7 万 t。2006 ~ 2010 年我国废纸的回收率依次为 34.29%、37.93%、39.42%、42.9% 和 43.78%[108]，同期纸包装废弃物回收制浆的比例为 43.5%、44.5%、45.5%、46.5%、47.5%。可见，我国纸包装废弃物的回收水平略高于同期我国废纸的回收水平。

（6）纸包装净存量测算

纸包装净存量，即国内纸包装生产量、进口量与再利用的纸包装量之和，减去纸包装出口量与纸包装废弃物总资源量两者之和。据此，可计算得，2006 ~ 2010 年的纸包装净存量依次为 390 万 t、704 万 t、884 万 t、1117 万 t 和 1333 万 t。

（7）再生纸产量测算

由上可知，我国回收制浆的纸包装废弃物量依次为 1695.6 万 t、1932.2 万 t、2123.0 万 t、2344.1 万 t 和 2551.7 万 t。已知 1t 废纸可生产 0.8t 再生纸[110]，根据 2006～2010 年回收制浆的纸包装废弃物量即可换算得到历年生产的再生纸的量。据此，根据废纸与再生纸的换算关系，可知 2006～2010 年我国再生纸生产量分别为 1356.5 万 t、1545.8 万 t、1698.4 万 t、1875.3 万 t 和 2041.4 万 t。

（8）纸包装废弃物存而不用量测算

纸包装消费后的主要去向除了流向城市生活垃圾处理场、农村环境、进行再利用和回收制浆外，还有一部分虽然失去原有价值但仍然在日常生活领域储存下来，在卢伟博士研究中被称作废弃后存而不用的部分。结合上述各类已得数据，可计算出 2006～2010 年废弃后存而不用的纸包装材料量依次为 853.4 万 t、868.5 万 t、838.4 万 t、809.4 万 t 和 744.2 万 t。将清华大学研究人员 2005 年的研究结论与本书的研究结论按照年份先后的排序可知，废弃后存而不用的纸包装废弃物量占纸包装废弃物总量的比例依次为 22.6%、21.9%、20.0%、18.0%、16.1% 和 13.9%。可见，本研究所得结论与已有研究成果吻合，废弃后存而不用的纸包装废弃物量呈现明显减小趋势，间接说明我国纸包装废弃物再生利用水平在提高。

7.3.1.2 塑料包装废弃物不同流量测算

（1）流向城市生活垃圾处理场量测算

已有研究结果表明，我国塑料包装废弃物占生活垃圾的比例为 5%～10%（湿重），烘干质量约为湿重的 55%[111]。本研究以塑料包装废弃物占生活垃圾的比例均值 7.5% 为测算值。根据表 7-2 可知，2006～2010 年，我国城市生活垃圾清运量分别为 14 841.3 万 t、15 214.5 万 t、15 437.7 万 t、15 733.7 万 t 和 15 804.8 万 t，则流向我国城市生活垃圾处理场中的塑料包装废弃物的干重依次为 612.2 万 t、627.6 万 t、636.8 万 t、649.0 万 t 和 651.9 万 t。

（2）流向农村环境中的损失量测算

研究表明，居民人均产生废塑料量为 0.5kg/月（湿重），塑料包装废弃物约占废塑料量的 62%[111]，将以上结果换算为塑料包装废弃物干重为 0.17kg/月。采用纸包装农村环境损失量的测算方法和测算表达式，将上述各数据依次代入，得到 2006～2010 年流向农村环境中的塑料包装废弃物损失量分别为 16.9 万 t、17.0 万 t、16.7 万 t、15.7 万 t 和 15.8 万 t。

我国塑料包装废弃物的总损失量即为流失到城市生活垃圾处理场中的处理量及农村环境中损失量的加和，将上述数据进行相加得"十一五"期间我国塑料包装废弃物的总损失量依次为 629.1 万 t、644.6 万 t、653.5 万 t、664.7 万 t 和 667.7 万 t，这些损失的塑料包装废弃物最终处理处置方式包括填埋、焚烧及散失到自然环境中。杨惠娣指出，广州市每年产生的 2550t 聚苯乙烯快餐盒废弃物中通过填埋、焚烧方式处理的量及散落量所占比例依次为 60%、10% 和 30%[112]。实际上该塑料废弃物的处理处置方式及比例也代表了当前我国塑料包装废弃物的处理情况。本研究采用上述比例依次对"十一五"期间我国塑料包装废弃物不同处理处置方式的量进行折算。

（3）塑料包装回收量测算

由文献［111］知，塑料包装废弃物量约占回收废塑料量的 62%。因此，我国塑料包装废弃物的回收量可以通过回收废塑料的量进行测算。由《中国塑料工业年鉴》（2007～2011 年）知，2006～2010 年我国废塑料回收量分别达 700 万 t、820 万 t、900 万 t、1000 万 t 和 1060 万 t，因此，根据已有统计数据计算出 2006～2010 年我国塑料包装废弃物的回收量分别为 434.0 万 t、508.4 万 t、558.0 万 t、620.0 万 t 和 657.2 万 t。

综上所述，将 2006～2010 年流向城市生活垃圾填埋场的塑料包装废弃物处理量、农村环境中塑料包装废弃物损失量及回收利用的塑料包装废弃物量进行汇总，结果如表 7-6 所示。

表 7-6　我国塑料包装废弃物的损失及回收情况

年份	城市生活垃圾填埋场中塑料包装量/万 t	农村环境中塑料包装废弃物损失量/万 t	没有回收的塑料包装废弃物量/万 t	塑料包装材料主要产品产量/万 t	未回收量占产量的比例/%	回收利用的塑料包装废弃物量/万 t	回收量占产量的比例/%
2006	612.2	16.9	629.1	885.34	71.1	434.0	49.0
2007	627.6	17.0	644.6	1049.55	61.4	508.4	48.4
2008	636.8	16.7	653.5	1165.89	56.1	558.0	47.9
2009	649.0	15.7	664.7	1331.50	49.9	620.0	46.6
2010	651.9	15.8	667.7	1630.20	41.0	657.2	40.3

由表 7-6 可知，2006～2008 年未回收塑料包装废弃物量与回收利用的塑料包装废弃物量之和大于当年统计的塑料包装材料产量。出现该现象的原因可能有以下几点：第一，统计的塑料包装材料的产量只是主要塑料包装产品的量，并没有包含所有塑料包装材料的质量；第二，统计的塑料包装材料的产量并没有包含家庭作坊式工厂及小规模型塑料包装材料生产企业的产量；第三，该产量没有包括随产品进口的塑料包装量。

（4）废弃后存而不用量测算

相关资料表明，我国塑料包装废弃物的主要去向包括废弃后存而不用、处理处置和进行回收再生利用三种，其中，2005 年废弃后存而不用的塑料包装废弃物量占当年塑料包装废弃物资源量的 4.1%。据此，通过计算上述三种流向的包装废弃物之和，可得当年塑料包装废弃物资源总量。本研究中，城市生活垃圾填埋场中塑料包装废弃物的处理量及损失到农村环境中的塑料包装废弃物量之和可看作处理处置量，回收量已在上述计算。据此，可得

$$M_{iSWU} = \frac{K_i M_{iDAR}}{100 - K_i}$$ (7-2)

式中，M_{iSWU}——第 i 年塑料包装废弃后存而不用量；

M_{iDAR}——第 i 年塑料包装废弃物处理处置量与回收量之和；

K_i——第 i 年存而不用量占当年塑料资源量的比例。

本研究基于当前我国大力提倡废弃物再生利用等事实，在 2005 年已有研究结论 $K_{2005}=4.1$ 的基础上，认为 2006~2010 年 K 值年递减值为 0.3，即 K_{2006} 至 K_{2010} 依次为 3.8、3.5、3.2、2.9 和 2.6。另外，M_{iDAR} 可通过将 2006~2010 年塑料包装废弃物处理处置量与回收量相加而得，分别为 1063.1 万 t、1153.0 万 t、1211.5 万 t、1284.7 万 t、1324.9 万 t。运用式（7-2）计算可得，2006~2010 年塑料包装废弃后存而不用量分别为 42.0 万 t、41.8 万 t、40.0 万 t、38.4 万 t、35.4 万 t。

（5）塑料包装废弃物总资源量测算

将废弃后存而不用量、处理处置量和回收再生利用量相加可得，2006~2010 年我国实际塑料包装废弃物资源总量依次为 1105.1 万 t、1194.8 万 t、1251.5 万 t、1323.1 万 t 和 1360.3 万 t。

（6）再利用量测算

塑料包装中有部分物品，如大包装盒、周转箱等被回收后通过简单清洁、消毒和修理等步骤后便可再利用，这些物品主要集中在塑料包装产品种类里的包装容器部分。塑料包装产品中软包装膜、编制制品、包装容器、泡沫包装材料和包装片材是最主要的五类，其中，包装容器在 2005~2010 年的产量依次为 157 万 t、130 万 t、166.3 万 t、173.09 万 t、210 万 t 和 252 万 t，占同期国内主要包装产品产量的比例依次为 20.2%、14.7%、15.8%、14.8%、15.8% 和 15.5%，这说明包装容器在我国塑料包装主要产品中所占比例相对较小且历年产量变化基本稳定，这一特性决定了我国塑料包装废弃物中通过再利用方式处理的塑料废弃物量所占比例较小。

通过计算当年回收并能够再利用的包装容器即可得塑料包装废弃物的再利用量。由上节可知，2005~2010 年，我国塑料包装废弃物的回收率依次为 40%、39.3%、42.6%、44.6%、46.9% 和 48.3%，其中 2005 年塑料包装回收率（40%）为文献研究值，与本研究结论较好吻合。另外，尽管大型包装容器虽然只是包装容器总量的一部分，但是由于其体积和质量大，易于再生利用，在综合考虑塑料包装废弃物再生利用意识、技术水平等因素的基础上，本研究认为 2005

年塑料包装容器再利用率为 45%，之后随着国家逐渐提倡和加强废弃物的再生利用，再利用率每年以 2.5% 的增量提升。结合回收率及再利用率，可得 2005 ~ 2010 年我国再利用的塑料包装废弃物量依次为 28.3 万 t、24.3 万 t、35.4 万 t、40.5 万 t、54.1 万 t 和 70.0 万 t。

(7) 资源化处理量测算

包装用塑料多为热塑性塑料，这类塑料的显著特点是能够多次进行熔融成型加工而特性基本能保持不变。尽管由这几类塑料材料生产的典型塑料包装制品废弃后的处理处置方式不尽相同，但是已有研究表明，对回收的塑料包装废弃物除了再利用这种方法进行直接利用外，资源化处理是另外一种非常重要的方法。2006 ~ 2010 年我国塑料包装废弃物的回收量分别为 434.0 万 t、508.4 万 t、558.0 万 t、620.0 万 t 和 657.2 万 t，再利用量分别为 24.3 万 t、35.4 万 t、40.5 万 t、54.1 万 t 和 70.0 万 t。因此，"十一五"期间通过资源化处理的塑料包装废弃物量依次为 409.7 万 t、473 万 t、517.5 万 t、565.9 万 t 和 587.2 万 t。可见，我国塑料包装废弃物的再生利用以资源化方式为主，这主要是由可再利用的塑料包装废弃物在总产品中所占比例较小决定的。

(8) 再生树脂量测算

塑料包装废弃物资源化的方式主要是物理再生造粒、化学处理再生利用和能量回收再生利用三种，其中，通过物理再生造粒方法处理的量占塑料包装废弃物综合利用量的 90%，而通过化学处理再生利用和能量回收再生利用的塑料包装废弃物总量只占 10%。因此，我国回收的塑料包装废弃物主要是通过物理再生造粒的方式再生利用的，这种方式属于材料级别的物料循环利用，基于以上分析，根据上述比例关系可分别计算出塑料包装废弃物的资源化量。

通过资源化处理的塑料包装废弃物量依次为 409.7 万 t、473 万 t、517.5 万 t、565.9 万 t 和 587.2 万 t，采用废塑料生产合成树脂加工损失率为 10.3%。据此，根据废塑料与再生树脂的换算关系和塑料包装废弃物在不同处理方式中的分配比例，可知 2006 ~ 2010 年我国通过物理再生造粒方式处理的塑料包装废弃物量依次为 368.7 万 t、425.7 万 t、465.8 万 t、509.3 万 t 和 528.5 万 t，通过化学处理再生利用和能量回收再生利用方式处理的塑料包装废弃物总量依次为 41.0 万 t、47.3 万 t、51.8 万 t、56.6 万 t 和 58.7 万 t；如果通过物理再生造粒方式处理的塑料包装废弃物全部用于生产合成树脂，则所得合成树脂量依次为 330.8 万 t、381.9 万 t、417.8 万 t、456.9 万 t 和 474.0 万 t。

(9) 净存量测算

塑料包装物净存量的测算方法同上，其中塑料包装物进出口量计算方法如下：包装材料中常用的四大热塑性制品分别是 PE、PS、PP、PVC，其所占比例依次为 65%、10%、9%、6%，其他为 10%[113]。可见，这四大热塑性制品占整个塑料包装材料用量的 90%。基于此，本研究主要考察这四大热塑性制品的进出口情况。另外，2010 年和 2012 年包装材料消耗合成树脂量占国内合成树脂总量的比例分别为 34% 和 32%，考虑到"十一五"期间其他年份中包装工业对合成树脂的消耗量，本研究取上述四大热塑性制品历年合成树脂总量的 30% 为包装材料总用量，据此可得历年塑料包装制品进口量及出口量。结合进出口量、再利用量、生产量、塑料包装废弃物资源量及净存量的相互关系，可计算得 2006~2010 年塑料包装物的净存量依次为 111.5 万 t、164.9 万 t、211.5 万 t、483.6 万 t 和 728.7 万 t。可见，我国的塑料包装物净存量在 2006~2008 年较小，但 2009 年、2010 年连续两年出现了迅速增长态势。

7.3.2 包装废弃物物质代谢分析

采用改进的物质代谢分析基本框架对典型包装废弃物的物质代谢进行分析，改进的物质代谢分析框架在表征废弃物后续流量和流向方面具有更强的实用性，但是鉴于当前我国对废弃物特定流向的流量缺乏详细统计，所以本研究结合改进的物质代谢分析框架，只选取可获得对应数据的指标来表征我国包装废弃物的物质代谢状况。纸包装、塑料包装废弃物报废后再生利用的方式有很多，经过特定的方法或工艺可获得多种再生产品，难于对每种再生产品的量进行研究。所以，本研究中再生产品输出端的产品种类只以再生纸和再生树脂为准，其产量分别根据 1t 废纸可生产 0.8t 再生纸及废塑料生产合成树脂加工损失率为 10.3% 换算而得。本研究中，主要纸包装材料历年的生产量、进口量、出口量和消费量的数据整理于文献 [108]；塑料包装材料主要产品产量的数据整理于文献 [114]，其他数据由上述测算而得。

7.3.2.1 纸包装废弃物物质代谢分析

根据改进的物质流分析框架，结合 7.3.1 节中典型包装废弃物各个流向的测算数据，绘制出我国纸包装废弃物在"十一五"时期的物质代谢分析图，如图 7-2~图 7-5 所示。

由图 7-2 可见，2006 年我国主要纸包装材料进口量为 258 万 t，纸包装材料出口量为 63 万 t，纸包装材料贸易平衡量为 195 万 t，纸包装废弃物回收制浆量为 1695.6 万 t，再生利用量为 2779.3 万 t，再利用量为 1083.6 万 t，纸包装废弃物资源量为 3898 万 t，包装工业生产总值为 6000 亿元，回收率为 43.5%，循环利用率为 71.3%，再利用率为 27.8%，纸包装废弃物产生强度为 6497t/亿元。

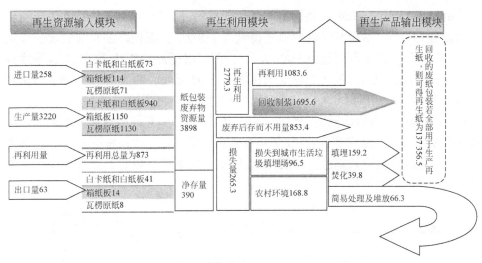

图 7-2 2006 年我国纸包装废弃物的物质代谢（单位：万 t）

由图 7-3 可知，2007 年我国主要纸包装材料进口量为 226 万 t，纸包装材料出口量为 122 万 t，纸包装材料贸易平衡量为 104 万 t，纸包装废弃物回收制浆量为 1932.2 万 t，再生利用量为 3204.4 万 t，再利用量为 1272.2 万 t，纸包装废弃物资源量为 4342 万 t，包装工业生产总值为 6262.03 亿元，回收率为 44.5%，循环利用率为 73.8%，再利用率为 29.3%，纸包装废弃物产生强度为 6934t/亿元，该数值与 2006 年数值相比偏大，主要原因是 2007 年我国包装工业总产值增速小于当年纸包装废弃物增速。

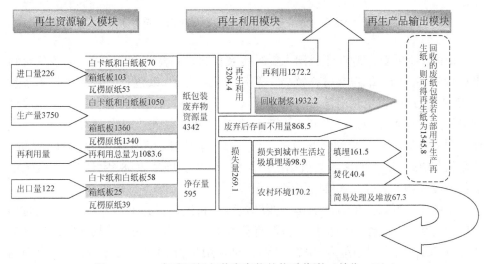

图 7-3 2007 年我国纸包装废弃物的物质代谢（单位：万 t）

由图 7-4 可知，2008 年我国主要纸包装材料进口量为 197 万 t，纸包装材料出口量为 79 万 t，纸包装材料贸易平衡量为 118 万 t，纸包装废弃物回收制浆量为 2123.0 万 t，再生利用量为 3560.2 万 t，再利用量为 1437.1 万 t，纸包装废弃物资源量为 4666 万 t，包装工业生产总值为 8600 亿元，回收率为 45.5%，循环利用率为 76.3%，再利用率为 30.8%，纸包装废弃物产生强度为 5426t/亿元，该数值与 2007 年数值相比出现大幅下降，也小于 2006 年同类数值。主要原因是 2008 年我国包装工业总产值比 2007 年有较大幅度增长，增长率达 37.3%，远大于同期包装废弃物增长幅度，说明我国从 2008 年开始，包装工业纸包装废弃物产生强度开始大幅下降。

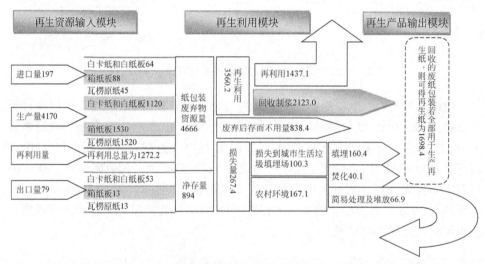

图 7-4　2008 年我国纸包装废弃物的物质代谢（单位：万 t）

由图 7-5 可知，2009 年我国主要纸包装材料进口量为 203 万 t，纸包装材料出口量为 69 万 t，纸包装材料贸易平衡量为 134 万 t，纸包装废弃物回收制浆量为 2344.1 万 t，再生利用量为 3972.3 万 t，再利用量为 1628.2 万 t，纸包装废弃物资源量为 5041 万 t，包装工业生产总值为 10 000 亿元，回收率为 46.5%，循环利用率为 78.8%，再利用率为 32.3%，纸包装废弃物产生强度为 5041t/亿元，该数值与 2007 年、2008 年数值相比均偏小。说明我国从 2008 年开始，包装工业纸包装废弃物产生强度连续两年保持下降态势。

由图 7-6 可知，2010 年我国主要纸包装材料进口量为 181 万 t，纸包装材料出口量为 92 万 t，纸包装材料贸易平衡量为 89 万 t，纸包装废弃物回收制浆量为 2551.7 万 t，再生利用量为 4367.4 万 t，再利用量为 1815.7 万 t，纸包装废弃物资源量为 5372 万 t，包装工业生产总值为 12 000 亿元，回收率为 47.5%，循环

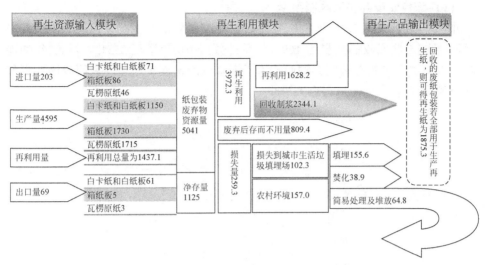

图 7-5　2009 年我国纸包装废弃物的物质代谢（单位：万 t）

利用率为 81.3%，再利用率为 33.8%，纸包装废弃物产生强度为 4477t/亿元，该数值与 2007 年、2008 年、2009 年数值相比均偏小。说明我国从 2008 年开始，包装工业纸包装废弃物产生强度连续三年保持下降态势。

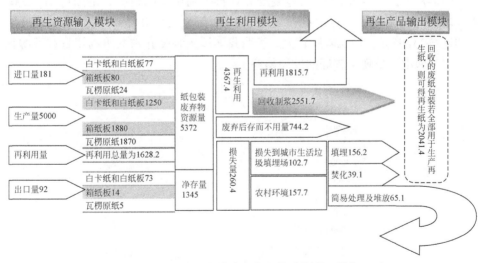

图 7-6　2010 年我国纸包装废弃物的物质代谢（单位：万 t）

在上述分析基础上，分别对纸包装废弃物回收制浆量、再生利用量、资源量、回收率、循环利用率、再利用率和产生强度几个代谢指标进行分析。

（1）纸包装废弃物回收制浆量

图7-7为2006～2010年纸包装废弃物回收制浆量的情况。由图可知，2006年纸包装废弃物回收制浆量为1695.6万t，到2010年增至2551.7万t，年均递增10.76%，我国纸包装废弃物回收用于纸浆生产量逐年增多。表明我国在纸包装废弃物资源化方面，取得重大进步。

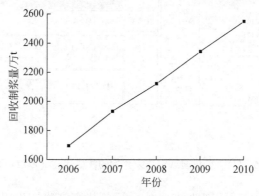

图7-7　纸包装废弃物回收制浆量

（2）纸包装废弃物再生利用量

图7-8为2006～2010年纸包装废弃物再生利用量的情况。由图可知，2006年我国纸包装废弃物再再生利用量为2779.3万t，到2010年增至4367.4万t，年均递增11.96%，增长幅度较大。表明我国纸包装废弃物的再利用量和资源化量在逐年递增，呈现出较好的发展趋势。

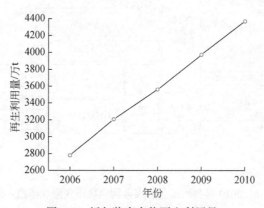

图7-8　纸包装废弃物再生利用量

（3）纸包装废弃物资源量

图7-9为2006～2010年纸包装废弃物资源量情况。由图可知，2006年我国

纸包装废弃物资源量为 3898 万 t，到 2010 年增至 5372 万 t，年均递增 8.35%。纸包装废弃物资源量较大，主要原因是我国纸包装产品量在逐年增加。

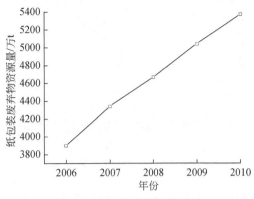

图 7-9　纸包装废弃物资源量

（4）纸包装废弃物回收率

图 7-10 为纸包装废弃物回收率。由图可知，2006 年我国纸包装废弃物回收率为 43.5%，到 2010 年增至 47.5%，年均增幅较小（2.22%），表明我国纸包装废弃物的回收还有较大的空间。

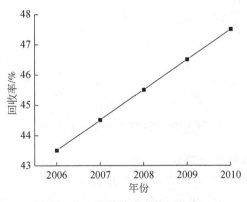

图 7-10　纸包装废弃物回收率

（5）纸包装废弃物循环利用率

图 7-11 为纸包装废弃物循环利用率。由图可知，2006 年纸包装废弃物循环利用率为 71.3%，到 2010 年增至 81.3%，年均递增 3.34%。虽然增幅较小，但纸包装废弃物循环利用率已达到较高水平。

（6）纸包装废弃物再利用率

图 7-12 为纸包装废弃物的再利用率。由图可知，2006 年纸包装废弃物再利

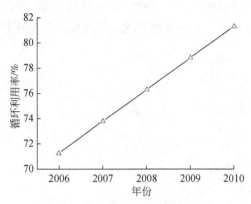

图 7-11　纸包装废弃物循环利用率

用率为 27.8% ，到 2010 年上升至 33.8% ，年均递增 5.01% 。纸包装废弃物再利用率有待进一步提高。

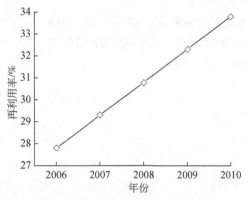

图 7-12　纸包装废弃物再利用率

（7）纸包装废弃物产生强度

图 7-13 为纸包装废弃物产生强度。由图可知，2006 年纸包装废弃物产生强度为 6497t/亿元，2007 年上升至 6934t/亿元，随后逐年下降至 2010 年的 4477t/亿元，年均下降 9.76% ，下降幅度较大。表明我国单位工业生产总值的纸包装废弃物的产生量在逐年下降，纸包装工业的资源效率在提高。

7.3.2.2　塑料包装废弃物物质代谢分析

"十一五"期间，塑料包装废弃物物质代谢分析如图 7-14 ~ 图 7-18 所示。图中各个流向的数据来源于 8.3.1 节中典型包装废弃物各个流向的测算数据。由图 7-14 ~ 图 7-18 分析可知：

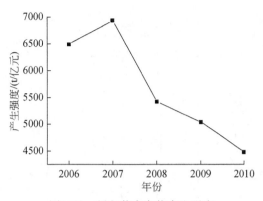

图 7-13　纸包装废弃物产生强度

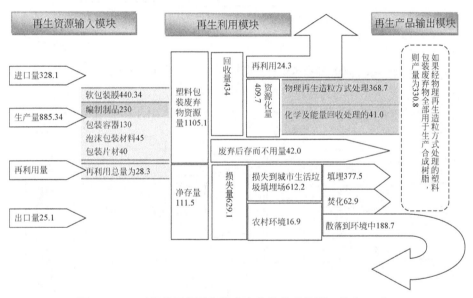

图 7-14　2006 年我国塑料包装废弃物的物质代谢（单位：万 t）

1）我国塑料包装的进口量始终远大于出口量，所以我国在"十一五"期间塑料包装的主要消费市场在国内。

2）塑料包装材料国内主要产品产量由 2006 年的 885.34 万 t 增长至 2010 年的 1630.2 万 t，年均递增 16.49%，增幅较大。

3）塑料包装材料主要产品中软包装膜历年产量稳居第一位，编制制品及包装容器分别保持第二位、第三位。2006~2010 年，这三者的重量占塑料包装材料主要产品产量的比例依次为 90.4%、90.9%、91.0%、90.6% 和 91.6%，五

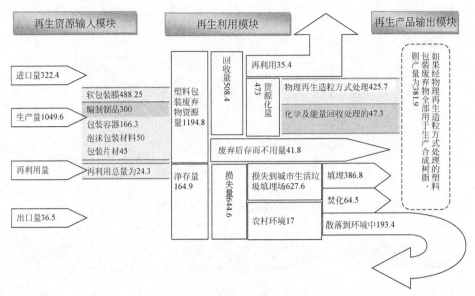

图 7-15　2007 年我国塑料包装废弃物的物质代谢（单位：万 t）

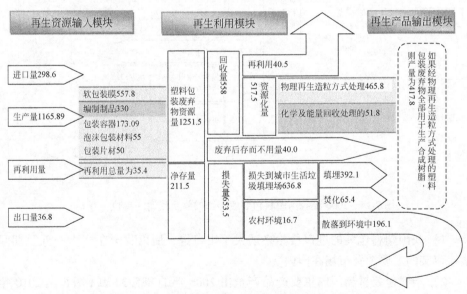

图 7-16　2008 年我国塑料包装废弃物的物质代谢（单位：万 t）

年平均比例为 90.9%。

4）2006～2010 年，塑料包装废弃物的回收率依次为 39.3%、42.6%、44.6%、46.9%、48.3%，呈现逐年上升趋势。值得注意的是，2006 年塑料包装

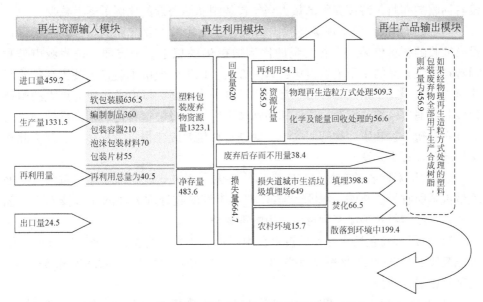

图 7-17 2009 年我国塑料包装废弃物的物质代谢（单位：万 t）

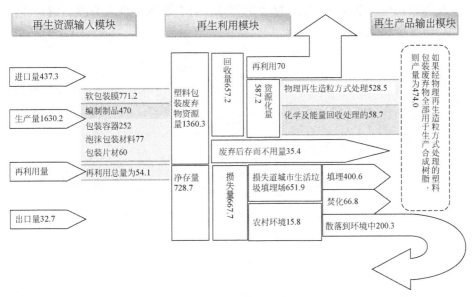

图 7-18 2010 年我国塑料包装废弃物的物质代谢（单位：万 t）

废弃物回收率的研究结果为 39.3%，该结论与清华大学卢伟博士针对 2005 年我国塑料包装废弃物的回收率的研究结果（40%）基本一致，说明本研究所得结论能够较好地与国内塑料包装废弃物的回收现状吻合。由回收率变化情况可知，没有回收的塑料包装废弃物的量占当年包装制品消费量的比例正逐渐减少。

5）城市生活垃圾填埋场是我国塑料包装废物的主要流向场所，其损失量占没有回收的塑料包装废弃物总量的比例均在97%以上。一方面，说明城市是我国塑料包装制品的主要消费市场；另一方面，也说明城市中塑料包装废弃物的回收潜力巨大。特别是随着我国城市化率的进一步提高，城市必将成为更大的塑料包装制品消费区域。因此，关注和加强城市生活垃圾中塑料包装废弃物的回收对提升我国塑料包装废弃物的回收率、促进塑料包装废弃物再生利用、节约资源和保护环境具有重大意义。

6）我国对回收的塑料包装废弃物的再生利用方式以物理再生造粒为主，处理量占总回收量的90%；加强化学处理和能量回收处理方面的先进技术、工艺研究是今后塑料包装废弃物再生利用的重要努力方向。

7）我国塑料包装废弃物的再生利用以资源化方式为主，2006~2010年，塑料包装废弃物的资源化率依次为37.1%、39.6%、41.4%、42.8%和43.2%，呈逐年递增的趋势。

8）2006~2010年，塑料包装废弃物产生强度依次为1842t/亿元、1908t/亿元、1455t/亿元、1323t/亿元和1134t/亿元，同样也呈逐年递减趋势。结果表明，我国塑料包装废弃物产生强度逐渐降低，符合我国当前大力推行清洁生产、循环经济等理念及立法的现实。

第8章 城市生活垃圾处理系统物质代谢分析

本章以北京市为例，对城市生活垃圾处理系统进行研究，对生活垃圾的产量、成分、分类及收集方式、处置方式及处置现状等进行定性及定量化分析，并借助物质流分析方法对生活垃圾处理系统进行物质代谢分析，采用灰色关联度方法预测未来北京市生活垃圾产生量，为北京市乃至我国其他城市生活垃圾回收利用政策的制定提供理论支撑。

8.1 城市生活垃圾处理系统物质代谢框架、指标及模型分析

城市生活垃圾处理系统物质代谢分析是研究城市经济系统中垃圾的产生、排放、再利用、最终处置等一系列流动过程的系统分析方法。该方法以物理单位对城市经济系统中的生活垃圾的流动进行定量化的描述和分析，预测垃圾的资源化潜力，从而为优化生活垃圾的处置模式提供定量的分析依据，可用于分析如何选择垃圾的处理路径以实现经济效益和环境效益的双赢。

8.1.1 城市生活垃圾处理系统的含义与特征

8.1.1.1 城市生活垃圾处理系统的含义

生活垃圾的处理包括垃圾的源头减量、分类、回收、运输及处置等一系列相关活动。生活垃圾处理系统是指生活垃圾（包括厨余垃圾、废玻璃、废金属、废纸、废塑料、废弃纺织品、木质废弃物、渣土等）作为系统物质投入，再生物质（包括产品和能量）和最终填埋的垃圾作为系统物质产出的经济系统。城市生活垃圾处理系统包括了垃圾投入系统、垃圾处理系统及再生产品输出系统。

8.1.1.2 城市生活垃圾处理系统的特征

城市的生活垃圾处理系统属于串联耦合系统，该系统由若干相互联系的单元

组成。例如，有 A、B、C 三个企业（以下分别用 A、B、C 代替），串联耦合就是指 A 的产出成为 B 投入，而 B 的产出则又成为 C 的投入，最后 C 的产出又成为 A 的投入[115]。垃圾处理系统作为生态系统的子系统同时也是开放的经济实体，这就要求它与外界需要有紧密的联系，依靠人的行为干预使其良好地运作，其总体目标是以资源循环利用为标准，实现系统内垃圾资源利用效率的最大化，尽可能减少废弃物的填埋等非资源化处置。

按照产业生态学的理论，自然生态系统属于串联耦合系统，在系统中，物种和物种之间形成食物链和食物网，物质在生产者、消费者和分解者之间进行循环利用，无任何废弃物产生[116]，如图 8-1 所示。

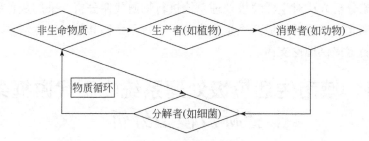

图 8-1　自然生态系统

类似地，生活垃圾处理系统中垃圾的产生、收集、运输、处置、产品再生、能源回收等可以构成"食物"链网，如图 8-2 所示。

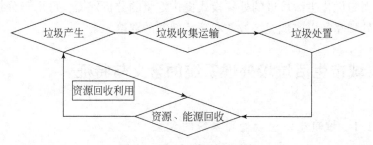

图 8-2　生活垃圾处置系统

健康的生态系统有四个主要特征：开放性、多样性、调控性和可持续性，然而从系统论视角来看，传统的垃圾处理系统属于封闭的经济实体，它几乎不与外界发生信息联系和商品的交换。然而，居民生活产生的大量的废弃物，绝大部分不能靠自然系统的自然降解能力将其分解，如果不及时进行人工处理，就会造成环境污染，如此，系统很容易进入衰退的状态，难以维持。因此，要使生活垃圾处理系统处于健康、可持续的状态，就必须依靠外界的干预来使其内在结构发生改变，使产生的废弃物得以资源化再利用，通常此外界干预力量包括政府的政策支持、企业的利益驱动及人们的广泛参与等。健康的可持续的生活垃圾处理系统应该集高效、环保、节能和高科技等特点于一身,在该系统中,各利益相关者的广泛参与和积极配合使垃圾得以有效分类,最大限度地实现其资源化利用。同时,在处理过程中,还需结合先进的科技手段,将垃圾处理过程中可能产生的二次污染尽可能控制在最小的范围内。

8.1.2 城市生活垃圾处理系统物质代谢框架的构建

8.1.2.1 范围界定

本研究的系统边界指的是按市级行政边界划分的城市。本书中逻辑边界的界定,根据研究目的,仅考虑对研究结果产生影响的物质——生活垃圾。1996年颁布的《城市垃圾产生源分类及垃圾排放》标准将城市垃圾按其产生源划分了九类[117]。本研究所指的生活垃圾既不泛指城市所有垃圾,也不局限于居民产生的生活垃圾,主要包括上述其中的七类,即居民生活及清扫垃圾,工、商业及事业单位垃圾,交通运输及其他垃圾。其中建筑垃圾和医疗卫生垃圾有其特定的处置方式,不包括在本研究所指的生活垃圾范围内。

8.1.2.2 生活垃圾处理系统物质代谢框架

根据研究对象构建合理的分析框架和指标体系,是采用物质流分析方法进行物质代谢研究的重要前提,传统的物质流分析框架包括物质投入端、经济系统和物质输出端三部分。

其中,物质投入端包含了输入系统的所有物质,不仅包括本国开采的各种原料及国内隐藏流,还包括从其他国家和地区进口的物质;经济系统连接着物质投入端和物质输出端,是影响两端物质流量的重要枢纽,它是物质流分析框架的核心部分;物质输出端则主要包括国内加工产出物质、出口物质和国内隐藏流。根据研究对象的变化,对传统的物质流分析框架进行改进,得到生活垃圾处理系统的物质代谢框架,如图8-3所示。

城市生活垃圾处理系统的物质代谢框架由三大模块构成,分别为系统输入端、垃圾处理系统和系统输出端。

系统输入端描述的是城市生活垃圾产生总量,由厨余垃圾、废纸、废塑料、废玻璃及其他(废织物、木质废弃物、渣土)组成。

垃圾处理系统描述垃圾的具体流量和流向,包括垃圾的一次分拣回收量、分选回收量、堆肥量、再利用量等。一次分拣回收量是指垃圾在产生之后被有偿回

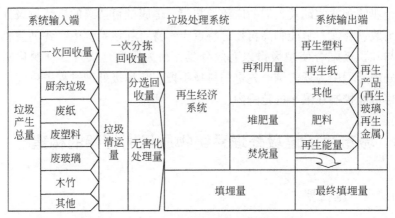

图 8-3　城市生活垃圾处理系统物质代谢框架

收的量，包括个人或单位变卖的部分及被拾荒人员捡拾的部分；清运量是指被环卫人员收集的垃圾量；分选回收量是指在垃圾中转站分选出来的可回收利用量；无害化处理量包括用于堆肥、焚烧及卫生填埋的垃圾量；再利用量是指基本不改变旧制品的原貌，仅对其进行适当清洁或修整等简单工序后经过性能检测合格，直接回用的量，或指经过破碎、回炉等专门工艺加工形成再生原材料，用于替代传统形式的原生材料的量，包括一次分拣回收量和分选回收量。

　　系统输出端则描述的是再生产品和能量的产生情况。按城市生活垃圾的原料来看，城市生活垃圾主要由厨余垃圾、废纸、废玻璃、废金属等组成，因此，系统输出端主要表征再生纸、再生玻璃、再生金属、再生能量、肥料的输出量。

8.1.3　城市生活垃圾处理系统物质代谢指标制定

　　对城市生活垃圾处理系统物质代谢的研究，其重点关注的是输入系统的垃圾的回收、循环利用、资源化的能力及潜力。相对于前端垃圾的输入与终端再生产品输出，此部分具有较强的可操作性。本书结合现有城市生活垃圾统计体系建立合适的测算指标，以表征城市生活垃圾资源化潜力的变化，为评价城市生态系统可持续发展能力提供参考。表 8-1 列出了用于城市生活垃圾处理系统物质代谢分析所设定的指标。

表 8-1　城市生活垃圾处理系统物质代谢指标

类别	具体指标	计算表达式
输入指标	垃圾产生总量	垃圾产生总量=厨余垃圾产量+废纸量+废塑料量+废玻璃量+废金属量+其他=垃圾清运量+一次分拣回收量（有偿回收量）

续表

类别	具体指标	计算表达式
输出指标	输出总量	输出总量＝再生产品输出量+能量
	再生产品输出量	再生产品输出量＝再生纸制品+再生塑料制品+再生金属制品+再生玻璃制品+肥料+其他再生产品
	其他再生产品量	其他再生产品量＝再生木制品+再生织物
	回收利用量	回收利用量＝一次分拣回收量+分选回收量
强度及效率指标	垃圾再利用率	垃圾再利用率＝回收利用量÷垃圾产生总量
	分选回收率	分选回收率＝分选回收量÷垃圾清运量
	堆肥率焚烧率填埋率	堆肥率＝堆肥量÷垃圾清运量焚烧率＝焚烧量÷垃圾清运量填埋率＝填埋量÷垃圾清运量

表 8-1 中生活垃圾清运量是指在生活垃圾产量中能够被清运至垃圾消纳场所或转运场所的量，影响因素为生活垃圾产量、垃圾回收比率、清运率等。生活垃圾清运量不包含在源头便进入回收系统的废弃物，目前，统计部门的各种报告及科学文献中的数据绝大多数采用清运量。随着环卫水平的提高，垃圾清运率已接近 100%，近两年的数据显示北京生活垃圾清运量等于垃圾产生量。

生活垃圾产生总量是指一个城市或地区居民生活产生的垃圾总量，影响因素为城镇人口数量、经济发展水平、居民收入与消费结构、燃料结构、管理水平、地理位置等。生活垃圾产生总量一般根据人口数量，按照统计学方法抽样调查得出。

8.1.4　城市生活垃圾处理系统物质代谢效益模型建立

对生活垃圾产量、组分及其代谢过程的分析能够使我们对垃圾处理处置设施的建设进行更好的规划，这是对垃圾进行"末端处理"的必要环节，是垃圾的管理及处置过程中不得不进行的工作。但是，不能直观地反映出其对经济、社会及环境的影响。通过对垃圾管理及处置的过程进行综合效益的分析，我们才能了解管理效果，并发现不足。生活垃圾处理的综合效益分析，是检验垃圾管理及处置工作是否协调、合理的一种方式，是对城市生活垃圾处理系统研究中不可缺少的一部分。城市生活垃圾处理系统作为一种经济系统，其效益包含经济效益、社会效益和环境效益，在对其进行效益分析和评价时，不能只片面地关注其当前所能带来的经济效益，需综合考虑短期和长期效益，根据社会的可持续发展结合社会和环境效益对其做出合理评价。

8.1.4.1　经济效益

城市生活垃圾处理系统中的经济效益是判断垃圾管理及处置是否合理的重要因素之一。其考查指标有正、负两种，正指标指的是垃圾处理带来的收益，包括垃圾中可再利用的部分作为废品出售而带来的收益，还包括垃圾资源化产物产生的价值，如垃圾焚烧所产生的热能的价值、垃圾堆肥所产生的肥料的价值等。负指标指的是垃圾管理及处置过程需要的资金投入，包括垃圾处置设施的建造成本及后期追加的投入、垃圾管理及处置过程的运行成本及额外技术支持的资金投入等。

(1)　可回收资源经济价值计算模型

$$V_t = \sum_{i=1}^{n} W_i Y_i \tag{8-1}$$

式中，V_t——可回收废品第 t 年的经济价值，万元；

n——可回收废品种类的数量；

W_i——第 i 种可回收废品的量，万 t；

Y_i——第 i 种可回收废品的售价，元/t。

(2)　生活垃圾处置的经济效益模型

目前，我国对生活垃圾的处置主要有堆肥、焚烧和填埋三种方式，效益费用随垃圾处理方式的不同可分为如下三部分：垃圾处置带来的收益 A_t；垃圾收运成本 B_t；垃圾处理处置的投入及运转费用 C_t。可用公式 $N_t = A_t - B_t - C_t$ 表述，其中，N_t 为垃圾处置系统第 t 年的净效益，单位为万元，具体计算式为

$$N_t = \sum_{j=1}^{m} M_j X_j - B_t - \sum_{j=1}^{m} M_j Z_j \tag{8-2}$$

式中，m——垃圾处置方式的数量；

M_j——第 j 种处置方式的量，t；

X_j——第 j 种处置方式的收益，元/t；

Z_j——第 j 种处置方式的成本，元/t。

8.1.4.2　环境效益

城市生活垃圾处理系统的经济效益只是其综合效益中的一部分，一直以来被人们所忽略的是其真正意义上的环境效益。城市生活垃圾的产生、投放、收运及处理处置过程涉及的社会活动和环境影响范围较大。因此，其产生的环境效益也较为宽泛。例如，城市生活垃圾良好的处置所带来的友好的居住环境能使人们心情愉悦；垃圾污染的减少为人们带来清洁的呼吸和健康的生活；减少垃圾填埋量

可以缓解用地压力，减少耕地的占用，减轻对地下水和土地资源的污染；再生产品的使用可以强化人们节约资源、能源及环保的意识等。

在对城市生活垃圾处理系统的环境效益进行分析和评价时，值得注意的是，有很大一部分社会和环境影响是不能够立刻显现出来的，如垃圾填埋引起的土地和水资源的污染对人们健康的影响，虽然此类影响并不能及时地显现出来，但其对社会和环境的可持续发展影响深远。从社会及环境可持续发展的角度看，合理的城市生活垃圾处理系统的长期效益远比短期效益及直接获得的经济效益大。因此，需客观、全面地对生活垃圾处理系统进行效益分析和评价。

8.2 北京市生活垃圾处理系统物质代谢分析

以北京市生活垃圾处理系统为例，对其进行物质代谢分析，并对其物质代谢情况进行效益分析，为北京市乃至我国其他城市生活垃圾资源化奠定基础。

8.2.1 北京市生活垃圾处理现状分析

北京市作为我国的首都，经济发展迅速，人口数量持续增多。根据《2012北京统计年鉴》，截至2012年底，北京市常住人口已达到2069.3万人，常住外来人口773.8人口，城镇人口1783.7万人，乡村人口285.6万人。2012年全市地区生产总值（GDP）为17 879.4亿元，其中第一产业、第二产业、第三产业生产总值分别为150.2亿元、4059.3亿元、13 669.9亿元。随着人民生活水平的日益提高及国内外驻京机构的增多，北京市生活垃圾的产生量逐年增多，垃圾管理与处置遇到了比其他城市更多的难题。

8.2.1.1 垃圾产生量及成分分析

(1) 生活垃圾产生量分析

图8-4为北京市2000~2012年生活垃圾产生量。由图可见，北京市生活垃圾产生量大，增长快。2000年北京城市生活垃圾产生量为296万t，继中国成功加入WTO及成功申办奥运会以后，由于商机骤多，城市经济的发展速度加快，北京市2000~2007年生活垃圾产生量年均增长率高达15%。受奥运会的影响，来京旅游人数增多，垃圾产生量更是增长迅速，从2007年的619万t增长到2008年的672.8万t，其中，日产餐厨垃圾已经达到1300t左右。

近年来，随着垃圾管理及处理设施的不断完善，以及限制过度包装、净菜进城等垃圾减量化措施的实施，北京市生活垃圾处理效果已经开始显现，垃圾产生

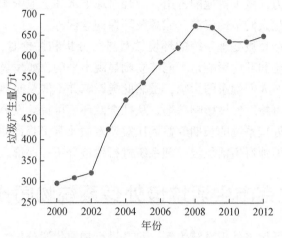

图 8-4　北京市 2000～2012 年生活垃圾产生量
资料来源:《北京统计年鉴》(2001～2013 年)

量的增长速度处于逐年降低的态势。2008 年以后北京市生活垃圾产生量开始出现短暂的负增长,2011 年下降到 634.4 万 t。但是,由于人口数量的逐年增长及人们消费水平的提高,2011 年以后垃圾产量又呈现上升的趋势,至 2012 年底北京市生活垃圾产量达到了 648.3 万 t。

北京市生活垃圾产生及处置情况[119],如表 8-2 所示。由表可见,北京市生活垃圾产生量总体呈增加的趋势,生活垃圾清运能力与无害化处理能力近年来都有所提升,这使得北京市的市容环境有较大的改善。

表8-2　北京市生活垃圾产生及处置情况

年份	2005	2006	2007	2008	2009	2010	2011	2012
生活垃圾产生量/万 t	537.0	585.1	619.5	672.8	669.1	634.9	634.3	648.3
生活垃圾清运量/万 t	454.6	538.2	600.9	656.6	656.1	633.0	634.3	648.3
生活垃圾无害化处理率/%	81.2	92.5	95.7	97.9	98.2	96.9	98.2	99.1
常住人口/万人	1538.0	1581.0	1633.0	1659.0	1755.0	1961.2	2018.6	2069.3

(2) 生活垃圾成分分析

表 8-3 为北京市生活垃圾主要成分所占比例[118]。由表可知,近年来北京市生活垃圾的主要成分是厨余垃圾,这与北京丰富的饮食有很大关系。纸类、塑料、木竹等成分在生活垃圾中所占比例较前几年有所提高,这主要是由北京燃料结构变化及消费品的包装趋向于使用轻便材料所致。金属及玻璃瓶类经济价值较高的废弃物在混合垃圾中的比例很低。可见,人们还是比较热衷于对有价废品的回收。

表8-3　北京市生活垃圾主要成分所占比例（单位:%）

年份	厨余	纸类	塑料	木竹	灰土
2005	63.79	9.25	11.76	1.26	9.10
2006	63.39	11.07	12.70	1.28	5.85
2007	66.22	10.68	12.30	2.27	4.83
2008	66.19	10.89	13.11	3.28	3.50

8.2.1.2　生活垃圾分类及收集方式

(1) 分类方式

对生活垃圾理想的处理方式是，在其产生的源头按照一定的分类标准将其分开收集和投放，将可回收的生活垃圾通过各种回收途径和科技手段进行再生利用，将厨余垃圾等湿分较大的有机垃圾进行生化处理，将热值较高的可燃生活垃圾进行焚烧处理，对没有回收价值的部分及焚烧余烬进行填埋处理。这样既提高了生活垃圾作为再生资源的利用率，一定程度上减少了不可再生资源和能源的投入，又能减少终端垃圾的填埋量，有效实现了生活垃圾处理的减量化、资源化和无害化，同时也体现了发展循环经济减量化、再利用、资源化的3R原则。

根据国家建设部颁布的《城市生活垃圾分类及其评价标准》（CJJ/T 102—2004），将城市生活垃圾分为六类[119]，具体如表8-4所示。

表8-4　城市生活垃圾分类

序号	类别	主要内容
1	可回收物	纸类：较清洁的文字用纸
		塑料类：容器、包装物等
		金属类：各种类别的金属
		玻璃类：有色和无色废玻璃制品
		织物类：废旧纺织衣物和纺织制品
2	大件垃圾	需进一步拆分的体积较大的废弃物：如废旧家具和电器
3	可堆肥垃圾	垃圾中适宜生化处理并制成肥料的物质，包括厨余垃圾及植物类垃圾
4	可燃垃圾	可以燃烧的垃圾，包括植物类垃圾、不易回收的废旧纸类等
5	有害垃圾	指对人或自然有可能产生危害的垃圾，包括电子产品、废灯管、废油漆、废旧化学制品等
6	其他垃圾	上述五类以外的垃圾

国家相关标准规定，不同的地区可以结合当地生活垃圾的产生特性按需设置具体的分类垃圾桶。现阶段，北京市大多数居民小区中设有餐厨垃圾、可回收垃圾和其他垃圾三种垃圾桶，而公共场所一般设有可回收垃圾和其他垃圾两种垃圾桶。

(2) 收集方式

生活垃圾的收集是指将产生的生活废弃物丢弃到垃圾桶或废品收购点的过程。一般来说，商品在完成它的使用价值之后便成为废弃物，这些废弃物中部分经济价值较高的会被当成废品出售，进入回收环节，而其他经济价值较低或不具有经济价值的则被人们丢弃成为垃圾。众所周知，垃圾是放错了地方的资源，也是目前总量唯一增长的资源，对不同性质的垃圾若采取适当的处置方式，对社会来说是一种弥足珍贵的财富。然而，生活垃圾的来源广泛、成分复杂，且不同性质的垃圾往往混合在一起，给后续的处置过程带来了极大的困难，不利于资源化处理。

目前，北京市生活垃圾的处理流程，如图 8-5 所示。由图可见，垃圾分类越早，对其进行再利用的步骤就越少，再利用价值就越高，对环境造成的污染也就越小。

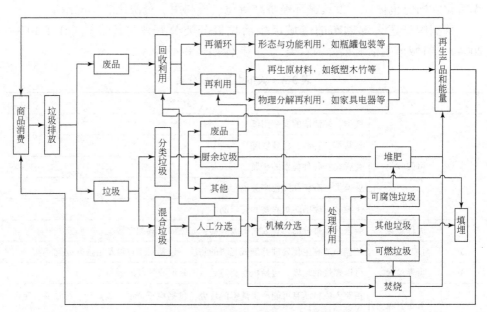

图 8-5　北京市生活垃圾处理流程

北京市的生活垃圾分类及收集过程呈以下特点。

1) 生活垃圾分类回收并没有统一的模式，而且分类情况很不理想。

2）对有价的废品进行回收并形成回收市场，这也是我国特有的一种回收模式，人们会根据废品的经济价值，自发地将其分类收集并出售。

3）对餐饮垃圾基本实现了分类收集。

4）对经济价值较低或没有价值的废弃物，北京市仍主要采取混合投放、混合收集的方式，而居民产生的厨余垃圾一般和此部分垃圾混在一起。

从居民家庭到垃圾箱或废品回收站点，属于垃圾的分类收集阶段，在这一阶段人们若能够按分类要求对垃圾进行分类和投放，不仅可以减少后续处理工序，降低其处理成本，还可以提高垃圾资源化效率，但是目前这一阶段的分类效果并不理想。

总之，北京市生活垃圾以混合投放、混合收集为主，增加了垃圾资源化的难度。混合垃圾中的纸类、塑料类及木竹类垃圾具有很高的燃烧热值，而厨余垃圾又是很好的堆肥原料，如果将厨余垃圾与燃烧热值高的垃圾分开投放和收集，按目前垃圾处理的技术水平，北京市生活垃圾资源化处理还是有很大空间的。

8.2.1.3　生活垃圾处置方式及处置设施

(1) 生活垃圾处置方式

目前，北京市生活垃圾的处置方式主要有三种，即卫生填埋、焚烧和堆肥（生化处理），卫生填埋仍是最主要的处置方式。图8-6展示了北京市生活垃圾处置趋势。由图可知，2006～2012年北京市生活垃圾填埋比例持续下降，堆肥和焚烧比例逐年提高，但增长的幅度不大。2012年，垃圾填埋比例降到了68.3%，焚烧和堆肥比例分别提高到14.74%和14.83%，垃圾填埋、焚烧和堆肥的比例达到了70：15：15。

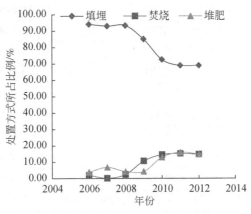

图8-6　北京市生活垃圾处置趋势

据统计,北京市现有垃圾填埋场 15 座,而生活垃圾堆肥厂和焚烧厂仅分别有 4 座和 2 座,另外还有一些非正规的填埋场遍布北京市各个城区,随着用地价格的暴涨,土地资源日益紧张,并且考虑地下水保护、风向等因素的影响,北京市可作为垃圾填埋场的地址已经很少了。

(2) 生活垃圾处置设施

目前,北京市生活垃圾日产量已达 1.78 万 t,垃圾无害化处理设施设计日处理能力为 1.66 万 t,大部分垃圾处理设施处于高负荷运行状态。北京市生活垃圾处理设施,如表 8-5 所示。垃圾处理设施超负荷运行会造成渗沥液难以处理、难以控制臭味等,从而引发一系列环境污染问题,还会缩短其使用寿命。

表 8-5　北京市生活垃圾处理设施

设施名称	位置	主要服务范围	主要处理工艺	设计日处理能力/t
环卫集团阿苏卫填埋场	昌平区	东城区、西城区、朝阳区、昌平区	卫生填埋	2000
朝阳高安屯填埋场	朝阳区	朝阳区、通州区	卫生填埋	1000
环卫集团北神树填埋场	通州区	东城区、朝阳区、大兴区	卫生填埋	980
环卫集团南宫堆肥厂	大兴区	西城区、丰台区、东城区、朝阳区、大兴区	堆肥	600
环卫集团安定填埋场	大兴区	西城区、丰台区、东城区、朝阳区、大兴区	卫生填埋	1400
丰台永合庄填埋场	丰台区	丰台区	卫生填埋	2000
门头沟焦家坡填埋场	门头沟区	石景山区、门头沟区	卫生填埋	600
海淀六里屯填埋场	海淀区	海淀区	卫生填埋	1500
房山田各庄填埋场	房山区	房山区	卫生填埋	300
房山半壁店填埋场	房山区	房山区	卫生填埋	200
顺义垃圾综合处理中心	顺义区	顺义区	堆肥	400
通州西田阳填埋场	通州区	通州区	卫生填埋	800
平谷峪口填埋场	平谷区	平谷区	卫生填埋	400
怀柔填埋场	怀柔区	怀柔区	卫生填埋	300
密云滨阳填埋场	密云区	密云区	卫生填埋	300
延庆小张家口填埋场	延庆区	延庆区	卫生填埋	150
延庆永宁垃圾为生填埋	延庆区	延庆区	卫生填埋	150
阿苏卫综合处理厂	昌平区	东城区、西城区、昌平区	堆肥	1600
怀柔垃圾综合处理厂	怀柔区	怀柔区	分选、堆肥	200
顺义垃圾综合处理中心	顺义区	顺义区	焚烧	200

设施名称	位置	主要服务范围	主要处理工艺	设计日处理能力/t
顺义垃圾综合处理中心	顺义区	顺义区	焚烧	200
朝阳高安屯焚烧厂	朝阳区	朝阳区	焚烧	1600

随着北京市经济的迅猛发展及人口数量的不断扩张,生活垃圾产量逐年增长将会是必然趋势,现阶段,北京市生活垃圾的处理还未能摆脱"末端治理"的模式,按北京市的生活垃圾产量速度和填埋比例,未来现有的大部分垃圾填埋场会被填埋封场,迫于严峻的形势,北京市需建造更多的卫生填埋设施来处置这些放错地方的资源,但北京市生活垃圾处理场后备可利用土地资源已所剩不多,占地成本将不断上升。如果不加强垃圾减量化、资源化处置,北京市的生活垃圾处理形势将非常严峻。

为了切实把握好生活垃圾处理工作的力度和深度,北京市政府对生活垃圾的处理方法做出局部调整,力求减少垃圾填埋,扩大垃圾综合利用,并加快垃圾焚烧厂的建设。根据《北京市生活垃圾处理设施建设三年实施方案(2013—2015年)》,2015 年底,新增生活垃圾处理能力 18 000t/d,处理能力达到 23 100t/d,垃圾焚烧和生化等资源化处理比例达到 70% 以上,填埋处理比例降至 30%以下[120]。

8.2.2 北京市生活垃圾处理系统物质代谢分析

依据 8.1.2 节构建的城市生活垃圾处理系统物质代谢分析框架,对北京市生活垃圾进行物质代谢分析,并对生活垃圾的回收利用和处置情况进行分析。

8.2.2.1 北京市生活垃圾处理系统物质代谢全景分析

2007 年北京市生活垃圾处理系统物质代谢情况,如图 8-7 所示。由图可见,2007 年北京市生活垃圾总量为 934.3 万 t,垃圾的再利用量为 359.0 万 t,其中一次分拣回收量为 314.8 万 t,一次分拣回收率为 33.7%,垃圾的再循环利用率达38.4%;清运的 619.5 万 t 垃圾中,机械分选回收量为 44.2 万 t,分选回收率为7.1%,无害化处理的 575.3 万 t 垃圾中,超过 93% 的垃圾被卫生填埋,资源化处理率不到 7%。

2008 年北京市生活垃圾处理系统物质代谢情况,如图 8-8 所示。由图可见,2008 年北京市生活垃圾总量为 1015.6 万 t,垃圾的再利用量为 374.0 万 t,垃圾再利用率为 36.8%,其中一次分拣回收量为 342.8 万 t,一次分拣回收率为33.8%;清运的 672.8 万 t 垃圾中,机械分选回收量为 31.2 万 t,分选回收率为

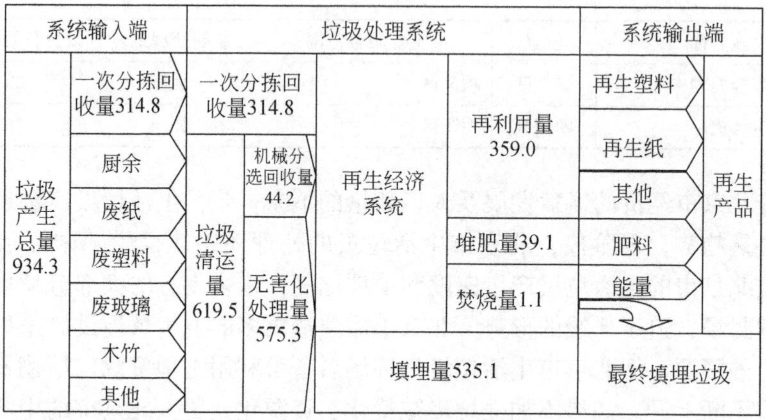

图 8-7 2007年北京市生活垃圾处理系统物质代谢分析（单位：万 t）

4.6%，无害化处理的 641.6 万 t 垃圾中，有 93.3% 的垃圾被卫生填埋，资源化处理率仍不到 7%。

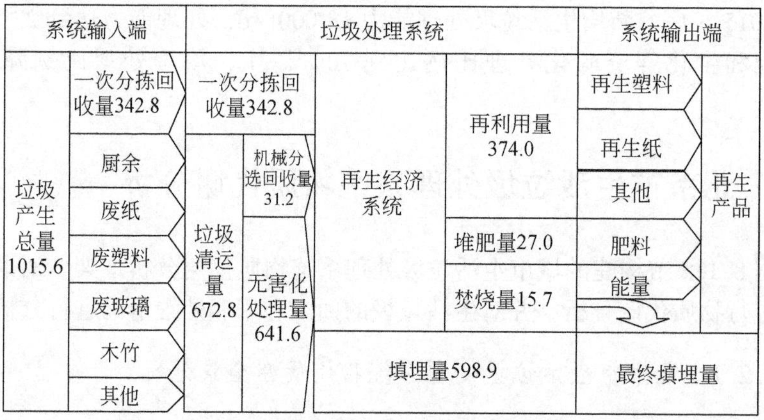

图 8-8 2008年北京市生活垃圾处理系统物质代谢分析（单位：万 t）

2009 年北京市生活垃圾处理系统物质代谢情况，如图 8-9 所示。由图可见，2009 年北京市生活垃圾总量为 1084.4 万 t，为近几年垃圾产生量最多的一年，这主要受 2008 年奥运会的影响，各种商机、进京旅游人数的增加，导致垃圾产生量骤增。垃圾的再利用量为 440.0 万 t，比上年多回收 66.0 万 t，垃圾的再利用率为 40.6%，比上年增长 3.8%，其中一次分拣回收量为 415.3 万 t，一次分拣回收率为 38.3%，清运的 669.1 万 t 垃圾中，机械分选回收量为 24.7 万 t，分选回收率为 3.7%；无害化处理的 644.4 万 t 垃圾中，85% 的垃圾被卫生填埋，堆肥占 4.3%，焚烧占 10.7%，垃圾资源化处理率达到 15%，其相比于 2008 年，提高了1倍多。

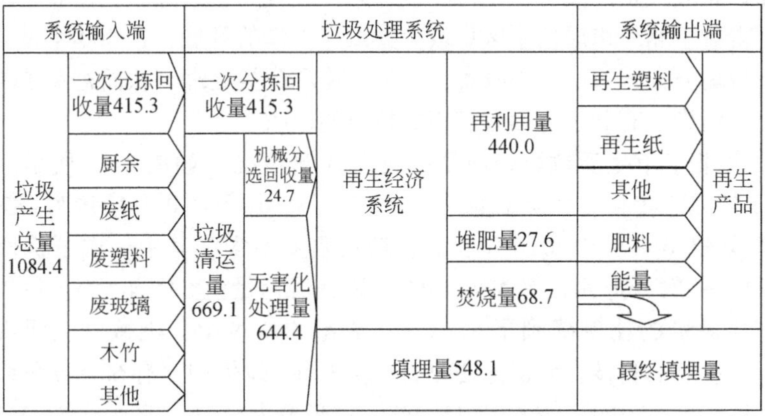

图 8-9　2009 年北京市生活垃圾处理系统物质代谢分析（单位：万 t）

2010 年北京市生活垃圾处理系统物质代谢情况，如图 8-10 所示。由图可见，2010 年北京市生活垃圾总量为 1080.8 万 t，较 2009 年有所减少，垃圾的再利用量为 467.0 万 t，垃圾再利用率达到 43.2%，其中一次分拣回收量为 445.8 万 t，一次分拣回收率为 41.2%；无害化处理的 613.8 万 t 垃圾中，72.6% 的垃圾被卫生填埋，堆肥占 12.9%，焚烧占 14.5%，垃圾资源化处理率达到了 27.4%。相比于 2009 年，垃圾资源化处理率提高了 82.67%，增幅很大。

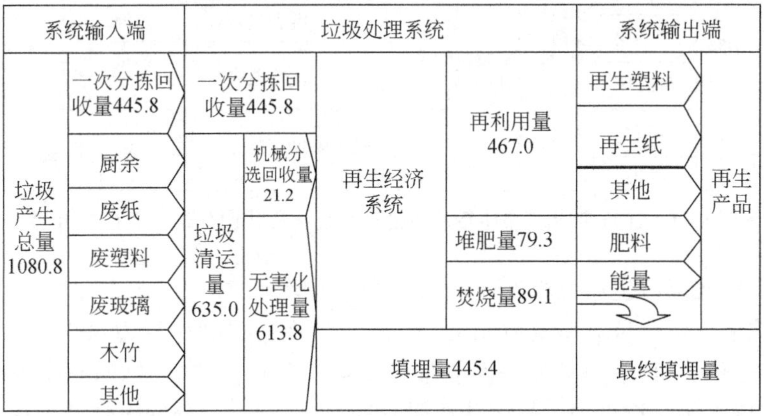

图 8-10　2010 年北京市生活垃圾处理系统物质代谢分析（单位：万 t）

2010 年进京旅游人数达 18 390.1 万人次，较 2009 年的 16 669.5 万人次，增加了 1720.6 万人次，但生活垃圾产生总量并未增加。从 2010 年和 2009 年垃圾产生量和清运量数据可以看出，垃圾清运量的下降比例大于垃圾产生量的下降比例，这说明更多的垃圾被回收利用。其原因有两方面，一方面，是对机关、企事业单位加强垃圾减量的要求，使得废纸等办公垃圾产生量减少，回收率提高；另一方面，得益于北京市居住小区垃圾分类试点工作的开展，在 600 个试点小区加强了厨余垃圾分类投放、分类收集、分类运输和分类处理，从而避免了与其他垃圾的混合与污染，有利于可回收利用的垃圾的回收。

2011 年北京市生活垃圾处理系统物质代谢情况，如图 8-11 所示。由图可见，2011 年北京市生活垃圾总量为 1105.3 万 t，垃圾的再利用量为 482.0 万 t，再利用率为 43.6%，与 2010 年相比，增长幅度不大，其中一次分拣回收量为 471.0 万 t，一次分拣回收率为 42.6%，垃圾清运量为 634.4 万 t，垃圾清运量占垃圾产生总量的比例降到了 57.4%，清运的垃圾中，机械分选回收量仅为 11.0 万 t，效果不明显；无害化处理的 623.3 万 t 垃圾中，有 68.9% 的垃圾被卫生填埋，堆肥占 15.9%，焚烧占 15.2%，垃圾资源化处理率达到 31.1%。相比于 2010 年，垃圾资源化率提高了 13.50%，增幅较大。主要原因是分类试点小区的增加，垃圾处置设施的进一步完善，使得垃圾处理逐渐合理化。

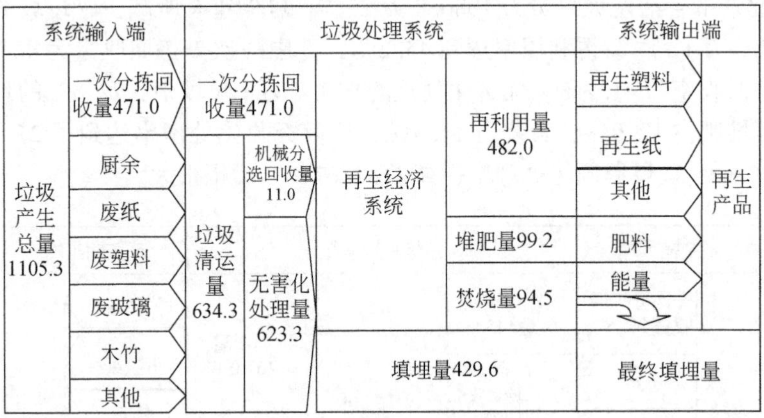

图 8-11　2011 年北京市生活垃圾处理系统物质代谢分析（单位：万 t）

2012 年北京市生活垃圾处理系统物质代谢情况，如图 8-12 所示。由图可见，2012 年北京市生活垃圾总量为 1132.6 万 t，垃圾的再利用量为 490.0 万 t，再利用率为 43.3%，其中一次分拣回收量为 484.3 万 t，一次分拣回收率为 42.8%，清运的 648.3 万 t 垃圾中，机械分选回收量为 5.7 万 t，分选回收率为 0.9%，无害化处理的 642.6 万 t 垃圾中，有 69.0% 的垃圾被卫生填埋，垃圾资源化处理率达到 31.0%。

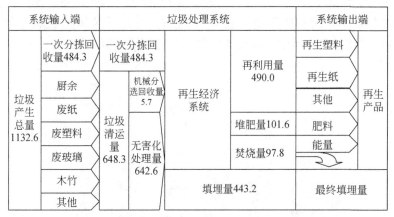

图 8-12   2012 年北京市生活垃圾处理系统物质代谢分析（单位：万 t）

8.2.2.2   北京市生活垃圾回收利用分析

北京市生活垃圾清运与回收量数量关系，如表 8-6 所示。由表可知，北京生活垃圾的产生总量远大于垃圾的清运量。这是因为受我国传统习惯、节约意识、文化教育等因素的影响，人们大多将价值较高的生活垃圾分离进行出售，对已经进入垃圾箱的部分价值价高的垃圾，通过拾荒将其捡拾分类后出售给集散交易市场里的商户，人们对价值较高的废品基本能做到分类进行出售。经计算，垃圾产生总量的年均增长率为 3.98%，而垃圾清运量的年均增长率为 0.91%，垃圾产生量增长的速度大于垃圾清运量的增长速度，这说明再生资源回收市场的存在，使更多的废品得到了回收再利用，一定程度上减轻了环境压力。

表 8-6   北京市生活垃圾清运与回收数量关系（单位：万 t）

年份	清运量	无害化处理量	分选回收量	回收总量	一次分拣回收量	垃圾产生总量
2007	619.5	575.3	44.2	359	314.8	934.3
2008	672.8	641.6	31.2	374	342.8	1015.6
2009	669.1	644.4	24.7	440	415.3	1084.4
2010	635.0	613.7	21.2	467	445.8	1080.7
2011	634.3	623.4	11.0	482	471.0	1105.4
2012	648.3	642.6	5.7	490	484.3	1132.6

资料来源：《北京统计年鉴》（2008～2013 年）；

注：（1）分选回收量＝清运量－无害化处理量；

（2）一次分拣回收量＝回收总量－分选回收量

北京市生活垃圾回收利用情况，如图 8-13 所示。由图可见，2010～2012 年北京市的再生资源回收率已稳定在 43% 左右，与国外垃圾回收利用较好国家（图 8-14）相比，北京市生活垃圾的回收已经达到了一定水平。

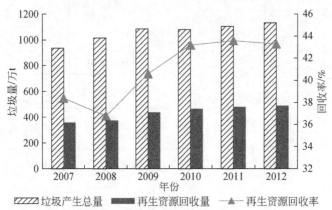

图 8-13　北京市生活垃圾回收情况

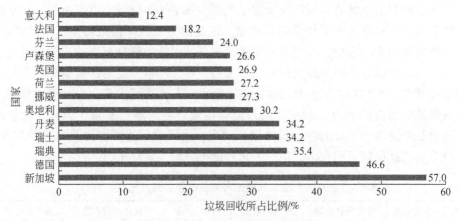

图 8-14　部分国家垃圾回收利用情况

这主要是因为我国历来就有收旧利废的传统，受废品回收市场和拾荒者的影响，绝大部分废旧物资在进入清运渠道之前已经得到了回收，使部分价值高的废品得以回收利用，只有一些价值很低、回收成本很高的废品才真正进入排放渠道。据不完全统计，2006 年北京市生活垃圾的回收率已达到 33%，其中一次回收率达 22%，与国外垃圾回收工作做得好的国家相比，北京市的生活垃圾回收再利用水平并不是太低。并且自 2006 年北京市商务委员会①建立再生资源回收体

———————————
①　2018 年 11 月，北京市商务委员会更名为北京市商务局。

系以来,北京市已形成了由 20 家回收主体企业、13 个回收中心、3600 多个回收站点构成的再生资源回收体系,其范围覆盖 8 个区县,回收物主要包括废纸、废塑料、废金属、废玻璃及电子废弃物等。可见,北京市再生资源回收量正逐年增加,回收率已处于一个较高水平,很大程度上提高了生活垃圾的源头减量。

值得注意的是,通常所说的垃圾回收率低,是指进入清运渠道的那部分垃圾的回收再利用率低,由于统计口径不一样,在与国外进行回收率对比时,得出的回收率计算结果就不存在可比性。所以,不能据此证明“我国的城市生活垃圾回收率低于国外”的结论。事实上,如果加上进入回收利用渠道的那部分垃圾,我国的垃圾回收利用率应该是很高的。因此,在制定回收率目标时,不能仅把注意力放在排放清运的那部分垃圾上,对清运的垃圾采取合理的资源化处置方式,减少垃圾填埋量才是我们需要关注的重点。

8.2.2.3 北京市生活垃圾处理情况分析

2006～2012 年北京市垃圾处理方式及比例,如图 8-15 所示。由图可见,北京市生活垃圾处理方式中,填埋的比例正逐渐下降,焚烧和堆肥处理的比例逐年提高。但是,目前北京生活垃圾仍以卫生填埋为主,焚烧和堆肥等处理方式受垃圾分类不到位、垃圾处理技术不成熟等因素限制,发展较缓慢。由上节的分析可知,北京市的生活垃圾回收已处于较高的水平,垃圾的堆肥、焚烧、填埋处理比例不合理,才是造成北京市生活垃圾问题的直接原因。

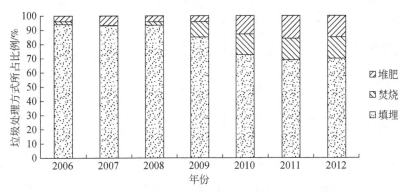

图 8-15　2006～2012 年北京市垃圾处理方式及比例

资料来源:《中国城市建设统计年鉴》(2007～2013 年)

部分欧盟国家生活垃圾处理方式及比例[121],如图 8-16 所示。由图可见,欧盟国家的生活垃圾除了回收利用的部分,其余以焚烧处理为主,多个国家的垃圾焚烧率已经超过 40%,瑞士、卢森堡和丹麦的焚烧水平将近 80%,垃圾填埋率很低,其中,德国、瑞典、丹麦等国家的垃圾填埋率均在 5% 以下。

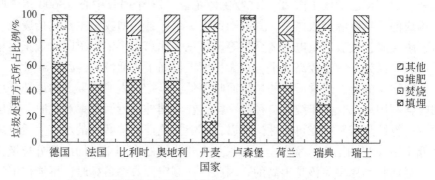

图 8-16   部分欧盟国家生活垃圾处理方式及比例（2000 年）

国外生活垃圾处理的高资源化率[122]（主要是高焚烧率）、低填埋率的原因，一方面，是其生活垃圾中的可燃成分较高，适合焚烧处置（表 8-7）；另一方面，是国外的垃圾分类收集水平较高，也比较精细。而保证垃圾按其成分进行有效处置的前提是对垃圾进行合理的分类，这已在发达国家形成共识，各国的分类方式多是根据本国的垃圾成分及资源化利用方式设置的。例如，日本垃圾处理以焚烧为主，因此主要将垃圾分为可燃垃圾、不可燃垃圾等。

表 8-7   部分国家生活垃圾组成（单位:%）

类型	美国	日本	德国	英国	法国
厨余	17	18.6	16	18	15
塑料、橡胶、皮革	6	12.7	4	1.5	4
纸类、木竹	44	46.2	31	33	34
织物	21	6.4	2	3.5	3
玻璃、金属	20	16.4	18	15	13
灰烬、碎石、瓦片	11	6.1	22	19	22
可燃物比例	52	60	37	38	41

20 世纪 90 年代以前，很多国家的生活垃圾处理方式以填埋为主，后来随着经济的发展、技术的进步及其他一些因素，越来越多的国家对垃圾的处理以焚烧、堆肥等资源化处置方式为主。纵观发达国家的生活垃圾处理，其一般经历了以末端治理为主到综合管理、以填埋处置为主到以资源化处置为主的发展过程。

由于垃圾成分不尽相同，适合其资源化的处置方式也会发生变化，不能完全照搬发达国家的经验，应该根据本国国情，采用恰当的处置方式。北京市生活垃圾中的易腐有机成分，其含量较高（见 8.2.1 节），适合做堆肥处置。因此，现阶段只有将厨余垃圾与其他生活垃圾分开收集，才能提高垃圾的资源化水平。可以预见，北京市生活垃圾处理方式将会经历以填埋为主到以生化处置为主，再到以资源化处置为主的阶段。

8.2.3 北京市生活垃圾处理系统物质代谢的效益分析

8.2.3.1 分类收集效益

生活垃圾分类收集是实现其最大程度的回收和资源化处理的重要前提，已在许多发达国家广泛实施。分类收集生活垃圾不需要大量的资金投入和技术投入，只需要加强管理。因此，可作为发展中国家垃圾减量化的有效措施之一。

北京市作为中国的首都，对城市生活垃圾的管理极为重视。目前，北京市正在实施生活垃圾分类收集试点工作，已在全市 1200 个小区设立了生活垃圾分类收集试点，垃圾所分类别主要为厨余垃圾、可回收垃圾和其他垃圾 3 类。

分类收集是实现垃圾减量的根本途径，实施垃圾分类收集的经济效益主要体现以下几个方面：首先，垃圾分类收集可以提高废品的回收率，使垃圾产量减少，进而减少了垃圾的运输与处置量，由此减少了垃圾的管理和处置费用。其次，将分类回收的废品重新加以利用，减少原材料的使用，简化产品的生产加工工艺，在一定程度上节省了生产成本。从目前回收利用技术来看，回收 1t 废纸可生产 0.85t 的再生纸品，节省木材 0.3t，比等量生产减少污染 74%；回收 1t 塑料饮料瓶可获得 0.7t 二级原料；回收 1t 废钢铁可炼好钢 0.9t，比用矿石冶炼节约成本 47%，减少 75% 的空气污染、97% 的水污染和固体废弃物[123]。

生活垃圾分类处理带来的环境效益也是非常显著的。例如，将湿分较大的厨余垃圾与纸类、塑料等热值比较高的垃圾分开收集，使易腐有机质成分较纯，这有利于垃圾的堆肥处置，可产生大量的优质有机肥，还可避免填埋场的臭气扰民。垃圾的分类能够有效降低垃圾收运过程中的二次污染，有利于可燃垃圾的焚烧处置，降低对焚烧设备的损坏，减少空气污染。有害垃圾的分类收运更能避免垃圾填埋时对土壤和水体的污染；垃圾分类收集使可回收的资源得以再生利用，能够减少自然资源的开发及加工过程中产生的环境污染和破坏。

8.2.3.2 回收利用效益

我国城市生活垃圾的收集、运输和处理的费用主要由地方政府和国家承担，随着人口数量的增多、人们消费水平的提高，垃圾产生量也将进一步增加，加之人们对环境保护的重视，处理垃圾水平及需要的处理费用也将进一步提升，这使得政府在垃圾管理方面将面临更大的资金压力。提高废品的回收量，一方面能够很大程度上减少自然资源和能源的开采量，另一方面能够一定程度上减少垃圾的管理及处置费用，从而减轻国家和地方政府的财政压力。北京市可回收资源所占比例及其回收价格[124]，如表 8-8 所示。

表 8-8　北京市可回收资源所占比例及其回收价格

种类 i	组成	所占比例/%	回收价格/(t/元)
1	铁	21	2 300
2	铜	1	55 000
3	铝	3	1 100
4	塑料	10.5	4 500
5	纸板	22	1 150
6	玻璃	10.5	200
7	旧书报	10.5	800
8	布	10.5	400
9	木头	9.5	400
10	其他	1.5	3 600

　　据统计，北京市 2004 年废品回收量为 100 万~130 万 t，2006 年为 163.8 万 t。自 2006 年起，北京市商务委员会开始建立了再生资源回收体系，完善再生资源市场的同时增加分类试点，北京市废品回收量大幅增加，2007 年废品回收量攀升至 359 万 t，2012 年则达到 490 万 t。

　　对回收的再生资源的经济价值进行估算。由 8.2.3 节中的生活垃圾物质代谢的数据计算出，2007~2012 年平均每年回收的再生资源量为 435 万 t，根据表 8-8 中每种组成所占比例计算出各组成的重量，结合其对应的价格，由式（8-1）计算出北京市 2007~2012 年平均每年回收的再生资源的经济价值 V。

$$V = \sum_{i=1}^{n} W_i Y_i$$

$$= 435 \times (0.21 \times 2300 + 0.01 \times 55\,000 + 0.03 \times 1100 + 0.105 \times 4500 + 0.22 \times 1150$$
$$+ 0.105 \times 200 + 0.105 \times 800 + 0.105 \times 400 + 0.095 \times 400 + 0.015 \times 3600)$$

$$= 883\,267.5 \text{ 万元}$$

即平均每年回收的再生资源经济价值高达 883 267.5 万元。

　　此外，生活垃圾分类回收，使政府部门对垃圾的集中清运量减少，从而减小了垃圾的运输量，一定程度上减轻了城市交通的压力，为全市交通的快速便捷做出了贡献。

8.2.3.3 处理处置效益

大量生活垃圾的收集、运输和处理不仅给社会带来了沉重的经济负担，其管理及处理方式的不合理还造成了日益严重的环境问题，未经分类的生活垃圾被填埋后更是加剧了环境污染。

（1）现有处理模式

由于北京市和深圳市均属于我国经济发达的地区，本书参照深圳市生活垃圾处理的成本[125]，采用类比法，推算出北京市垃圾处理的各种成本如下：

北京市生活垃圾收运成本约为 90 元/t。

填埋处理的平均成本包括建设成本和运营成本，北京市垃圾填埋的平均成本约为 90 元/t，由于垃圾填埋气发电产生的利润很少，与垃圾填埋处理成本相比可以忽略不计。

垃圾焚烧的基本成本也包括建设成本和运营成本，北京市垃圾焚烧的平均成本约为 158 元/t，垃圾焚烧发电产生的利润为 195 元/t 生活垃圾［按焚烧发电 300kW·h/t，电价 0.65 元/(kW·h) 计算］。

厨余垃圾堆肥处理的成本为 132.8 元/t。根据北京市和广州市对厨余垃圾处理的尝试，每 1kg 厨余垃圾可以产生 0.5~0.8kg 的肥料，按 1t 厨余垃圾产生 0.6t 肥料、肥料售价为 400 元/t 计算，则堆肥处理产生的利润为 240 元/t。

以 2012 年为例，对北京市生活垃圾处理的经济效益进行计算。

2012 年北京市生活垃圾清运量为 648.3 万 t，填埋量、焚烧量和堆肥量分别为 443.2 万 t、94.7 万 t 和 95.3 万 t。

按式（8-2）计算，各参数取值如下：

$$m=3，M_1=443.2\times10^4，M_2=94.7\times10^4，M_3=95.3\times10^4，$$

$$X_1=0，X_2=195，X_3=240，$$

$$Z_1=90，Z_2=158，Z_3=132.8；$$

$$B_t=648.3\times10^4\times90=58\ 347\ 万元$$

代入式（8-2）计算得

$$N_t=(443.2\times10^4\times0+94.7\times10^4\times195+95.3\times10^4\times240)-648.3\times10^4\times90$$

$$-(443.2\times10^4\times90+94.7\times10^4\times158+95.3\times10^4\times132.8)$$

$$=-84\ 514.9\ 万元$$

2012 年北京市生活垃圾处理的效益为 -84 514.9 万元。可见，北京市目前垃圾处理的成本费用远高于其带来的利润。这是因为北京目前的垃圾处理方式以混合收集为主，垃圾清运量大，清运费用高。另外，近 70% 的清运的垃圾被填埋，而垃圾填埋产生的经济效益极小，相对于其处置成本可以忽略不计。

（2）厨余垃圾单独收集模式

北京市已具有各类垃圾资源化处置设施，包括厨余垃圾生化处理设施、垃圾焚烧处理设施、卫生填埋场等，从技术角度来看，已具备资源化的条件和能力。北京市生活垃圾的分类收集应该以厨余垃圾分类为突破口，重点将厨余垃圾从其他垃圾中分离出来，这样能使干湿垃圾有效地分离，为厨余垃圾及其他垃圾都提供广阔的资源化利用空间。

2012年北京市生活垃圾清运量为648.3万 t，如果前端将其按厨余垃圾、可回收垃圾及其他垃圾三种分类方式进行有效分离，则垃圾的生化处理及焚烧量和效率都会得到极大的提高。按厨余垃圾集中处理的堆肥量占50%，焚烧垃圾量占20%的比例保守测算，则上述参数的取值变为

$$M_1 = 194.5 \times 10^4, \quad M_2 = 129.7 \times 10^4, \quad M_3 = 324.2 \times 10^4$$

利用式（8-2）计算得

$$N_t = （194.5 \times 10^4 \times 0 + 129.7 \times 10^4 \times 195 + 324.2 \times 10^4 \times 240）-648.3 \times 10^4 \times 90$$
$$- （194.5 \times 10^4 \times 90 + 129.7 \times 10^4 \times 158 + 324.2 \times 10^4 \times 132.8）$$
$$= -36\ 298.9\ 万元$$

此种处置模式下的效益−36 298.9万元。计算结果为仍为负值，说明垃圾处理的总成本仍然高于其收益。此模式下垃圾处理效益比混合收集模式下高48 216万元，经济效益明显。

由上可知，厨余垃圾与其他垃圾分开收集可为北京市带来巨大的效益。

8.2.4   北京市生活垃圾产量预测

准确预测生活垃圾的产量是对其进行合理的处理规划的先决条件，也是对其进行全过程管理的重要基础性工作。只有对未来的垃圾产量进行准确的预测，才能够根据垃圾的代谢途径对其代谢水平进行系统的分析，有助于决策者对生活垃圾处理系统进行科学的统筹规划和决策，对实现其最大程度的减量化、资源化具有重要的促进作用。

8.2.4.1   预测方法选择

在对城市生活垃圾产量的预测方面，经常使用的方法有多元回归分析法、灰色预测法、时间序列预测法、比率推算法等，以下就各种预测方法的特点进行简单介绍。

（1）多元回归分析法

多元回归分析是指一个因变量与多个自变量之间的变动分析，多元回归预测

就是利用因变量与自变量之间较好的相关性进行预测的方法，一般有线性相关和非线性相关两种预测分析方法。使用多元回归分析方法的前提是各种可能影响因变量的自变量对因变量的影响具有历史的延续性，并且各自变量之间的相关性不能大于自变量与因变量的相关性。式（8-3）为城市生活垃圾产量的多元线性回归模型：

$$\hat{y}=a_0+a_1x_1+a_2x_2+\cdots+a_kx_k \tag{8-3}$$

式中，$\hat{y}$——垃圾的产生量；

x_i（$i=1,2,\cdots,k$）——影响生活垃圾产生的相关指标，如城市人口数量、地区生产总值、人均消费性支出等；

a_i（$i=1,2,\cdots,k$）——回归系数。

多元回归分析模型在建立的过程中，影响因素选取的恰当与否决定了模型的精度及预测趋势的可信度。通常在做回归分析的时候采用定性讨论的方法对可能的影响因素进行筛选，从已有的研究成果来看，与城市生活垃圾产量最为密切的因素是人口和经济发展综合指标。因此，可将二者作为回归预测的基本参数变量。在选取了多个可能影响因素之后，还要对参数指标的相关度进行分析，若所选取的参数指标间显著相关则可以将相关的多个指标合并成一个向量指标或采用一个参数指标列入回归参数中，对拟选的参数指标较多的情况，可采用逐步回归进行筛选。由于该方法考虑的影响因素较全面，从准确度来看，此方法预测结果较为准确，不足之处是该法对指标的筛选过于烦琐，回归系数的确定比较困难，且需要大量的历史数据。

（2）灰色预测法

灰色系统模型 GM（a，b），是可对含有不确定因素的系统进行预测的模型，其形式包括一维高阶和一阶多维等，高阶多维模型由于计算复杂且精度难以保障等，在生活垃圾产量分析中应用不多见，国内外专家通常使用 GM（1，1）模型对垃圾的产量进行预测。灰色预测法的基本步骤是按选定的时间区间构建垃圾产量的原始数列，经一次累加后生成有规律的新数列，再通过一系列处理过程弱化原始数列的随机性，经精度检验合格后构建 GM（1，1）预测模型，可用于垃圾产量预测。其数学表达式为

$$\frac{\mathrm{d}x^{(1)}}{\mathrm{d}t}+ax^{(1)}=u \tag{8-4}$$

$$\hat{x}^{(x)}(t+1)=\left[x^{(0)}(1)-\frac{u}{a}\right]\times\mathrm{e}^{-at}+\frac{u}{a} \tag{8-5}$$

式中，a、u——模型参数；

$x^{(0)}(1)$——模型建模基准年的被预测量值；

$\hat{x}^{(1)}(t+1)$——模型计算的生成量。

(3) 比率推算法

比率推算法在用于城市生活垃圾产量的预测时通常是以人均产率为基准,用人均垃圾产率乘以对应时间的人口数量得出垃圾产量。因此,首先要根据所收集到的数据,分别建立人均垃圾产率及人口数量与时间的函数,继而推算出未来时间段的人均垃圾产量和人口数量,其数学表达式如下:

$$S = W \times P \tag{8-6}$$

式中,S——垃圾产生量,kg/d;

W——人均垃圾产量,kg/d;

P——人口数量,人。

(4) 时间序列预测法

时间序列预测法是利用一组按照一定时间顺序排列的数据来预测未来的方法,这组数据可以是表示各种含义的数值,如某种产品的产量、销售额、需求量等。对这些量的预测,由于难以确定它与其他影响因素的关系,或者因变量的数据收集起来非常困难,在对预测精度要求不是很高的情况下,可以采用时间序列预测法。对城市生活垃圾产量的预测,有相当一部分的影响因素,如人口数量、经济水平等与时间有关。因此,可建立垃圾产量的时间序列模型,其特点是垃圾的产量仅与单变量时间有关。时间序列预测法并非只有一种基本的时间序列分析法,按关联的函数形式也有多项式方程、指数方程多种形式,以下是幂指数形式的表达式:

$$\hat{S}_t = aX_t + (1-a)\hat{S}_{t-1} = aX_t + a(1-a)X_{t-1} + a(1-a)^2X_{t-2} + \cdots + a(1-a)^tS_0 \tag{8-7}$$

式中,$\hat{S}$——时间 t 的指数平滑值;

X_t——时间 t 的观测值;

a——平滑系数。

用时间序列预测法进行预测时,需注意剔除突变性的数据点,该方法适合对短期变化趋势的分析,对近期预测较为准确,但对远期的预测就会有很大的局限性。比率推算法相对来说简单易用,在历史数据充分的前提下可用此方法进行分析。多元回归分析法所涉及的变量较多,而且对变量的选取及相关变量的历史数据都有一定的要求。相比之下,灰色预测模型所涉及的变量及需要的历史原始数据比较少,并且所建立模型的精度可检验,适用于短期预测。

城市生活垃圾系统既有已知的信息又有未知的信息,为典型的灰色系统,且城市垃圾产生量一般具有单调递增、变化率不均匀并且非负的特点,符合灰色理论的建模条件。本书选择灰色预测法对北京市生活垃圾产生量进行预测。

首先,对北京市生活垃圾产量的原始数据进行 GM (1,1) 模型的级比检验,分析建模的可行性。

设为非负的原始数据序列 $X^{(0)} = \{x^{(0)}(1), x^{(0)}(2), \cdots, x^{(0)}(n)\}$,对给定的序列 $X^{(0)}$ 进行级比检验,分析能否建立精度较高的 GM (1, 1) 预测模型,一般可用 $X^{(0)}$ 的级比的大小与所属区间来判断,级比计算式为

$$\sigma^{(0)}(k) = \frac{x^{(0)}(k-1)}{x^{(0)}(k)} \tag{8-8}$$

当 $\sigma^{(0)}(k) \in (e^{\frac{-2}{n+1}}, e^{\frac{2}{n+1}})$ 时,序列 $X^{(0)}$ 可作 GM (1, 1) 建模。

由 2003 ~ 2012 年北京市的生活垃圾产量构建原始数列 $X^{(0)}$,并计算级比 $\sigma^{(0)}$,

$X^{(0)} = \{425.1, 495.5, 536.9, 585.1, 619.5, 672.8, 669.1, 634.9, 634.4, 648.3\}$

$\sigma^{(0)} = (0.858, 0.923, 0.918, 0.944, 0.921, 1.005, 1.054, 1.001, 0.978)$

级比值均符合 $\sigma^{(0)}(k) \in (e^{\frac{-2}{n+1}}, e^{\frac{2}{n+1}}) = (0.833\,752\,918, 1.199\,396\,102)$,$k = 2$,3,$\cdots$,10,故上述序列可作满意的 GM (1, 1) 建模。

8.2.4.2　GM (1, 1) 预测模型的建立

采用 GM (1, 1) 模型,建模步骤如下:

第一步,作 1–AGO (一次累加生成) 得

$$X^{(1)} = \{x^{(1)}(1), x^{(1)}(2), \cdots, x^{(1)}(n)\} \tag{8-9}$$

作紧邻均值生成得

$$Z^{(1)} = \{z^{(1)}(1), z^{(1)}(2), \cdots, z^{(1)}(n)\} \tag{8-10}$$

其中 $x^{(1)}(k) = \sum_{i=1}^{k} x^{(0)}(i)$,　$(i = 1, 2, 3, \cdots, k)$

$z^{(1)}(k) = 0.5x^{(1)}(k-1) + 0.5x^{(1)}(k)$,　$(k = 2, 3, \cdots, n)$

第二步,求参数 a、b。

设 $\hat{\boldsymbol{a}} = (a, b)^{\mathrm{T}}$ 为待估参数向量,构建累加数据阵 $\boldsymbol{B}$ 和常数向量 $\boldsymbol{Y}$:

$$\boldsymbol{B} = \begin{bmatrix} -z^{(1)}(2) & 1 \\ -z^{(1)}(3) & 1 \\ \vdots \\ -z^{(1)}(n) & 1 \end{bmatrix} \quad \boldsymbol{Y} = \begin{bmatrix} x^{(0)}(2) \\ x^{(0)}(3) \\ \\ x^{(0)}(n) \end{bmatrix} \tag{8-11}$$

参数 a、b 可通过最小二乘法求得,$\hat{\boldsymbol{a}} = (a, b)^{\mathrm{T}} = \begin{bmatrix} a \\ b \end{bmatrix} = (\boldsymbol{B}^{\mathrm{T}}\boldsymbol{B})^{-1}\boldsymbol{B}^{\mathrm{T}}\boldsymbol{Y}$

第三步,确定模型。

1）建立数列白化形式的微分方程。

$$\frac{\mathrm{d}x^{(1)}}{\mathrm{d}t}+ax^{(1)}=b \tag{8-12}$$

上述方程的解，即时间响应函数为

$$x^{(1)}(t)=\left[x^{(1)}(1)-\frac{b}{a}\right]\mathrm{e}^{-at}+\frac{b}{a} \tag{8-13}$$

GM（1，1）微分方程时间响应式：

$$\hat{x}^{(1)}(k+1)=\left[x^{(1)}(1)-\frac{b}{a}\right]\mathrm{e}^{-at}+\frac{b}{a} \quad (k=1,2,\cdots,n) \tag{8-14}$$

式中，上角标^表示预测值，下同。

2）求的 $X^{(1)}$ 模拟值。

取 $x^{(1)}(1)=x^{(0)}(1)$，由式（3–11）得

$$\hat{x}^{(1)}(k+1)=\left[x^{(0)}(1)-\frac{b}{a}\right]\mathrm{e}^{-at}+\frac{b}{a} \quad (k=1,2,\cdots,n) \tag{8-15}$$

3）求 $X^{(0)}$ 的模拟值。

累减还原得

$$\hat{x}^{(0)}(k+1)=\hat{x}^{(1)}(k+1)-\hat{x}^{(1)}(k) \quad (k=1,2,\cdots,n) \tag{8-16}$$

第四步，精度检验。

利用表8-9，可进行方程精度检验。

表8-9　模型精度检验判别表

等级	相对误差 $\varepsilon(k)$	后验差比值 C	小误差概率 P	精度 p^0
1	$\varepsilon\leqslant5\%$	$C\leqslant0.35$	$P\geqslant0.95$	$P^0\geqslant95\%$
2	$5\%<\varepsilon\leqslant10\%$	$0.35<C\leqslant0.5$	$0.80\leqslant P<0.95$	$90\%\leqslant P^0<95\%$
3	$10\%<\varepsilon\leqslant20\%$	$0.5<C\leqslant0.65$	$0.70\leqslant P<0.80$	$80\%\leqslant P^0<90\%$
不合格	$\varepsilon>20\%$	$C>0.65$	$P<0.70$	$P^0<80\%$

1）计算相对误差。

$$e(k)=x_k^{(0)}-\hat{x}_k^{(0)} \tag{8-17}$$

$$\varepsilon=\frac{e(k)}{x^{(0)}(k)}\times100\% \tag{8-18}$$

$$\bar{\varepsilon}=\frac{1}{n}\sum_{k=2}^{n}|\varepsilon(k)| \tag{8-19}$$

$$p^0=1-\bar{\varepsilon} \tag{8-20}$$

式（8-14）~式（8-17）分别是残差、相对误差、平均相对误差和精度的计

算公式。

2）求平均值。

$$原始数据平均值 \ \bar{x}^{(0)} = \frac{1}{n} \sum_{k=1}^{n} x_k^{(0)} \qquad (8\text{-}21)$$

$$残差平均值 \ \bar{e} = \frac{1}{n} \sum_{k=1}^{n} e(k) \qquad (8\text{-}22)$$

3）计算方差。

$$原始数据方差 \ s_1^2 = \frac{1}{n} \sum_{k=1}^{n} \left[x_k^{(0)} - \bar{x}^{(0)} \right]^2 \qquad (8\text{-}23)$$

$$残差数列方差 \ s_2^2 = \frac{1}{n} \sum_{k=1}^{n} \left[e(k) - \bar{e} \right]^2 \qquad (8\text{-}24)$$

4）计算后验差检验值 C，小误差概率 P。

$$C = S_2 / S_1 \qquad (8\text{-}25)$$

$$P = P\{ \, |e(k) - \bar{e}| < 0.6745 S_1 \} \qquad (8\text{-}26)$$

按上述步骤计算得：$a = -0.027$，$b = 526.807$

代入时间响应式（8-12）得

$$\hat{x}(k+1) = 19\,613.118 e^{0.027k} - 19\,188.018 \qquad (k=1, 2, \cdots, n)$$

2003～2012 年北京市生活垃圾产量的预测值及精度分析结果，如表 8-10 所示。

表 8-10　GM（1，1）模型的精度分析

年份	序号	垃圾产量 实际值 $x^{(0)}(k)$/万 t	垃圾产量 累加实际值 $x^{(1)}(k)$/万 t	垃圾产量 累加模拟值 $\hat{x}^{(1)}(k)$/万 t	垃圾产量 模拟值 $\hat{x}^{(0)}(k)$/万 t	残差 $e(k)$	相对误差 $\dfrac{e(k)}{x^{(0)}(k)} \times 100\%$
2003	0	425.1	425.10	425.10	425.10	0	0
2004	1	495.5	920.60	971.04	545.94	-50.438	10.18
2005	2	536.9	1457.53	1532.17	561.13	-24.205	4.51
2006	3	585.1	2042.63	2108.93	576.75	8.346	1.43
2007	4	619.5	2662.13	2701.74	592.81	26.692	4.31
2008	5	672.8	3334.93	3311.05	609.31	63.491	9.44
2009	6	669.1	4004.06	3937.32	626.27	42.860	6.41
2010	7	634.9	4638.92	4581.02	643.70	-8.842	1.39
2011	8	634.4	5273.27	5242.64	661.62	-27.270	4.30

年份	序号	垃圾产量 实际值 $x^{(0)}(k)$/万 t	垃圾产量 累加实际值 $x^{(1)}(k)$/万 t	垃圾产量 累加模拟值 $\hat{x}^{(1)}(k)$/万 t	垃圾产量 模拟值 $\hat{x}^{(0)}(k)$/万 t	残差 $e(k)$	相对误差 $\dfrac{e(k)}{x^{(0)}(k)}\times100\%$
2012	9	648.3	5921.58	5922.67	680.04	−31.725	4.89
小误差概率		$P=1$					
后检验差比值		$C=S_2/S_1=0.4388$					
平均精度		$P^0=94.79\%$					

注：垃圾产量实际值数据来源于《中国统计年鉴》（2004~2013 年），其余数据由上述公式计算得出

8.2.4.3　预测结果

由表 8-10 可知，该模型精度较高，不需要作残差修正，可进行生活垃圾产量的预测。运用此模型对北京市 2015~2020 年生活垃圾产量进行预测，预测结果见表 8-11。

表 8-11　北京市生活垃圾产量的 GM（1，1）模型预测值

年份	预测值/万 t	年份	预测值/万 t
2015	758.97	2018	824.13
2016	780.09	2019	847.07
2017	801.81	2020	870.65

由表 8-11 可知，到 2015 年北京市生活垃圾产量会达到 758.97 万 t，2020 年则将达到 870.65 万 t。相比于 2012 年，分别提高 17.07% 和 34.30%，提高幅度较大。可见，未来北京市生活垃圾减量化任务繁重。

第9章 北京市减物质化发展趋势分析

研究北京市的资源环境问题，分析北京市减物质化趋势，为经济发展过程中资源环境问题的解决提供科学依据。

9.1 北京市的物质代谢分析

采用物质流分析方法，对 1992～2015 年北京市社会经济系统的物质代谢状况进行了分析，重点分析北京市的物质代谢规模、结构、强度及效率情况，客观地反映该时期经济发展过程中的资源环境压力。

9.1.1 数据来源

选取北京市 1992～2015 年的相关数据，对其社会经济系统的物质代谢情况进行分析。北京市区域物质流核算过程中，所涉及物质具体数据来源如下。

(1) 区域内开采相关数据来源

除木材外，研究中所涉及的生物质产量数据均来源于《中国农业年鉴》(1993～2016 年)，2015 年产量数据来源国家统计局网站和《2016 中国统计年鉴》，而木材产量数据来源于《中国林业统计年鉴》(1998～2016 年) 和《中国统计年鉴》 (1993～1997 年)；原煤产量数据来源于《中国能源统计年鉴》(1993～2016 年)；金属矿物产量数据来源于《中国工业统计年鉴》(1993～2016 年)，2015 年铁矿石产量数据来源于《2016 中国钢铁工业年鉴》；非金属矿物产量数据来源于《中国矿业年鉴》 (2002～2016 年) 和《北京市国土资源年鉴》(1993～2016 年)。

(2) 本地过程排放相关数据来源

大气污染物 (CO_2 除外) 和水体污染物排放数据均来源于《中国环境年鉴》(1993～2015 年) 和《2016 中国环境统计年鉴》，CO_2 排放数据通过终端能源消费量计算而得，计算方法参照 IPCC，具体计算公式为：能源消耗产生的碳排放量=表观能源消费量×能量换算系数×碳排放系数×44/12，其中，各能源终端消费量数据来源于《中国能源统计年鉴》(1993～2016 年)，主要包括原煤、洗精煤、其他洗煤、型煤、焦炭、焦炉煤气、原油、汽油、煤油、柴油、燃料油、液化石油气、炼厂干气、天然气和电力15种能源；固体废弃物排放中的工业固体废弃物排放量数据来源于《中国环境年鉴》（1993～2015年）和《2016中国环境统计年鉴》，生活垃圾排放量=生活垃圾产生量-生活垃圾清运量，清运量数据来源于《中国统计年鉴》（1993～2016年），生活垃圾产生量=常住人口×人均生活垃圾产生量（1.04[126]），北京市常住人口数据来源于《北京统计年鉴》（1993～2016年），建筑垃圾主要包括拆毁建筑垃圾和装修垃圾两部分，参照相关学者的研究成果，对该部分数据进行了估算。

（3）调入调出相关数据来源

化石燃料的调入调出数据来源于《中国能源统计年鉴》（1993～2016年），除化石燃料外，其他物质的调入调出量主要根据本地产量与消费量的差值估算而得。对生物质而言，农牧渔业的生产量数据在区域内开采等相关数据中已有详细说明，而关于其消费情况，主要包括居民消费和工业消费两部分，居民消费量=常住人口×人均食品消费量，北京市常住人口数据来源于《北京统计年鉴》（1993～2016年），人均食品消费量数据来源于《中国统计年鉴》（1993～2016年），工业消费量数据来源于《中国轻工业年鉴》（1993～2016年）。对金属矿产（铁矿石）而言，钢材的本地产量来源于《中国工业统计年鉴》（1993～2015年），而1t钢材的生产需要消耗3.85t铁矿石原矿，从而计算得到铁矿石的调入调出量；钢材的消耗主要包括建筑消耗和工业消耗两部分，其中，建筑消耗方面的数据来源于《中国建筑业统计年鉴》（1993～2016年），由于工业消耗方面没有统计数据可查，本书根据铁路机车、客车、货车、发电设备、大中型拖拉机、锅炉、汽车、自行车及各种家用电器等工业产品产量对钢材的工业消费量进行了估算，上述工业产品产量数据主要来源于《中国工业统计年鉴》（1993～2015年），然后根据各种产品的具体折算系数将工业产品产量转换为钢材消耗量，相关产品的折算系数参考《1992年中国投入产出表》（实物型）。非金属矿物的调入调出中水泥和平板玻璃的消费量数据来自《中国建筑业统计年鉴》（1993～2016年），其中，平板玻璃以重量箱为统计单位，按照50kg/重量箱计算。对成品的调入调出而言，主要计算了居民主要耐用消费品的调入和调出量，核算中所涉及的产品的产量数据主要来源于《中国工业统计年鉴》（1993～2016年）、《中国轻工业年鉴》（1993～2016年）和《中国电子信息产业统计年鉴》（1993～2016年），消费量数据通过估算求得。

（4）平衡项计算过程中相关数据来源

参照"欧盟07导则"，物质流分析中的平衡项主要包括输入端的O_2、输出端的CO_2（人和动物呼吸排放部分）和水蒸气。

输入端的 O_2 包括化石燃料燃烧耗氧、人和动物呼吸耗氧及煤和天然气等化石燃料的含氧量。根据"欧盟 07 导则":

化石燃料燃烧耗氧量 $=0.727×CO_2$ 排放量 $+0.5×SO_2$ 排放量 $+0.889×H_2O$ 排放量

式中,SO_2 排放量数据来源于《中国环境年鉴》(1993~2015 年)和《2016 中国环境统计年鉴》,CO_2 和 H_2O 数据需要通过化石燃料的消耗量估算求得,其中,CO_2 估算参照 IPCC 估算方法,化石燃料燃烧水蒸气排放系数参照《经济系统物质流分析指导手册》(2007 年),具体系数,如表 9-1 所示。

表 9-1 化石燃料燃烧水蒸气排放系数

类型	煤	型煤	焦炭	焦炉煤气	天然气	汽油	柴油	液化油气	炼厂干气	燃料油	煤油
0.42	0.37	0.07	1.77	2.05	1.28	1.19	1.59	1.92	1.13	1.33	

注:燃料油排放系数取轻燃料油(1.21)和重燃料油(1.05)的算术平均值

人和动物呼吸将消耗 O_2,同时排出 CO_2 和水蒸气。其中,北京市常住人口数据来源于《北京统计年鉴》(1993~2016 年),猪、牛、羊、家禽、马等的存栏量数据来源于《中国农业年鉴》(1993~2015 年)和《2016 中国统计年鉴》。而呼吸系数来源于《经济系统物质流分析指导手册》(2007 年),具体呼吸系数,如表 9-2 所示。

表 9-2 人和动物的呼吸系数 (单位: t/a)

名称	CO_2	水蒸气	O_2
牛	2.92	3.38	2.45
羊	0.24	0.27	0.20
马	2.19	2.53	1.84
猪	0.30	0.35	0.25
家禽	0.01	0.01	0.01
人	0.30	0.35	0.25

根据"欧盟 07 导则",能量载体中也含有少部分 O_2,具体含氧量情况,如表 9-3 所示。

表 9-3 能量载体中 O_2 含量情况 (单位:%)

名称	O_2 含量
煤	4.94
焦炭	1.70
型煤	2.78

名称	O_2 含量
焦炉煤气	14.93
天然气	0.19

平衡项中输出端的 CO_2 排放主要包括人和动物呼吸排放，排放系数见表9-2，人口数量采用北京市常住人口数，牲畜数量为牛、羊、马、猪和家禽的年存栏量（根据"欧盟07导则"，化石燃料燃烧 CO_2 排放作为污染物核算，因此，平衡项中的 CO_2 不包括该项）。

输出端水蒸气排放包括人和动物呼吸排放、化石燃料燃烧水蒸气排放及煤和燃料油等能源中的水蒸气含量。人和动物呼吸水蒸气排放系数见表9-2，化石燃料燃烧水蒸气排放在上面估算输入端 O_2 的时候已说明。而根据"欧盟07导则"，燃料中水蒸气携带量，如表9-4所示。

表9-4　燃料中水蒸气携带量情况（单位：t/t）

名称	能源中水蒸气含量
煤	0.02
焦炭	0.02
型煤	0.02
燃料油	0.005

（5）隐藏流相关计算系数来源

本研究主要对以下六种隐藏流进行了核算：农业剩余物、化石燃料、金属矿物、非金属矿物、房屋建筑的工程挖方量、进口半成品与成品的隐藏流。具体核算来源如下：

1）生物质隐藏流主要计算了未利用秸秆。农业剩余物主要指随农作物一起收割但不进入商品经济活动的废弃物，主要表现为农作物秸秆。

其计算方式为：未利用秸秆量=秸秆产生量−已利用的秸秆量=农作物产量×草谷比−农作物产量×草谷比×可收集系数（0.81）×综合利用率（0.7）。

本研究中主要计算了稻谷、小麦、玉米、谷子、高粱等杂粮，大豆、绿豆、蚕豆、豌豆等杂豆，薯类、花生、油菜、芝麻、胡麻、向日葵、皮棉、烤烟及蔬菜等的未利用秸秆量，具体计算系数参考王罗春和赵由才[127]的研究。

2）化石燃料隐藏流计算。参考徐明和张天柱[128]的研究，选取煤、原油、天然气的隐藏流系数分别为2.36、1.22、1.66。

3）金属矿物隐藏流。参照已有的研究成果，选取铁、铜、锰、金的隐藏流系数分别为2.28、2.071、2.3、4.35，调入调出中钢材的隐藏流为8.14[129]。

4）非金属矿物隐藏流。计算了砂和石砾、建筑饰面用岩石的隐藏流，选取砂和石砾的隐藏流系数为0.02，建筑饰面用岩石的隐藏流系数为3，参照伍珀塔尔研究所（Wuppertal Insitute）的研究成果[130]，调入调出中（半成品）水泥和平板玻璃的隐藏流系数分别采用3.22、1.72。

5）基础设施的表土移动包括房屋、交通及水利设施等的工程挖方量。房屋建筑的工程挖方量采用以下公式估算：

剩余土石方量（t）= 当年建筑竣工面积（m²）×3.2（m）×1.55（t/m）

房屋建筑竣工面积数据来源于《中国建筑业统计年鉴》（1993~2016年）。考虑到单位长度道路建设挖方量的数据和水利设施的工程挖方量数据统计比较困难，而且相对房屋挖方量较小，所以在本研究中予以忽略。

6）进口半成品与成品的物质流系数参照林錫雄的研究[131]，其值为4.0。

9.1.2　北京市物质代谢全景图分析

1992年和2015年北京市物质流全景图，如图9-1所示。由图可知，北京市的物质代谢规模和结构在研究期初（1992年）和期末（2015年）发生了很大变化。DMI在1992年和2015年分别为13 988.47万t和20 516.91万t，1992~2015年，DMI的增幅为46.67%。随着物质输入的不断增长，区域内隐藏流也大幅提升，1992~2015年，区域内隐藏流增幅达到95.95%。物质输入量上升的同时，物质输出量也不断增长，TMO从1992年的22 054.31万t增长到2015年的43 925.57万t，增幅为99.17%。并且，随着循环经济的发展，经济系统内部物质循环量逐渐增加。

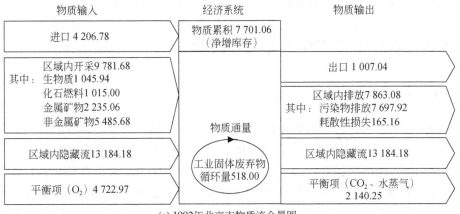

(a) 1992年北京市物质流全景图

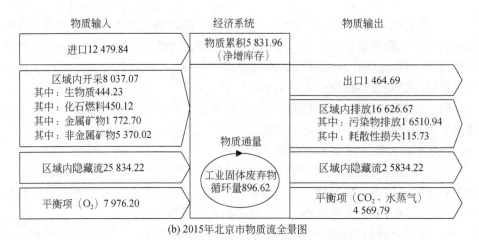

(b) 2015年北京市物质流全景图

图 9-1　1992 年和 2015 年北京市物质流全景图（单位：万 t）

输入端和输出端的平衡项都有所增长，其中，输入端 O_2 从 1992 年的 4722.97 万 t 增长到 2015 年的 7976.20 万 t，其增幅为 68.88%，而输出端 CO_2（人畜呼吸排放部分）和水蒸气总量从 1992 年的 2140.25 万 t 增长到 2015 年的 4569.79 万 t，其增幅为 113.52%，输出端的平衡项之所以呈现出如此高的增幅，可能是受到北京市人口增长及化石燃料消耗量上升等因素的影响。

1992 年北京市化石燃料在区域内开采中的占比为 10%，非金属矿物的占比为 56%，而到 2015 年，化石燃料在区域内开采中的占比为 5.60%，非金属矿物的占比 66.82%，化石燃料在本地开采中的占比较低，非金属矿物的占比最高并且增长较快。

此外，污染物排放一直是 DPO 的主要来源，1992 年污染物排放在 DPO 中的占比为 97.90%，2015 年其占比为 99.30%，占比均接近 100%。

9.1.3　北京市物质输入与输出分析

9.1.3.1　物质输入趋势及结构分析

1992～2015 年北京市的物质输入规模变化情况，如图 9-2 所示。北京市的 DMI 和 TMR 在 1992～2015 年整体上都呈现出上升趋势，并且 TMR 的变化幅度大于 DMI 的变化幅度。DMI 从 1992 年的 13 988.47 万 t 增长到 2015 年的 20 516.91 万 t，年均增长率为 1.68%。TMR 从 1992 年的 35 785.66 万 t 增长到 2015 年的 90 104.73 万 t，年均增长率为 4.10%。而且，TMR 与 DMI 的差值也在不断增大，从 1992 年的 21 797.19 万 t 增长到 2015 年的 69 587.82 万 t。

1992～2015 年北京市的物质需求总量与隐藏流，如图 9-3 所示。由图可见，1992～2015 年输入隐藏流在北京市物质需求总量中所占比例较高，占比一直保持在 61%～78%。隐藏流包括区域内隐藏流和调入物质开采时所产生的隐藏流两部分，1992～2015 年，北京市从区域外所调入的物质量不断增加。因此，区域外隐藏流不断增大，其在输入隐藏流中的占比从 1992 年的 40% 增长到 2015 年的 62.88%。

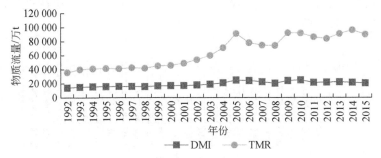

图 9-2　1992～2015 年北京市的物质输入规模变化情况

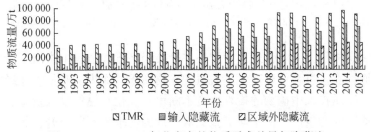

图 9-3　1992～2015 年北京市的物质需求总量与隐藏流

一方面，传统的社会经济增长模式过多地依赖物质投入量的增加，该过程中资源开采及使用所产生的隐藏流也将不断增大。因此，该模式下经济增长的结果通常是生态环境的日趋恶化。另一方面，北京市社会生产所需的物质投入越来越倾向于依靠进口，亦即从其他区域进行物质调入，然而伴随着调入的物质量的增长，区域外隐藏流也日趋增大，对相关物质调出区域的生态环境而言，北京市社会经济的增长在一定程度上也引起了当地资源环境压力的上升。

1992～2015 年北京市的 DMI 结构，如图 9-4 所示。由图可见，1992～2015 年北京市的直接物质输入总量总体上表现为增长趋势，而且，各个组成部分的变化趋势与物质输入总量的变动趋势基本保持一致。矿物在北京市直接物质输入中占主导地位，1992～2015 年，矿物在直接物质输入中所占比例均大于 60%；而矿物又可分为金属矿物和非金属矿物两部分，对比而言，非金属物质在矿物总量中所占比例较高，且在数量上一直保持增长趋势。目前，在北京市直接物质输入中，非金属矿物已经成为最大组成部分，2015 年非金属矿物在直接物质输入中的占比为41.13%。化石燃料同样也是北京市直接物质输入中的重要物质，在1992~2015 年的直接物质输入中，化石燃料的占比均高于20%。但是，随着近年来新能源的开发、利用，化石燃料输入出现了下降的势头，2015 年化石燃料占比为22.22%，相较于1992 年的29%略有下降。而在直接物质输入中，生物质所占比例相对较低，其占比基本在10%左右，2015 年生物质在直接物质输入中所占比例为11.71%。

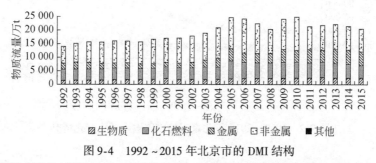

图 9-4　1992~2015 年北京市的 DMI 结构

金属类物质既包括各种金属原矿石也包括金属半成品（如钢材），非金属类物质既包括各种非金属原矿石也包括相应的半成品（如水泥、平板玻璃），其他指汽车、摩托车及各种家用电器等工业产品

值得注意的是，工业化进程的加快在社会经济增长过程中扮演了十分重要的角色。然而，在该过程中也产生了大量的矿物需求。而为了满足工业经济发展的现实需要，物质投入中矿物的投入量会不断增长。化石燃料投入量增长的原因在于，一方面，社会生产规模不断扩张，对能源的需求量不断上升；另一方面，社会人口不断增多，为满足居民生活需要所产生的能源需求量日益增加。矿物和化石燃料这两大类物质的开采与使用通常伴随着较高的隐藏流的产生及较多的污染物的排放。因此，随着输入端这类物质投入量的增加，输入隐藏流和输出端的区域生产内排放量也将逐渐增大。

9.1.3.2　物质输出趋势及结构分析

1992~2015 年北京市的物质输出规模变化情况，如图 9-5 所示。由图可见，北京市的 DPO 和 TMO 在 1992~2015 年同样表现为上升趋势，并且，TMO 的变化幅度大于 DPO 的变化幅度。DPO 从 1992 年的 7863.09 万 t 增长到 2015 年的 16 626.67 万 t，年均增加 381.03 万 t，年均增长率为 3.31%；TMO 由 1992 年的 22 054.31 万 t 增加到 2015 年的 43 925.57 万 t，年均增加 950.92 万 t，年均增长率为 3.04%。

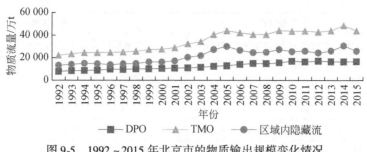

图 9-5　1992～2015 年北京市的物质输出规模变化情况

TMO 与 DPO 的差值也在不断增大，从 1992 年的 14 191.22 万 t 增长到 2015 年的 27 298.91 万 t，其增幅为 92.37%。二者差值不断增大的主要原因在于区域内隐藏流的存在及不断增长，1992～2015 年，区域内隐藏流在 TMO 中所占比例一直维持在 56%～68%。

1992～2015 年北京市本地过程排放，如表 9-5 所示。由表可见，1992～2015 年北京市本地过程排放整体上呈上升趋势。从结构上来看，大气污染物排放在北京市本地过程排放中占据主导地位，1992～2015 年，大气污染物排放的占比基本在 85% 以上。而本地过程排放的另一个重要来源是固体废弃物排放，固体废弃物排放涉及工业生产排放、城市生活垃圾和建筑垃圾 3 个方面。伴随着工业化进程的加速、城市规模的扩张及城市人口总量的不断增长，固体废弃物的排放量不断减少。

表 9-5　1992～2015 年北京市本地过程排放

年份	本地过程排放/万 t					所占比例/%			
	水体污染物	大气污染物	固体废弃物	耗散性损失	合计	水体污染物	大气污染物	固体废弃物	耗散性损失
1992	75.53	6 740.74	881.66	165.16	7 863.09	0.96	85.73	11.21	2.10
1993	70.38	7 170.39	1010.55	148.04	8 399.36	0.84	85.37	12.03	1.76
1994	66.09	7 389.96	964.27	160.56	8580.88	0.77	86.12	11.24	1.87
1995	63.33	7 737.95	916.23	147.44	8 864.95	0.71	87.29	10.34	1.66
1996	60.60	8 406.35	1187.33	145.49	9 799.77	0.62	85.78	12.12	1.48
1997	56.47	8 334.67	979.91	145.31	9 516.36	0.59	87.58	10.30	1.53
1998	48.82	8 675.04	1195.37	143.23	10 062.46	0.49	86.21	11.88	1.42
1999	44.50	8 890.89	925.64	145.20	10 006.23	0.45	88.85	9.25	1.45
2000	46.67	9 306.16	881.71	165.07	10 399.61	0.45	89.48	8.48	1.59

年份	本地过程排放/万 t					所占比例/%			
	水体污染物	大气污染物	固体废弃物	耗散性损失	合计	水体污染物	大气污染物	固体废弃物	耗散性损失
2001	47.15	9 650.15	852.92	178.50	10 728.72	0.44	89.95	7.95	1.66
2002	41.86	9 764.15	923.24	198.00	10 927.25	0.38	89.36	8.45	1.81
2003	36.91	10 303.72	896.68	196.84	11 434.15	0.32	90.12	7.84	1.72
2004	35.91	11 285.69	865.78	188.17	12 375.55	0.29	91.19	7.00	1.52
2005	31.96	11 898.44	730.44	166.19	12 827.03	0.25	92.76	5.69	1.30
2006	30.24	13 037.29	768.96	148.36	13 984.85	0.22	93.22	5.50	1.06
2007	29.25	14 025.83	660.57	143.25	14 858.90	0.20	94.39	4.45	0.96
2008	27.86	13 989.71	552.49	141.16	14 711.22	0.19	95.09	3.76	0.96
2009	27.35	14 628.55	726.15	140.68	15 522.75	0.17	94.24	4.68	0.91
2010	25.45	15 947.79	777.02	134.67	16 884.93	0.15	94.45	4.60	0.80
2011	25.14	15 394.29	785.74	133.99	16 339.16	0.15	94.22	4.81	0.82
2012	24.81	15 992.76	830.89	134.84	16 983.30	0.15	94.17	4.89	0.79
2013	23.78	15 405.54	909.54	131.19	16 470.05	0.14	93.54	5.52	0.80
2014	23.13	15 619.14	709.06	128.64	16 479.97	0.14	94.78	4.30	0.78
2015	21.53	15 726.24	763.16	115.73	16 626.66	0.13	94.58	4.59	0.70

1992～2015 年北京市大气污染物排放情况，如表9-6所示。由表可见，1992～2015 年北京市大气污染物排放量总体呈上升趋势。从结构上来看，CO_2排放在大气污染物排放中占据主导地位，其所占比例均高于98%。由此可见，对北京市而言，CO_2排放是其大气污染物排放的重要来源。而一般情况下，CO_2排放主要来源于化石燃料的燃烧，这说明化石燃料的燃烧是近年来北京市大气污染物排放总量不断上升的关键原因。

表9-6 1992～2015 年北京市大气污染物排放情况

年份	大气污染物排放/万 t					所占比例/%			
	SO_2	CO_2	氮氧化物	烟（粉）尘	合计	SO_2	CO_2	氮氧化物	烟（粉）尘
1992	36.92	6 608.93	60.64	34.25	6 740.74	0.55	98.04	0.90	0.51
1993	36.63	7 042.19	58.98	32.59	7 170.39	0.51	98.21	0.82	0.46
1994	35.24	7 265.07	57.45	32.19	7 389.95	0.48	98.31	0.78	0.43

续表

年份	大气污染物排放/万 t					所占比例/%			
	SO$_2$	CO$_2$	氮氧化物	烟（粉）尘	合计	SO$_2$	CO$_2$	氮氧化物	烟（粉）尘
1995	38.29	7 603.82	61.71	34.13	7 737.95	0.49	98.27	0.80	0.44
1996	35.70	8 287.70	54.58	28.37	8 406.35	0.42	98.59	0.65	0.34
1997	33.11	8 228.42	48.88	24.26	8 334.67	0.40	98.72	0.59	0.29
1998	30.51	8 578.47	44.43	21.63	8 675.04	0.35	98.89	0.51	0.25
1999	23.35	8 814.49	35.15	17.90	8 890.89	0.26	99.14	0.40	0.20
2000	22.40	9 228.75	35.61	19.40	9 306.16	0.24	99.17	0.38	0.21
2001	20.10	9 584.59	30.16	15.30	9 650.15	0.21	99.32	0.31	0.16
2002	19.20	9 705.07	27.18	12.70	9 764.15	0.19	99.39	0.28	0.13
2003	18.30	10 250.75	24.37	10.30	10 303.72	0.18	99.48	0.24	0.10
2004	19.10	11 230.68	25.30	10.60	11 285.68	0.17	99.51	0.21	0.09
2005	19.10	11 846.22	24.03	9.10	11 898.45	0.16	99.56	0.20	0.08
2006	17.60	12 989.89	21.80	8.00	13 037.29	0.13	99.64	0.17	0.06
2007	15.20	13 979.13	24.80	6.70	14 025.83	0.11	99.67	0.17	0.05
2008	12.30	13 953.51	17.60	6.30	13 989.71	0.09	99.74	0.12	0.05
2009	11.90	14 592.47	18.10	6.10	14 628.57	0.08	99.75	0.13	0.04
2010	11.50	15 907.39	22.30	6.60	15 947.79	0.07	99.75	0.14	0.04
2011	9.80	15 359.09	18.80	6.60	15 394.29	0.07	99.77	0.11	0.04
2012	9.38	15 958.95	17.75	6.68	15 992.76	0.06	99.79	0.11	0.04
2013	8.70	15 374.28	16.63	5.93	15 405.54	0.05	99.80	0.11	0.04
2014	7.89	15 590.41	15.10	5.74	15 619.14	0.05	99.81	0.10	0.04
2015	7.12	15 700.42	13.76	4.94	15 726.24	0.04	99.84	0.09	0.03

9.1.3.3 物质输入与输出关系分析

对 1992~2015 年北京市的 DMI 与 DPO 进行曲线回归，所得回归结果的拟合优度 R^2 为 0.8261，如图 9-6 所示。由图可知，1992~2015 年北京市的物质输入量与输出量之间存在二次曲线关系。可见，北京市本地过程排放受直接物质输入的影响较为明显，对北京市而言，其区域物质代谢调控应该从强调末端治理逐渐转变为重视源头控制。

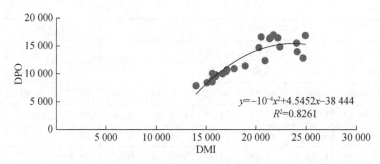

图 9-6　1992~2015 年北京市的物质输入与输出二者之间的关系（单位：万 t）

9.1.4　北京市物质代谢强度与效率分析

9.1.4.1　物质代谢强度分析

人均 DMI 和人均 DPO 主要用来反映区域内单位人口对生态环境所造成的压力。本研究采用人均 DMI 和人均 DPO 这两个强度指标，对 1992~2015 年北京市的物质代谢强度情况进行分析，如图 9-7 所示。由图可见，1992~2015 年北京市的物质投入强度的变化情况可以划分为 2 个阶段：初期的上升阶段（1992~2005年）和后期的下降阶段（2005~2015 年）。在上升阶段，人均 DMI 从 1992 年的 12.69t 增长到 2005 年的 16.06t，年均增加 0.26t；在下降阶段，人均 DMI 从 2005 年的 16.06t 下降到 2015 年的 9.45t，年均下降 0.661t。

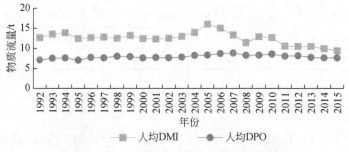

图 9-7　1992~2015 年北京市的物质代谢强度

人均 DMI 的上述变化与社会经济的发展水平存在一定关系。一般而言，在社会经济发展的初期，经济增长通常建立在较高的物质投入的基础之上，而且该阶段社会人口的总数量相对较低。所以，人均 DMI 在一定时期内表现出不断增长的态势。但是，伴随着社会经济的不断发展，相应的生产技术不断改进，物质利用效率得以提高，生产单位产品所需的物质随之而减少。此外，1992~2015年北京市的人口从1102.00万人增加到2170.50万人，增长了96.96%。因此，随着科学技术的发展进步和社会人口总量的不断增加，人均DMI又呈现出下降的趋势。

北京市的人均DPO在1992~2015年呈现出先小幅上升又缓慢下降的趋势。与人均DMI的变化情况相比，人均DPO的整体变化不大，并且该指标下降幅度较小。通过分析发现，1992~2015年北京市人口增幅和DMI的增幅分别为96.96%和46.67%，而同期DPO的增幅为111.45%，DPO的增幅明显高于人口和DMI的增幅，这表明区域内污染物排放对生态环境造成的压力相对较高，环境污染形势较为严峻。

9.1.4.2　物质代谢效率分析

(1) 资源产出率

1992~2015年北京市的资源产出率，如图9-8所示。由图可见，1992~2015年北京市的资源产出率整体上呈上升趋势，从1992年的437.89元增长到2015年的3038.70元/t（GDP按1990年不变价计算），年均增长8.79%，增长速度较快。

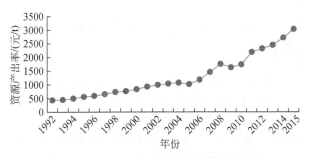

图9-8　1992~2015年北京市的资源产出率

图9-9给出了2010年部分国家资源产出率（GDP以2005年美元不变价计），其资源产出率平均值约为646.18美元/t，在这140多个国家之中，资源产出率最高的国家是瑞士，其资源产出率为4233.90美元/t；而资源产出率最低的国家是蒙古国，其资源产出率为37.50美元/t；2010年中国的资源产出率均值为172.80美元/t。通过计算可得2010年北京市的资源产出率为535.43美元/t，该值低于世界平均水平。可见，虽然北京市的资源产出率在国内处于较高水平，但世界范围内，其仅为最高水平国家（瑞士）的1/8，仍落后于世界先进水平。

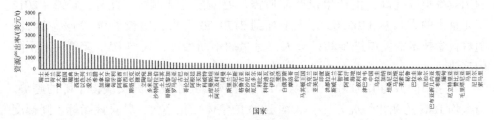

图 9-9 2010 年部分国家资源产出率

资料来源：欧洲研究所和世界银行

(2) 工业固体废弃物循环利用率

废弃资源的循环及再利用状况对资源产出率的变化存在重要影响。由于工业固体废弃物在物质循环利用中所占比例较大，该部分废弃物的循环利用情况可以在一定程度上反映物质的循环利用情况，而且考虑到相关数据的可获取性及完整性，所以对工业固体废弃物的循环利用情况进行了分析，如图 9-10 所示。由图可见，1992～2015 年北京市的工业固体废弃物循环利用率呈波动上升趋势，其值从 1992 年的 62.18% 增长到 2015 年的 82.70%，北京市工业固体废弃物的循环利用程度较高。

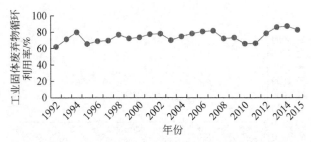

图 9-10 1992～2015 年北京市的工业固体废弃物循环利用率

综上可见，北京市的物质输入和输出总量在 1992～2015 年整体呈上升趋势，二者的增长幅度分别为 46.67% 和 111.45%；从构成来看，北京市物质输入的主要部分为矿物和化石燃料，而该区域污染排放的主要来源是 CO_2 排放。DMI 与 DPO 之间良好的相关性关系从计量上说明北京市直接物质输入对本地过程排放的影响明显。随着社会经济发展水平的不断提升，北京市的人均 DMI 下降趋势明显，但相比较而言，人均 DPO 的变动幅度不大；而 1992～2015 年北京市 DPO 的增幅高于人口和 DMI 的增幅。以上结果说明北京市污染物排放对环境造成的压力大于物质消耗所产生的压力，环境污染形势较为严峻。1992～2015 年北京市资源产出率年均增长 8.79%，增长速度较快，但其资源产出率仍低于世界先进水平；工业固体废弃物循环利用率在 2015 年达到了 82.70%。

9.2　北京市减物质化水平分析

　　DMI 指标和 DPO 指标分别表征了社会经济系统在输入端和输出端对生态环境系统的影响。因此，本节选取 DMI 和 DPO 这两个指标反映北京市的资源环境压力情况，分析北京市社会经济增长与资源环境之间的关系，采用 Tapio 脱钩模型对北京市的资源消耗和污染排放的减物质化水平进行了测度，从而全面地反映北京市减物质化水平。

9.2.1　北京市经济增长与资源环境压力之间的关系

　　1992～2015 年北京市经济增长与资源环境压力之间的关系，如图 9-11 所示。由图可见，北京市的 GDP 由 1992 年的 612.54 亿元增加到 2015 年的 6234.48 亿元（以 1990 年不变价计算），年均增长 10.61%，增长速度较快，社会经济发展取得显著成效。与此同时，DMI 由 1992 年的 13 988.47 万 t 增加到 2015 年的 20 516.91 万 t，年均增长 1.68%；DPO 由 1992 年的 7863.09 万 t 增加到 2015 年的 16 626.67 万 t，年均增长 3.31%。可见，随着北京市社会经济的增长，物质消耗不断增加，污染排放也不断增加，经济增长过程中产生的资源环境问题日益严重。

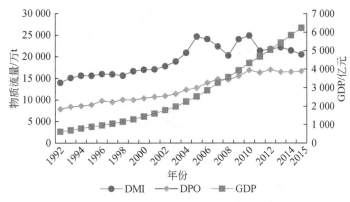

图 9-11　1992～2015 年北京市经济增长与资源环境压力之间的关系

　　虽然 1992～2015 年北京市的社会经济飞速发展，取得了令人瞩目的成就，但是，经济的发展过程中物质消耗不断增加，而随着物质消耗的增加，污染物排放也不断增加，资源环境问题日益严重。

9.2.2 减物质化水平测度模型

选取 DMI 和 DPO 这两个指标分别表征资源压力和污染压力，采用 Tapio 脱钩模型[132]对北京市减物质化水平进行了测度。具体模型如下：

$$t = \frac{\Delta EP}{\Delta GDP} \tag{9-1}$$

式中，t——脱钩弹性；

ΔGDP——国内生产总值增长率；

ΔEP——环境压力增长率。

式中，EP 是指资源消耗压力（DMI 指标）和污染物排放压力（DPO 指标）。DMI 和 DPO 指标分别反映了社会经济系统在输入端和输出端对生态环境系统的影响情况，以此来分析北京市整体资源环境状况与经济增长之间的关系。在此基础上，本研究又构建了资源环境压力指数（resource environment performance index，REPI）。参照赵兴国等[133]对云南省资源环境压力的研究，本研究认为资源消耗和污染排放对生态环境的影响同等重要。因此，设定资源消耗和污染排放占比均为 50%，构建资源环境压力综合指数为 REPI = 0.5×DMI+0.5×DPO。

基于 ΔEP、ΔGDP 及 t 值的差异，脱钩状态可划分为三类（连接、脱钩、负脱钩），八项指标（扩张连接、衰退连接、弱脱钩、强脱钩、衰退脱钩、弱负脱钩、强负脱钩、扩张性负脱钩），如图 9-12 所示。

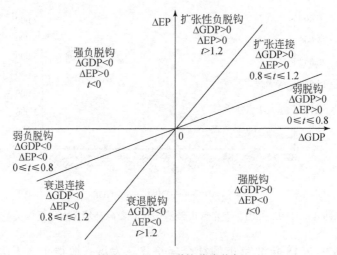

图 9-12 Tapio 脱钩分类指标

利用 Tapio 脱钩模型和分类指标，对北京市 1992~2015 年的相关数据进行整理，可分别得出社会经济增长（GDP）与资源环境压力指数（REPI）、直接物质输入（DMI）及本地过程排放（DPO）之间的脱钩情况。

9.2.3 北京市减物质化水平测度结果分析

9.2.3.1 资源环境综合减物质化水平

1992～2015 年北京市 GDP 始终保持正向增长，即 $\Delta GDP>0$，因此，资源环境综合压力、资源消耗及污染排放的脱钩状态只会出现在 Tapio 脱钩模型的右侧，也就是说，经济增长与资源环境压力之间可能表现为扩张性负脱钩、扩张连接、弱脱钩及强脱钩四种脱钩状态。根据脱钩情况由劣到优的变化趋势，本研究将以上四种脱钩状态分别取值为 1、2、3、4。设定时间变量为横坐标，脱钩状态变量为纵坐标，可得 1992～2015 年北京市经济增长与资源环境压力之间的脱钩关系变化趋势，如图 9-13 所示。

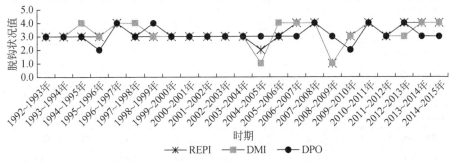

图 9-13　1992～2015 年北京市资源环境压力脱钩趋势

由图 9-13 可知，1992～2015 年北京市经济增长与资源环境之间呈现出扩张性负脱钩、扩张连接、弱脱钩及强脱钩四种脱钩状态。对反映社会整体资源环境压力的 REPI 而言，扩张性负脱钩状态占比为 4.35%，扩张连接状态占比为 4.35%，弱脱钩状态占比为 60.87%，强脱钩状态占比为 30.43%，资源环境压力与经济增长之间的强脱钩关系仍未占绝对优势。可见，北京市经济增长过程中的资源环境问题依然存在，仍未实现真正意义上的减物质化。

2006～2015 年，REPI 与 GDP 的脱钩关系中强脱钩状态占比上升到 60%，高于 1992～2015 年强脱钩状态占比（30.43%）；而 DMI 与 GDP、DPO 与 GDP 之间的脱钩关系中强脱钩状态占比分别上升到 55.56% 和 33.33%，大于 1992～2015 年强脱钩状态占比（39.13% 和 21.74%）。北京市经济增长与资源环境之间的关系逐渐从弱脱钩状态向强脱钩状态转变，且脱钩趋势在不断加强。可见，北京市的整体减物质化水平正在不断提高。而资源消耗的强脱钩趋势略优于污染排放的强脱钩趋势，说明污染排放的减物质化水平较低，已经影响了社会整体减物质化水平的进一步提升。

为进一步剖析北京市减物质化水平，以下将从资源消耗和污染排放两个方面，探讨北京市经济增长与资源环境压力之间的关系。

9.2.3.2 资源消耗的减物质化水平

1992～2015 年北京市 GDP 与 DMI 脱钩情况，如表 9-7 所示。由表可知，1992～2015 年北京市 GDP 与 DMI 之间呈现出扩张性负脱钩、弱脱钩及强脱钩三种脱钩状态，其中扩张性负脱钩状态占比为 8.7%，弱脱钩状态占比为 52.17%，强脱钩状态占比为 39.13%。

表 9-7　1992～2015 年北京市 GDP 与 DMI 脱钩情况

时期	ΔGDP/%	ΔDMI/%	弹性系数	脱钩状态
1992～1993 年	12.3	7.9	0.64	弱脱钩
1993～1994 年	13.7	3.5	0.25	弱脱钩
1994～1995 年	12.0	−0.2	−0.01	强脱钩
1995～1996 年	9.0	2.6	0.29	弱脱钩
1996～1997 年	10.1	−0.4	−0.04	强脱钩
1997～1998 年	9.5	−1.9	−0.20	强脱钩
1998～1999 年	10.9	6.5	0.60	弱脱钩
1999～2000 年	11.8	2.1	0.18	弱脱钩
2000～2001 年	11.7	0.6	0.05	弱脱钩
2001～2002 年	11.5	4.2	0.37	弱脱钩
2002～2003 年	11.1	6.1	0.55	弱脱钩
2003～2004 年	14.1	10.6	0.75	弱脱钩
2004～2005 年	12.1	18.1	1.49	扩张性负脱钩
2005～2006 年	13.0	−2.4	−0.18	强脱钩
2006～2007 年	14.5	−7.1	−0.49	强脱钩
2007～2008 年	9.1	−9.4	−1.03	强脱钩
2008～2009 年	10.2	18.6	1.82	扩张性负脱钩
2009～2010 年	10.3	3.6	0.35	弱脱钩
2010～2011 年	8.1	−14.2	−1.76	强脱钩
2011～2012 年	7.7	1.8	0.24	弱脱钩

续表

时期	ΔGDP/%	ΔDMI/%	弹性系数	脱钩状态
2012~2013 年	7.7	2.0	0.26	弱脱钩
2013~2014 年	7.3	-3.4	-0.46	强脱钩
2014~2015 年	6.9	-4.4	-0.63	强脱钩

由表 9-7 可知，2004~2005 年和 2008~2009 年 GDP 与 DMI 之间脱钩关系表现为扩张性负脱钩，该时期社会经济增长指标和资源消耗指标同时增大，且资源消耗增长速度大于同期社会经济增长速度。例如，2004~2005 年 GDP 增长率为 12.1%，而 DMI 增长率为 18.1%。与经济增长速度相比，资源消耗大幅增长，此时的资源效率较低。再如，2005 年北京市资源产出率为 1022.78 元/t，低于 2004 年的 1077.96 元/t[134]。

在 1992~1994 年、1995~1996 年、1998~2004 年、2009~2010 年及 2011~2013 年，GDP 与 DMI 之间的脱钩关系表现为弱脱钩，即社会经济和资源消耗都在增加，但同期社会经济增长速度高于资源消耗增长速度。例如，1992~1993 年 GDP 增长率为 12.3%，DMI 增长率为 7.9%。由式（9-1）可知，弱脱钩状态下资源消耗增长 1% 推动了 GDP 超过 1% 的增长，资源效率较扩张性负脱钩状态下的效率有所提高，但资源消耗仍在增加，此时不是资源消耗与经济增长之间关系的最佳状态。

在 1994~1995 年、1996~1998 年、2005~2008 年、2010~2011 年及 2013~2015 年，GDP 与 DMI 之间的关系表现为强脱钩，即社会经济增长的同时资源消耗在不断降低。例如，2013~2014 年 GDP 增长率为 7.3%，而 DMI 增长率为 -3.4%。资源消耗在下降，但社会经济仍呈现出不断增长的态势，此时是经济发展过程中理想的资源消耗脱钩状态。

9.2.3.3 污染排放的减物质化水平

1992~2015 年北京市 GDP 与 DPO 脱钩情况，如表 9-8 所示。由表可知，1992~2015 年北京市 GDP 与 DPO 之间呈现出扩张连接、弱脱钩及强脱钩三种脱钩状态，其中扩张连接状态占比为 8.7%，弱脱钩状态占比为 69.56%，强脱钩状态占比为 21.74%。

表 9-8　1992~2015 年北京市 GDP 与 DPO 脱钩情况

时期	ΔGDP/%	ΔDPO/%	弹性系数	脱钩状态
1992~1993 年	12.3	6.8	0.55	弱脱钩

时期	ΔGDP/%	ΔDPO/%	弹性系数	脱钩状态
1993~1994 年	13.7	2.2	0.16	弱脱钩
1994~1995 年	12.0	3.3	0.28	弱脱钩
1995~1996 年	9.0	10.5	1.17	扩张连接
1996~1997 年	10.1	−2.9	−0.29	强脱钩
1997~1998 年	9.5	5.7	0.60	弱脱钩
1998~1999 年	10.9	−0.6	−0.05	强脱钩
1999~2000 年	11.8	3.9	0.33	弱脱钩
2000~2001 年	11.7	3.2	0.27	弱脱钩
2001~2002 年	11.5	1.9	0.16	弱脱钩
2002~2003 年	11.1	4.6	0.42	弱脱钩
2003~2004 年	14.1	8.2	0.58	弱脱钩
2004~2005 年	12.1	3.6	0.30	弱脱钩
2005~2006 年	13.0	9.0	0.69	弱脱钩
2006~2007 年	14.5	6.2	0.43	弱脱钩
2007~2008 年	9.1	−1	−0.11	强脱钩
2008~2009 年	10.2	5.5	0.54	弱脱钩
2009~2010 年	10.3	8.8	0.85	扩张连接
2010~2011 年	8.1	−3.2	−0.40	强脱钩
2011~2012 年	7.7	3.9	0.51	弱脱钩
2012~2013 年	7.7	−3	−0.39	强脱钩
2013~2014 年	7.3	0.1	0.01	弱脱钩
2014~2015 年	6.9	0.9	0.13	弱脱钩

由表 9-8 可知，在 1995~1996 年和 2009~2010 年，GDP 与 DPO 之间的脱钩关系表现为扩张连接，说明该时期社会经济增长指标和污染排放指标都在增大，且二者之间的增长速度比较接近。例如，1995~1996 年 GDP 增长率为 9.0%，而 DPO 增长率为 10.5%。经济增长，污染排放也同步增长。可见，该经济增长模式是不可持续的，应及时转变，使其在保持经济增长的同时不断减少污染物的产生，降低污染排放。

在 1992~1995 年、1997~1998 年、1999~2007 年、2008~2009 年、2011~2012 年及 2013~2015 年，GDP 与 DPO 之间的关系表现为弱脱钩，即社会经济增长，污染排放也在缓慢增加，此时社会经济增长速度大于污染物排放增长速度。

例如，1992~1993 年 GDP 增长率为 12.3%，DPO 增长率为 6.8%。二者之间的关系相较于扩张连接状态有所改善，但经济增长过程中污染排放量仍在不断增加，此时仍不是最理想的污染排放脱钩状态。

在 1996~1997 年、1998~1999 年、2007~2008 年、2010~2011 年及 2012~2013 年，GDP 与 DPO 之间的关系表现为强脱钩，即社会经济增长的同时污染排放在不断降低。例如，1996~1997 年 GDP 增长率为 10.1%，而 DPO 增长率为 -2.9%。污染排放量在不断减少，此时是经济发展过程中理想的污染排放脱钩状态。

减物质化水平的测度反映了经济增长与资源环境之间的关系，在其测度模型中，GDP 是一个关键指标。因此，宏观经济运行形势将对一个国家或地区的减物质化水平产生重要影响。例如，1997 年的亚洲金融危机导致经济增长放缓，生产规模相对缩小，最直接的结果就是对资源需求的迅速下降，1996~1997 年和 1997~1998 年北京市 DMI 与 GDP 之间表现为强脱钩。而从消耗资源进行生产到产生废物排放需要一个过程，期间会存在一定的时间间隔，所以污染排放与经济增长之间的关系变动要稍滞后于资源消耗与经济增长之间的关系变动。因此，DPO 与 GDP 之间的强脱钩出现在 1998~1999 年。

综上可见，2006~2015 年，北京市 REPI、DMI 及 DPO 三者与 GDP 之间的脱钩关系中强脱钩状态占比分别上升到 60%、55.56% 和 33.33%，均高于 1992~2015 年三者与 GDP 之间的强脱钩状态占比（30.43%、39.13% 和 21.74%），经济增长与资源环境之间的关系逐渐从弱脱钩状态向强脱钩状态转变，且脱钩趋势在不断加强。北京市资源环境的整体减物质化水平在不断提高，资源环境压力得到了一定程度的缓解。

1992~2015 年，北京市资源消耗与经济增长的强脱钩趋势相较于环境污染与经济增长的强脱钩趋势更强，表明资源消耗的减物质化水平略高于污染排放的减物质化水平，社会经济发展过程产生的环境污染问题相对严重。

1992~2015 年，对反映社会整体资源环境压力的 REPI 而言，其弱脱钩状态和强脱钩状态占比分别为 60.87% 和 30.43%，资源环境压力与经济增长之间的强脱钩关系仍未占绝对优势，北京市仍未实现真正意义上的减物质化，经济发展过程中的资源环境问题仍然存在且不容小觑。若想实现社会经济的良性发展，仍需不断降低资源消耗，减少污染排放。

9.3 北京市减物质化影响因素分析

本节将资源环境减物质化研究，从减物质化水平的测度进一步深入到减物质化影响因素分析，应用 LMDI 分解法对资源消耗（DMI 指标）和污染排放（DPO 指标）进行因素分解，系统地分析北京资源环境减物质化的影响因素及相关效应。

9.3.1　模型构建

由 IPAT 方程知，环境压力（资源消耗或污染排放）受人口、经济规模及技术等因素的影响。除此之外，维持社会经济系统运转的物质输入主要包括直接物质输入（DMI）和循环物质输入（RMI）两部分，在总的物质需求不变的情况下，当 DMI 逐渐被 RMI 代替时，DMI 就会减少。所以，DMI 的减物质化还受循环物质这一因素的影响。同时，清洁生产工艺越成熟，应用越广泛，社会整体清洁生产水平越高，污染物末端排放量则越少。因此，清洁生产水平也将对 DPO 产生影响。鉴于以上分析，本研究将循环因素引入到 DMI 的减物质化影响因素分析中，并将清洁生产因素引入到 DPO 的减物质化影响因素分析中。在此基础之上，DMI 和 DPO 可分别表示为式（9-2）和式（9-3）：

$$DMI = P \times \frac{GDP}{P} \times \frac{DMI+RMI}{GDP} \times \frac{DMI}{DMI+RMI}$$

变换为

$$DMI = P \times \frac{GDP}{P} \times \frac{DMI+RMI}{GDP} \times \left(1 - \frac{RMI}{DMI+RMI}\right) \tag{9-2}$$

$$DPO = P \times \frac{GDP}{P} \times \frac{DMI}{GDP} \times \frac{DPO}{DMI} \tag{9-3}$$

式中，P——常住人口；

GDP——国内生产总值；

DMI——直接物质输入量；

RMI——循环物质输入量；

DPO——本地过程排放。

式（9-2）和式（9-3）可分别简化为式（9-4）和式（9-5）：

$$DMI = P \times A \times (T+RT) \times (1-R) \tag{9-4}$$

$$DPO = P \times A \times T \times E \tag{9-5}$$

式中，P——人口变动情况；

A——人均 GDP（GDP 按 1990 年不变价计算），代表经济规模；

T——单位 GDP 的直接物质投入量，代表物质利用强度；

RT——单位 GDP 的循环物质输入量，代表循环物质利用强度；

R——循环物质占比，为 RMI 与（DMI+RMI）的比值；

E——单位资源消耗所产生的污染物，代表清洁生产水平。

假定 DMI 从第 t 年到第 $t+1$ 年的变化值为 $\Delta\mathrm{DMI}$，则 $\Delta\mathrm{DMI}=\mathrm{DMI}_{t+1}-\mathrm{DMI}_t$。由 LMDI 分解模型可得，因子 P、A、T、RT、R 的变化对 DMI 的贡献分别为

$$\Delta E_P = \frac{\mathrm{DMI}_{t+1}-\mathrm{DMI}_t}{\ln\mathrm{DMI}_{t+1}-\ln\mathrm{DMI}_t}\times\ln\frac{P_{t+1}}{P_t} \tag{9-6}$$

$$\Delta E_A = \frac{\mathrm{DMI}_{t+1}-\mathrm{DMI}_t}{\ln\mathrm{DMI}_{t+1}-\ln\mathrm{DMI}_t}\times\ln\frac{A_{t+1}}{A_t} \tag{9-7}$$

$$\Delta E_T = \frac{(P\times A\times T-P\times A\times T\times R)_{t+1}-(P\times A\times T-P\times A\times T\times R)_t}{\ln(P\times A\times T-P\times A\times T\times R)_{t+1}-\ln(P\times A\times T-P\times A\times T\times R)_t}\times\ln\frac{T_{t+1}}{T_t} \tag{9-8}$$

$$\Delta E_{\mathrm{RT}} = \frac{(P\times A\times \mathrm{RT}-P\times A\times \mathrm{RT}\times R)_{t+1}-(P\times A\times \mathrm{RT}-P\times A\times \mathrm{RT}\times R)_t}{\ln(P\times A\times \mathrm{RT}-P\times A\times \mathrm{RT}\times R)_{t+1}-\ln(P\times A\times R-P\times A\times \mathrm{RT}\times R)_t}\times\ln\frac{\mathrm{RT}_{t+1}}{\mathrm{RT}_t}$$

$$\tag{9-9}$$

$$\Delta E_R = -\frac{(P\times A\times T\times R+P\times A\times \mathrm{RT}\times R)_{t+1}-(P\times A\times T\times R+P\times A\times \mathrm{RT}\times R)_t}{\ln(P\times A\times T\times R+P\times A\times \mathrm{RT}\times R)_{t+1}-\ln(P\times A\times T\times R+P\times A\times \mathrm{RT}\times R)_t}\times\ln\frac{R_{t+1}}{R_t}$$

$$\tag{9-10}$$

直接物质输入的总变化量 $\Delta\mathrm{DMI}$ 即各种因素分解效应之和：

$$\Delta\mathrm{DMI}=\Delta E_P+\Delta E_A+\Delta E_T+\Delta E_{\mathrm{RT}}+\Delta E_R \tag{9-11}$$

式中，ΔE_P——人口变动对 DMI 变化的影响；

ΔE_A——经济规模变动对 DMI 变化的影响；

ΔE_T——物质利用强度变动对 DMI 变化的影响；

ΔE_{RT}——循环物质利用强度变动对 DMI 变化的影响；

ΔE_R——循环物质占比对 DMI 变化的影响。

由式（9-11）可知，DMI 的变化受人口数量、经济规模、物质利用强度、循环物质利用强度和循环物质占比等因素的影响。

根据 Sun[135] 的研究可知，当 $\Delta E_T+\Delta E_{\mathrm{RT}}+\Delta E_R<0$ 时，存在减量效应，减量效应 $=-(\Delta E_T+\Delta E_{\mathrm{RT}}+\Delta E_R)$。人口的增加和经济规模的扩张，一般情况下会造成物质需求的上升，故将二者的影响定义为增量效应，增量效应 $=\Delta E_P+\Delta E_A$。

类似地，假定 DPO 从第 t 年到第 $t+1$ 年的变化值为 $\Delta\mathrm{DPO}$，则 $\Delta\mathrm{DPO}=\mathrm{DPO}_{t+1}-\mathrm{DPO}_t$。由 LMDI 分解模型可得，因子 P、A、I、E 的变化对 DPO 的贡献分别为

$$\Delta E_P = \frac{\mathrm{DPO}_{t+1}-\mathrm{DPO}_t}{\ln\mathrm{DPO}_{t+1}-\ln\mathrm{DPO}_t}\times\ln\frac{P_{t+1}}{P_t} \tag{9-12}$$

$$\Delta E_A = \frac{\mathrm{DPO}_{t+1}-\mathrm{DPO}_t}{\ln\mathrm{DPO}_{t+1}-\ln\mathrm{DPO}_t}\times\ln\frac{A_{t+1}}{A_t} \tag{9-13}$$

$$\Delta E_T = \frac{\mathrm{DPO}_{t+1}-\mathrm{DPO}_t}{\ln\mathrm{DPO}_{t+1}-\ln\mathrm{DPO}_t}\times\ln\frac{T_{t+1}}{T_t} \tag{9-14}$$

$$\Delta E_E = \frac{\mathrm{DPO}_{t+1}-\mathrm{DPO}_t}{\ln\mathrm{DPO}_{t+1}-\ln\mathrm{DPO}_t}\times\ln\frac{E_{t+1}}{E_t} \tag{9-15}$$

本地过程排放的总变化量 ΔDPO 即各种因素分解效应之和：

$$\Delta DPO = \Delta E_P + \Delta E_A + \Delta E_T + \Delta E_E \tag{9-16}$$

式中，ΔE_P——人口变动对 DPO 变化的影响；

$\quad\quad \Delta E_A$——经济规模变动对 DPO 变化的影响；

$\quad\quad \Delta E_T$——物质利用强度变动对 DPO 变化的影响；

$\quad\quad \Delta E_E$——清洁生产水平变动对 DPO 变化的影响。

由式（9-16）可知，DPO 的变化受人口数量、经济规模、技术水平和清洁生产水平的影响。与 DMI 减量效应定义类似，当 $\Delta E_T + \Delta E_E < 0$ 时，存在减量效应，减量效应 $= -(\Delta E_T + \Delta E_E)$。而人口的增加和经济规模的扩张同样会造成污染排放的上升，故将二者的影响定义为增量效应，增量效应 $= \Delta E_P + \Delta E_A$。

考虑到工业固体废弃物综合利用量在物质总循环量中占比最大，且多数年份其占比达到 50% 以上[136]，以及北京市相关循环物质数据的可获取性，本研究选取工业固体废弃物综合利用情况反映社会经济系统内部物质的总体循环状况。

9.3.2 减物质化影响因素分析

9.3.2.1 资源消耗的减物质化影响因素

利用式（9-6）~式（9-11）计算，可得北京市资源消耗的减物质化影响因素分解结果，如表 9-9 所示。

表 9-9 1992~2015 年北京市 DMI 因素效应分解结果（单位：万 t）

时期	因素效应分解					增量效应	减量效应	总效应
	人口因素	经济规模因素	物质利用强度因素	循环物质利用强度因素	循环物质占比因素			
1992~1993 年	131.29	1 556.45	−561.59	34.74	−56.67	1 687.74	583.52	1 104.22
1993~1994 年	178.46	1 791.88	−1 383.05	15.39	−75.72	1 970.34	1 443.38	526.96
1994~1995 年	1 658.02	110.38	−1 716.59	−97.19	18.93	1 768.40	1 794.85	−26.45
1995~1996 年	104.43	1 255.30	−914.18	6.39	−48.96	1 359.73	956.75	402.98
1996~1997 年	247.86	1 784.81	−1 522.13	−55.33	−18.98	1 536.95	1 596.44	−59.49
1997~1998 年	71.12	1 360.47	−1 646.82	78.77	−169.20	1 431.59	1 737.25	−305.66
1998~1999 年	149.56	1 519.14	−615.69	−191.79	157.74	1 668.70	649.74	1 018.96
1999~2000 年	1 366.73	510.39	−1 456.02	−90.13	17.50	1 877.12	1 528.65	348.47
2000~2001 年	266.73	1 619.95	−1 697.28	−51.14	−34.38	1 886.68	1 782.80	103.88

续表

时期	因素效应分解					增量效应	减量效应	总效应
	人口因素	经济规模因素	物质利用强度因素	循环物质利用强度因素	循环物质占比因素			
2001~2002 年	473.80	1 426.64	-1 123.63	-143.58	88.85	1 900.44	1 178.36	722.08
2002~2003 年	423.50	1 510.01	-802.52	-11.51	-26.10	1 933.51	840.13	1 093.38
2003~2004 年	489.96	2 134.58	-594.34	-48.74	20.78	2 624.54	622.30	2 002.24
2004~2005 年	680.39	1 925.02	1 128.70	-110.43	158.60	2 605.41	-1 176.87	3 782.28
2005~2006 年	979.80	2 002.48	-3 426.30	0.05	-144.76	2 982.28	3 571.01	-588.73
2006~2007 年	1 064.14	2 080.85	-4 648.29	-188.86	-24.77	3 144.99	4 861.92	-1 716.93
2007~2008 年	1 175.98	683.16	-3 791.59	-276.33	110.20	1 859.14	3 957.72	-2 098.58
2008~2009 年	1 084.98	1 064.57	1 557.31	-9.34	70.70	2 149.55	-1 618.67	3 768.22
2009~2010 年	1 306.45	1 095.20	-1 485.85	-154.97	102.08	2 401.65	1 538.74	862.91
2010~2011 年	658.34	1 141.67	-5 173.70	-138.04	-39.69	1 800.01	5 351.43	-3 551.42
2011~2012 年	535.09	1 065.04	-1 166.61	59.82	-103.84	1 600.13	1 210.63	389.50
2012~2013 年	478.12	1 152.29	-1 149.22	-31.66	-15.03	1 630.41	1 195.91	434.50
2013~2014 年	376.51	1 161.25	-2 194.06	-67.66	-23.47	1 537.76	2 285.19	-747.43
2014~2015 年	183.50	1 216.40	-2 240.25	-63.87	-32.22	1 399.90	2 336.34	-936.44
1992~2015 年	13 589.05	31 167.95	-36 623.70	-1 535.41	-68.41	44 757.00	38 227.52	6 529.48

由表9-9可知，1992~2015年北京市人口和经济规模的变动对DMI的变化存在正向影响，而物质利用强度和循环物质利用强度的变动及循环物质占比的变动对DMI的变化存在负向影响。可见，对资源消耗而言，可得

增量效应=人口效应+经济规模效应；

减量效应=-(物质利用强度效应+循环物质利用强度效应+循环物质占比效应)；

总效应=增量效应-减量效应。

1992~2015年，增量效应导致北京市DMI增加44 757.00万t。其中，经济规模因素占主导地位，其变动导致DMI增加31 167.95万t，占增量效应的69.64%，人口因素变动导致DMI增加13 589.05万t。与此同时，北京市GDP由612.54亿元增加到6234.48亿元（以1990年不变价计算），增长了9.18倍，而常住人口由1102.00万人增加到2170.50万人，增长了96.96%，GDP的增长速度远远高于人口的增长速度。可见，经济规模的扩张和人口的增长直接驱动了北京市资源消耗的上升，且经济规模的增长效应大于人口的增长效应。

1992~2015年减量效应共计驱动北京市DMI降低38 227.52万t。其中，物质利用强度因素占主导地位，其变动导致DMI减少36 623.70万t，占比为

95.80%。与此同时，循环物质利用强度变动和循环物质占比变动分别导致 DMI 减少 1535.41 万 t 和 68.41 万 t。而物质利用强度及循环物质利用强度分别由 1992 年的 $22.84×10^{-4}$ t/元和 $0.85×10^{-4}$ t/元，下降到 2015 年的 $3.29×10^{-4}$ t/元和 $0.14×10^{-4}$ t/元，循环物质占比由 1992 年的 3.57% 提高到 2015 年的 4.18%。可见，物质利用强度和循环物质利用强度的降低，以及循环物质占比的提高是物质减量的驱动因素。因此，不断改进生产技术，降低物质利用强度是减少资源消耗的关键。同时，增加循环物质投入量，可以间接减少社会经济发展对直接物质输入的需求，有利于实现资源消耗的减物质化。值得注意的是，在增加循环物质的同时，也需重视相关技术的改进，不断降低循环物质利用强度。

9.3.2.2 污染排放的减物质化影响因素

利用式 (9-12) ~ 式 (9-16) 计算，可得北京市污染排放的减物质化影响因素分解结果，如表 9-10 所示。

表 9-10　1992 ~ 2015 年北京市 DPO 因素效应分解结果（单位：万 t）

时期	因素效应分解				增量效应	减量效应	总效应
	人口因素	经济规模因素	物质利用强度因素	清洁生产水平因素			
1992 ~ 1993 年	73.43	870.49	-326.36	-81.28	943.92	407.64	536.28
1993 ~ 1994 年	98.68	990.76	-798.10	-109.82	1 089.44	907.92	181.52
1994 ~ 1995 年	926.64	61.69	-1 003.11	298.85	988.33	704.26	284.07
1995 ~ 1996 年	61.66	741.12	-564.87	696.92	802.78	-132.05	934.83
1996 ~ 1997 年	-149.92	1 079.56	-965.62	-247.42	929.64	1 213.04	-283.40
1997 ~ 1998 年	44.10	843.60	-1 077.40	735.80	887.70	341.60	546.10
1998 ~ 1999 年	93.02	944.77	-404.16	-689.86	1 037.79	1 094.02	-56.23
1999 ~ 2000 年	828.80	309.51	-926.98	182.06	1 138.31	744.92	393.38
2000 ~ 2001 年	165.25	1 003.64	-1 104.55	264.76	1 168.89	839.79	329.11
2001 ~ 2002 年	293.81	884.70	-730.78	-249.21	1 178.51	979.99	198.52
2002 ~ 2003 年	257.78	919.14	-511.39	-158.64	1 176.92	670.03	506.90
2003 ~ 2004 年	292.93	1 276.21	-372.06	-255.68	1 569.14	627.74	941.40
2004 ~ 2005 年	376.69	1 065.77	651.62	-1 642.60	1 442.46	990.98	451.48
2005 ~ 2006 年	537.85	1 099.25	-1 960.40	1 481.12	1 637.10	479.28	1 157.82
2006 ~ 2007 年	660.05	1 290.69	-3 015.71	1 939.01	1 950.74	1 076.70	874.04
2007 ~ 2008 年	815.16	473.55	-2 743.53	1 307.16	1 288.71	1 436.37	-147.66
2008 ~ 2009 年	741.04	727.10	1 105.58	-1 762.19	1 468.14	656.61	811.53
2009 ~ 2010 年	863.75	724.09	-1 017.37	791.71	1 587.84	225.66	1 362.18

续表

时期	因素效应分解				增量效应	减量效应	总效应
	人口因素	经济规模因素	物质利用强度因素	清洁生产水平因素			
2010~2011 年	473.25	820.69	-3 846.92	2 007.19	1 293.94	1 839.73	-545.78
2011~2012 年	413.25	822.53	-935.00	343.36	1 235.78	591.64	644.14
2012~2013 年	363.77	876.70	-909.89	-843.84	1 240.47	1 753.73	-513.26
2013~2014 年	284.22	876.60	-1 725.02	574.13	1 160.82	1 150.89	9.93
2014~2015 年	144.77	959.67	-1 843.23	885.50	1 104.44	957.73	146.70
1992~2015 年	8 659.98	19 661.83	-25 025.25	5 467.03	28 321.81	19 558.22	8 763.59

由表 9-10 可知，1992~2015 年北京市的人口变动和经济规模变动对 DPO 的变化同样存在正向影响，而物质利用强度和清洁生产水平变动对 DPO 的变化存在负向影响。可见，对污染物排放而言，可得

增量效应 = 人口效应 + 经济规模效应；

减量效应 = -(物质利用强度效应 + 清洁生产水平效应)；

总效应 = 增量效应 - 减量效应。

在 1992~2015 年，增量效应导致北京市 DPO 增加 28 321.81 万 t。其中，经济因素的变动导致 DPO 增加 19 661.83 万 t，占增量效应的 69.42%，人口因素导致 DPO 增加 8659.98 万 t。由上节分析可知，1992~2015 年，北京市 GDP 的增长速度远远高于人口的增长速度。可见，人口的增长和经济规模的扩张同样导致了污染排放的上升，且经济规模变动是污染排放变化的主要影响因素。

在 1992~2015 年，减量效应导致北京市 DPO 减少 19 558.22 万 t。其中，物质利用强度因素变动导致 DPO 减少 25 025.25 万 t，而物质利用强度由 1992 年的 22.84×10^{-4} t/元下降到 3.29×10^{-4} t/元。可见，物质利用强度的降低使得污染排放量不断减少，且该因素是 DPO 减量的重要驱动因素。原因在于物质利用强度的降低会导致对物质需求的减少，在技术水平不变的情况下，输入端较少的物质消耗即意味着输出端相对较低的污染物排放。因此，物质利用强度的降低对 DPO 的减量起着重要作用，减物质化过程中需不断改进生产技术，提高资源产出率，降低物质利用强度，从而减少污染排放。

单位物质输入的污染物排放反映了清洁生产水平，也是 DPO 减量的重要影响因素。而 1992~2015 年北京市清洁生产水平这一因素变动的贡献值表现为正负交替并呈现出微弱上升的趋势，且其累计贡献值为正值，其与人口因素和经济规模因素的共同作用导致了污染排放的上升。可见，清洁生产技术并没有真正起到抑制污染排放的作用，社会整体清洁生产水平仍有待提高。

第 10 章　基于物质流分析的城市绿色 GDP 核算体系

学者在核算绿色 GDP 时用到的计算公式和表述方法各有不同，没有形成统一标准。通过分析发现，西方许多经济学著作及我国资源科学文献中提到的资源主要是自然资源，其中，水资源、土地资源、矿产与能源资源、生物资源等又是研究的重点。对资源环境的价值核算范围不全面，并且没有考虑隐藏流的价值，而物质流分析能全面对进出经济系统的物质资源进行实物核算。所以，本研究在物质流分析的基础上，对城市的价值流进行核算分析，进而核算城市绿色 GDP。

10.1　城市绿色 GDP 核算模型建立

10.1.1　价值流含义

西方经济学中的价值是稀缺的效用（客体）与需求（主体）之间构成的满足关系。因为在经济活动中，只有稀缺的效用才会获得评价[137]。人类社会的经济关系是通过交换来联系在一起的，经济系统中的价值则是在交换过程中体现的价值，是交换双方共同认可的价值。通过物品的交换，一方获得效用，另一方获得价值补偿。但是，对大部分没有进入经济系统的自然资源而言，其没有明确的产权和所有者，导致在价值交易过程中只有买方，而自然资源的价值拥有者缺失。其结果是自然资源的价值被严重低估，表现为自然资源的低价或成为一种没有价值的免费商品。因此，需要对资源环境的价值进行评估。

对资源环境的价值评估，不应只考虑资源本身的耗减价值，还应关注资源开采利用后对环境影响的经济评价。环境作为一种资源，其价值变动一定会反映在相关主体上。为了评估这些影响，可以对受损的环境功能通过估算其恢复或重置所需要的成本（虚拟治理成本）来表征环境价值；资源环境的破坏会对受体造成效益的损失，可以通过核算其环境污染损害成本来表征环境价值。

本研究中的价值流是指通过一系列价值估值方法，将经济发展过程中对自然资源消耗和污染物排放造成的环境影响用货币的形式表现出来，明确资源环境的价值损失，得到资源环境的价值量。也就是说，以物质流分析为基础，从"货币"的角度对进出经济系统的实物进行价值估值，得到输入端的资源耗减价值和输出端的环境损失价值，以此来反映物质代谢中资源环境的价值流动情况。

10.1.2　系统边界界定

本研究的城市价值流核算边界参照物质流的系统边界。边界界定主要考虑本地资源开采对自然资源的消耗及废物向自然环境排放造成的环境污染；物质的调入（含进口）和调出（含出口）是相对于行政区划而言的，是指城市与周边城市和国外进行的物质流通。国民经济核算体系（system of national account，SNA）中的核心指标——GDP 的核算行政边界与城市物质流核算的行政边界一致。

10.1.3　基于物质流分析的价值流核算体系构建

10.1.3.1　核算目的与原则

对资源环境的价值核算活动，其目的是将人类社会在经济发展的过程中消耗的资源环境通过价值评估，来记录资源耗减的价值和环境污染带来的环境损失价值。尽管只是对已经发生的资源环境损失进行的事后评价和价值的记录，但考虑到现有的价值核算体系忽略了经济活动对环境产生的影响，进而导致人类社会福利的变化，因此，将资源环境价值纳入国民经济核算体系，不仅可以反映真实的经济发展水平，还可以影响今后具体的决策和规划。

基于物质流分析方法对城市经济系统的资源环境进行价值核算，关键在于全面核算在城市经济发展过程中资源耗减、环境破坏所带来的价值损失，进而得到经资源环境多因素调整过的北京市绿色 GDP。通过从价值角度系统描述资源环境与经济发展之间的相互关系，以反映城市经济发展的真实情况。由于当前绿色GDP 仅对进出经济系统的部分实物进行核算（化石燃料、水、金属矿物、林地、耕地等），其核算内容不全面，且实物计量单位不统一。而基于物理学"吨概念"的物质流分析是定量研究城市物质代谢的重要方法，对进出经济系统的资源环境进行实物核算，解决了绿色 GDP 核算中资源环境计量单位不统一的问题，并且扩大了资源环境核算范围，使绿色 GDP 核算更趋于全面，同时也为绿色GDP 的核算提供了新思路。

在核算过程中，将遵循以下三项原则。

（1）物质流的物质分类核算原则

目前，绿色 GDP 的核算研究中还没有将资源环境的核算内容进行统一，而现行的城市经济系统的物质流分析方法已相当成熟,世界各国都广泛采用现行的"欧盟 07 导则"来解决核算地区的资源耗减和废弃物排放实物量的问题。本研究中的价值核算正是基于物质流分析的物质分类方法,将城市的资源环境进行实物核算,并通过价值估值的方法来核算资源环境价值。

(2)与现行价值核算相衔接的原则

现有的宏观层面的资源环境的价值核算,基本上围绕着环境经济综合核算体系(system of integrated environmental and economic accounting,SEEA)进行,而 SEEA 是国民经济核算体系(SNA)基础上的延伸。因此,只有将资源环境价值与现行价值核算体系相衔接,才能与现行 GDP 指标进行对比,体现经济发展与资源环境之间的关系。

(3)与国际经验相接轨的原则

国内外机构、学者在资源环境的价值核算研究方面取得了巨大成果。尽管各国学者对资源环境的核算范围及价值核算的方法没有形成一致的观点,但这些研究推动了价值核算的发展。在研究中,最具影响力的是在联合国统计署(United Nations Statistics Division,UNSD)主导下开发的环境经济综合核算体系(SEEA)。目前,绿色 GDP 核算主要在 SEEA 指导下进行,该体系也在不断地修改和完善。本研究在结合自身资源环境情况的基础上,也借鉴了 SEEA 和其他在资源耗减、环境降级损失等方面的价值核算方法,与国际通用的价值估值方法保持一致。

10.1.3.2 核算思路

对城市经济系统的价值流核算分为两个步骤:第一步,先对进出经济系统的资源环境进行实物量核算;第二步,进行资源环境的价值量核算。

实物量核算反映了在经济发展过程中对资源耗减的数量和向环境排放污染物的数量,是资源环境价值量核算的基础。价值流核算是建立在物质流分析基础上的,因此需要按照物质流分析中的物质分类方法先对进出经济系统的资源环境进行实物核算,之后利用 SEEA 中一系列价值估价方法对物质流账户中的输入端和输出端的实物进行价值核算,得到自然资源的耗减价值和废物排放带来的环境损失价值。国民经济核算体系是一个价值量体系,我们利用价值量核算调整环境系统与经济系统价值,实现资源环境核算与国民经济核算对接,得到真实反映经济发展的绿色 GDP 总量指标,该指标可以真实反映经济发展的成果。

10.1.3.3 基于物质流分析的价值流核算体系构建

物质是价值的载体,价值是物质的表现形式,物质的流动带来了价值的变化。运用物质流分析方法对经济系统的物质流动情况进行核算,之后运用价值估值方法对物质进行价值核算。本研究将经济系统内部当作"黑箱"处理，因此仅对进入经济系统的自然资源价值和排出经济系统的污染物的环境损害价值进行核算。基于物质流分析的价值核算体系，如表 10-1 所示。

表 10-1 基于物质流分析的价值核算体系

账户类型	物质分类	实物核算	价值核算
输入端	化石燃料	原煤、原油、天然气	化石燃料耗减价值
	金属矿物	铁矿石原矿、铜等	矿物耗减价值
	非金属矿物	水泥等	
	生物质	农、林、牧、渔	生物质耗减价值
	水资源	水	水耗减价值
	调入	资源性物质、半成品和制成品	调入资源耗减价值
	隐藏流	开采有用物质引起的生态包袱	隐藏流损害价值
		调入隐藏流和营建剩余土石方等	
输出端	废水污染物	COD、氨氮	虚拟治理成本 环境污染造成的经济损失 环境保护支出
	废气污染物	SO_2、NO_x、烟（粉）尘	
	固体废弃物	生活垃圾、工业固体废弃物	
	耗散性物质	农用化肥、农药	
	调出	资源性物质、半成品和制成品	

10.1.3.4 价值流核算

1）物质流的输入是指由自然环境进入经济系统的自然资源和物质，该部分产生对环境的扰动，引起资源的耗减和环境的退化。对输入端资源耗减价值的核算主要包括化石燃料、金属矿物、非金属矿物、生物质、水、隐藏流和调入。值得注意的是，有部分外地调入的资源和产品只是流经经济系统，没有被经济系统消耗且没有对环境造成损害，而是作为商品调出经济系统，本研究仅对实际消耗的物质核算其耗减价值。隐藏流尽管没有进入经济系统，但对环境产生了影响，需要核算其环境损害价值；水由于在输入量中的占比很大，一般在物质流账户中不包含水，而水作为重要资源不应当被忽略，故本研究将水的价值纳入资源价值核算中。

2）物质流的输出是指污染物排放到自然环境的物质及物质调出，该部分引起环境的污染。其中，污染物的排放造成了环境价值损失，即经济活动造成环境污染而使环境服务功能质量下降的代价。

环境污染损失价值不仅包括排入环境的污染物虚拟治理成本，还包括为治理环境污染所投入的环境保护支出、环境污染造成的直接和间接的经济损失。

污染物的排放会造成人类生活环境质量的下降，因此需要核算污染物的虚拟治理成本，将其纳入绿色核算范围，即采用恢复法通过将环境恢复达到排放标准或未受污染时的状态来估算。将环境保护支出纳入核算体系是考虑环境保护支出不应作为社会创造的真实价值，而是对环境的一种补偿，这里的环境保护支出包括环境污染物治理投资、"三废"治理设施实际运行费用和地质灾害实际防治支出三方面。环境污染造成的损失包括自然灾害造成的直接经济损失和环境污染对人体健康、固定资产加速折旧造成的间接损失。

10.1.4　城市绿色 GDP 核算模型建立

本研究中价值流指标的设定从输入、输出端及总量三方面来考虑，包括了输入价值（input value，IPV）指标，代表资源耗减价值；输出价值（output value，OPV）指标，代表环境损失价值；以及绿色 GDP 指标。输入价值指标和输出价值指标在价值核算内容中已经进行了说明，下面重点介绍绿色 GDP 指标。

目前，绿色 GDP 主要采用间接法计算。在现行 GDP 的核算基础上，纳入资源环境因素，通过调整现行 GDP 的资源耗减价值和环境降级损失价值得到绿色 GDP 数值，其核算公式为：绿色 GDP=GDP-资源耗减价值-环境降级损失价值。有学者认为需要把废弃物综合利用价值项作为绿色 GDP 的加项，由于城市 GDP 核算体系中已包含"废弃资源综合利用业"，本研究没有对该项进行核算。

本研究运用物质流分析方法对输入端的资源进行耗减价值核算，对输出端的污染物核算环境降级损失价值。所以，从输入和输出两方面，对城市现行的 GDP 指标进行修正，得城市绿色 GDP 核算模型，即

绿色 GDP=现行 GDP-输入端资源耗减价值-输出端环境降级损失价值

(10-1)

10.2　北京市绿色 GDP 核算与分析

10.2.1　北京市绿色 GDP 核算方法

社会经济系统存在物质流与价值流两种基本形式，物质流是价值流的载体，物质流与价值流之间通过转换因子（一般为产品价格）相关联[138]。借鉴 SEEA，根据不同的情况选择适当的估值方法对物质流进行价值核算。

10. 2. 1. 1　输入端资源耗减价值核算

对化石燃料的价值核算，将北京市输入端化石燃料用量统一折算成标准煤，通过查阅 2006 ~ 2014 年《中国统计年鉴》得到煤炭的历年单价，用折标准煤系数计算得到历年的标准煤价格（表 10-2）。铁矿石原矿采用净价值法进行价值核算，单位铁矿石的净价用当年铁矿石市场价格减去其相应开采成本得到（表 10-2），其中铁矿石平均生产成本为 100 元/t；水泥采用市场法进行耗减价值核算，单价取自 2006 ~ 2014 年《中国水泥年鉴》（表 10-2）；采用市场价值法计算林业开采造成的资源耗减价值，木材价格取自 2006 ~ 2014 年《中国林业统计年鉴》（表 10-2）；农业耗减价值用农业产值与中间消耗之差近似替代；对水资源的价值评估，采用国际通用的经验法，其估算公式为

$$P_w = \frac{F}{Q}\alpha \tag{10-2}$$

式中，F——当年的 GDP；

Q——总用水量；

α——消费支付意愿系数。

根据经验法支付意愿系数的推算公式[139]确定 α 取 3%，得到水的单价，如表 10-2 所示。

隐藏流的实物主要来自物质开采和营建剩余的土石方，所以本研究将土石方全部就地回填的成本作为隐藏流价值，选定土石的密度为 2.4t/m³[140]，通过建筑工程价目表查找出单位就地填土石方价格为 10 元/m³，乘以隐藏流实物量，得到隐藏流耗减价值。

表 10-2　北京市 2005 ~ 2013 年部分物质单位耗减、损失成本数据

年份	标准煤 /（元/tce）	铁矿石 /（元/t）	水泥 /（元/t）	木材 /（元/m³）	水 /（元/m³）	化肥 /（元/t）
2005	336. 00	447. 03	213. 69	606. 00	6. 06	2138. 78
2006	378. 00	411. 19	230. 72	638. 00	7. 10	2217. 80
2007	426. 73	570. 81	236. 85	667. 00	8. 49	2466. 26
2008	585. 97	847. 78	305. 19	564. 00	9. 50	2895. 61
2009	552. 09	445. 59	292. 00	699. 00	10. 27	3075. 00
2010	634. 63	769. 15	362. 00	748. 00	12. 03	3288. 18
2011	697. 80	958. 20	313. 50	757. 00	13. 54	3524. 72
2012	676. 87	712. 74	265. 00	742. 00	14. 94	3721. 93
2013	600. 38	702. 79	244. 60	822. 00	16. 08	3770. 70

10.2.1.2 输出端环境降级损失价值核算

输出端价值核算包括虚拟治理成本、环境污染损害和环境保护支出三部分。

虚拟治理成本是对生产生活过程中排放到环境中的"三废",按照现行的治理技术和水平进行无害化处理所需的成本。从数值上看,虚拟治理成本是环境退化成本的一种下限核算,采用治理成本法。本研究参考《中国环境经济核算技术指南》,并结合北京市实际情况,得出 SO_2 的治理成本为 778 元/t,烟(粉)尘为 422 元/t,氮氧化物为 3030 元/t;生活垃圾的治理成本为 71.67 元/t;废水中 COD 的治理成本为 5200 元/t,氨氮为 4800 元/t。耗散性物质损失主要核算化肥的流失价值,已知 2009 年化肥价格,采用《中国价格统计年鉴 2014》中"农业生产资料价格指数"来推算其他年份化肥单价(表 10-2)。

在环境污染损害成本中,主要核算了环境污染带来的直接损失和间接损失两部分。其中各类自然灾害造成的直接经济损失,取自 2006~2014 年的《中国环境统计年鉴》。间接损失主要核算了人体健康损失、固定资产加速折旧。环境污染对人体健康造成的损失很难定量核算,考虑到环境污染对人体健康的影响主要表现为呼吸系统疾病、恶性肿瘤造成的疾病,本研究仅核算环境污染造成的直接劳动力损失价值。人体健康损失通过北京市常住居民恶性肿瘤和呼吸系统疾病每年死亡人数与人均家庭总收入相乘得到,其中常住居民恶性肿瘤和呼吸系统疾病每年死亡人数由常住人口与疾病死亡率相乘所得,疾病死亡率取自 2006~2014 年的《北京市卫生工作统计资料简编》,常住人口和人均家庭总收入取自 2006~2014 年的《北京统计年鉴》。固定资产加速折旧指环境污染使固定资产加速折旧所发生的环保维修费用,本研究采用徐衡和李红继[141]的维持费用法计算,北京市环境污染对固定资产造成的加速折旧损失=工业产值×环保维修开支比例×总维修开支总开支比例。其中环保维修开支占总维修开支的比例为 0.052,总维修开支占工业总产值的比例为 0.055。

环境保护支出是企业和城市管理部门用于环境保护方面的支出,主要包括环境污染治理投资、治理设施实际运行费用及地质灾害防治投资,数据均来自 2006~2014 年的《中国环境统计年鉴》。其中环境污染治理投资包括工业新老污染源治理工程投资、当年完成环保验收项目环保投资,以及城镇环境基础设施建设所投入的资金;治理设施实际运行费用核算了工业废水、城镇污水、工业废气、危险废物等治理设施运行所发生的费用;地质灾害防治投资核算了用于防治滑坡、崩塌、泥石流、地面塌陷等地质灾害发生所投入的资金。

10.2.1.3 绿色 GDP 核算

运用物质流分析方法对输入端的资源核算耗减价值,对输出端的污染物核算环境降级损失价值。从输入、输出端对北京市现行的 GDP 指标进行修正，即式（10-1）。

10.2.2　北京市绿色 GDP 核算与分析

10.2.2.1　北京市输入端资源耗减价值核算

在物质流分析基础上，利用表 10-2 中的换算系数计算 2005～2013 年北京市输入端资源耗减价值，结果如表 10-3 所示。由表可见，北京市输入端资源耗减价值在 2005～2010 年波动增长，从 2005 年的 498.49 亿元增加到 2010 年的 978.09 亿元，年均增长 14.43%。2011 年达到峰值 1094.05 亿元，2011～2013 年略有下降。北京市在 2005～2013 年的资源耗减价值，总计达 7549.73 亿元。

表 10-3　北京市 2005～2013 年输入端资源耗减价值（单位：亿元）

年份	化石燃料	金属矿物	非金属矿物	生物质	水	隐藏流	输入端
2005	114.13	82.00	25.30	51.77	209.09	16.20	498.49
2006	130.62	69.20	29.33	49.54	243.53	14.90	537.12
2007	151.39	89.65	27.68	59.47	295.40	14.16	637.75
2008	242.90	153.18	26.75	59.42	333.45	14.11	829.81
2009	232.48	87.12	31.55	64.98	364.59	15.38	796.10
2010	272.60	157.04	37.98	72.37	423.41	14.69	978.09
2011	294.82	191.79	28.95	76.28	487.56	14.65	1094.05
2012	296.57	141.16	23.38	77.54	536.38	13.97	1089.00
2013	239.84	148.71	21.22	80.18	585.02	14.35	1089.32

水资源耗减价值持续增长，年均增长 13.72%，2013 年水资源耗减价值占输入端耗减总价值的 53.71%。对水资源耗减量分析时发现其耗水量基本稳定，而水资源耗减价值持续增长的原因主要是人们对水资源的支付意愿逐年增加，从 2005 年的 6.06 元/m³ 到 2013 年的 16.08 元/m³，增长了 1.65 倍。

化石燃料耗减价值增长有逐年放缓的趋势，2013 年化石燃料耗减价值比 2012 年减少了 56.73 亿元，占输入端耗减总价值的 22.02%。主要原因是化石燃料内部在 2005～2013 年发生了结构性变化，2005 年化石燃料中原煤、原油、天然气的消耗占比为 53.90∶33.67∶12.43，2013 年三者占比为 35.96∶31.14∶32.90，原煤的占比逐渐下降，天然气在化石燃料消耗量中的占比呈逐年上升趋势，说明北京市为了治理环境，调整能源结构，增加了清洁能源在能源结构中的占比。

2005～2013 年北京市矿产资源价值的变化是输入端资源耗减总价值剧烈波动的主要原因。2008 年金融危机对资源的价格产生了很大影响，同时我国全局性的经济增长放缓和金属矿产行业严重的产能过剩，使市场的供求矛盾更加突出，造成了矿物价格的波动变化。

非金属矿物和隐藏流变化基本一致，呈波动下降趋势。隐藏流的耗减价值变动不大，隐藏流主要来自矿物和能源开采过程，所以也从侧面反映了资源耗减有下降趋势。

北京市 2005～2013 年输入端资源耗减价值占比变化，如图 10-1 所示。由图可见，水资源耗减价值占比最大，平均为 45.60%；隐藏流耗减价值占比最小，为 1.92%。其中，资源耗减价值逐年递增的为水、金属矿物和化石燃料，年均递增率分别为 3.50%、1.65% 和 0.12%；资源耗减价值逐年递减的为隐藏流、非金属矿物和生物质，年均递减率分别为 9.88%、9.71% 和 3.62%。

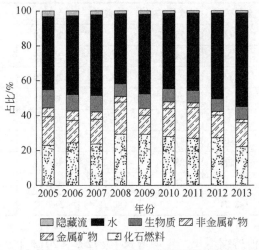

图 10-1　北京市 2005～2013 年输入端资源耗减价值占比变化

10.2.2.2　北京市输出端环境降级损失价值

2005～2013 年北京市输出端环境降级损失价值，如表 10-4 所示。由表可见，2005～2013 年北京市输出端环境降级损失价值呈波动上升趋势，2012 年达到峰值 579.30 亿元，随后 2013 年降低到 505.22 亿元。

表 10-4 北京市 2005～2013 年输出端环境降级损失价值 （单位：亿元）

年份	2005	2006	2007	2008	2009	2010	2011	2012	2013
虚拟治理成本	15.30	14.94	15.30	12.49	12.52	13.43	13.10	12.53	11.68
环境污染损害成本	10.46	16.67	20.86	23.42	23.05	24.38	39.92	199.26	36.26
环保支出成本	103.80	185.96	207.24	175.57	232.95	261.36	235.07	367.51	457.28
输出端环境降级损失价值	129.56	217.57	243.40	211.48	268.52	299.17	288.09	579.30	505.22

由表 10-4 可知，2005～2013 年，北京市虚拟治理成本呈下降趋势，由 2005 年的 15.30 亿元，降至 2013 年的 11.68 亿元，年均递减 3.43%。可见，北京市的"三废"治理技术和水平在不断提高，无害化处理所需的成本下降。图 10-2 给出了北京市 2005～2013 年"三废"虚拟治理成本。由图可知，废气的虚拟治理成本在总治理成本中最大，呈现逐年下降的趋势，由 2005 年的 8.48 亿元，降至 2013 年的 5.97 亿元，年均递减 4.48%。废水的虚拟治理成本也在缓慢下降，从 2005 年的 6.69 亿元下降到 2013 年的 5.68 亿元。北京市对固体废弃物的处置十分严格，由于固体废弃物近年来已接近零排放，其虚拟治理成本也较少，2013 年固体废弃物的虚拟治理成本仅为 0.03 亿元。可见，2005～2013 年北京市虚拟治理成本降低，北京市重视污染防治且成果显著。

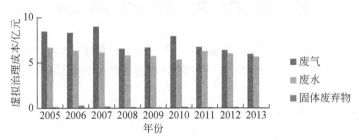

图 10-2 北京市 2005～2013 年"三废"虚拟治理成本

2005～2013 年，北京市环境污染损害成本呈快速递增趋势，由 2005 年的 10.46 亿元，上升到 2012 年的 199.26 亿元后，随后下降至 2013 年的 36.26 亿元，年均递增 16.81%。主要原因是 2012 年"7·21"北京特大暴雨造成经济损失近百亿元。近年来，尽管北京市环保支出力度逐年增加，但环境污染程度未有明显下降，市内重度雾霾天气严重影响了北京市民的正常生活和工作。因此，加强环境保护、完善基础设施建设、提升抵御自然灾害能力迫在眉睫。

同样，北京市 2005～2013 年环保支出成本也呈快速递增趋势，由 2005 年的 103.80 亿元，上升到 2013 年的 457.28 亿元，年均递增 20.36%。可见，北京市为治理环境污染问题，加大了环境污染治理投资、治理设施实际运行费用及地质灾害防治投资。

北京市 2005~2013 年输出端环境降级损失价值构成变化，如图 10-3 所示。由图可见，环保支出成本占比最大，为 82.60%；虚拟治理成本占比最小，为5.45%；环境污染损害成本居中，为 11.95%。可见，北京市政府在工业污染源治理投资、建设项目"三同时"环保投资、城市环境基础设施建设投资，废弃物治理运行费用，地质灾害防治投资等环境保护方面投入大量资金，从而使北京市污染物排放量逐年降低，进而促使虚拟治理成本下降。

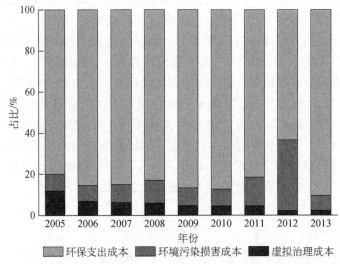

图 10-3　北京市 2005~2013 年输出端环境降级损失价值构成变化

10.2.2.3　绿色 GDP 核算与分析

在上述计算基础上，利用式（10-1）计算北京市 2005~2013 年的绿色 GDP，并与现行 GDP 进行比较，结果如图 10-4 所示。

由图 10-4 可知，北京市绿色 GDP 在 2005~2013 年增长迅速，由 2005 年的6341.46 亿元，上升到 2013 年的 13 767.85 亿元，年均增长 10.18%，高于现行GDP 的增长率 10.05%。近年来，绿色 GDP 在现行 GDP 中的占比有上升趋势，2013 年达到 91.82% 左右。可见，北京市绿色 GDP 与现行 GDP 实现同步增长，同样意味着经济发展过程中输入端资源耗减价值和输出端环境降级损失价值也随着现行 GDP 的增长而逐年增加。2005~2013 年，北京市经济发展造成资源耗减价值和环境降级损失价值达 8744.98 亿元，损失较大，应引起注意。

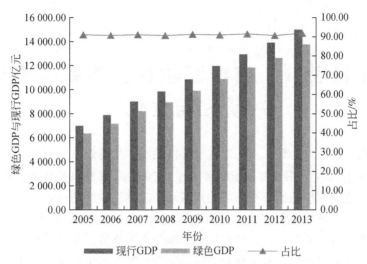

图 10-4　北京市 2005～2013 年绿色 GDP 与现行 GDP 及其占比

GDP 和绿色 GDP 为 2005 年不变价，其中绿色 GDP 价格指数按 GDP 价格指数计算

第11章 | 废纸回收利用体系生态成本 研究与优化

本章以生态成本为切入点，以实现经济效益和生态效益共赢为目标开展优化分析。以废纸回收利用体系为研究对象，建立生态成本核算体系，以"货币"为单位，建立起能反映出废纸回收利用各环节之间物质流动对环境影响的核算体系，定量分析废纸回收利用体系的生态环境负荷。研究物质流动对生态的影响，找到生态成本较大的工序环节和对环境影响较大的物流，为降低废纸回收利用体系的生态成本提出建议，找出优化建模的关键问题。以生态成本最小为目标，在经济效益不降低的前提下进行优化求解，并根据优化结果，为企业环境战略决策提供依据，指导企业改进生产工艺，在经济效益不降低的同时，降低废纸回收利用所造成的负面影响。

11.1 废纸回收利用体系生态成本核算方法

界定废纸回收利用系统边界，明确本研究范围；解析基于物质流分析进行生态成本核算的可行性与合理性，构建废纸回收利用体系生态成本核算模型，为定量核算废纸回收利用过程对生态环境的影响奠定基础。

11.1.1 研究边界范围

纸张经过使用后的主要流向有三个：回收利用、焚烧和废弃，图 11-1 为我国废纸废弃后的主要流向情况。由相关研究知，焚烧的比例为 18.75%，填埋的比例为 46.70%，回收利用的比例在 31.44%，其他利用的比例为 3.11%[142]。

废纸回收利用体系是指使用废弃后，经回收、分拣、运输、加工等环节最终生产再生纸的过程。国内废纸回收行业产业链条复杂，目前仍是"个体回收商、回收公司——废品回收站——废纸打包站——利用企业"的模式。其中个体回收商、回收公司属于最初的回收环节，直接从社区、工业园区获取废纸；废品回收站主要接收来自散户的货源，货源成规模后销售给废纸打包站。废纸打包站则通过人员、设备对废纸分选、打包，交易给纸厂或者中间商。下游纸厂则是利用企业，即废纸回收的最终流向。

由于焚烧、填埋过程污染严重、资源效益低，废纸回收生产再生纸是今后废纸处置的重点方向。因此，本研究针对废纸回收、分拣、打包、运输、生产整个过程，建立生态成本核算体系，定量分析废纸回收利用过程对生态环境的影响。另外，本研究只考虑在国内回收、生产所造成的生态环境影响，从国外进口的废纸不考虑其运输过程产生的成本和环境损害。在再生纸生产的过程中，使用的原生商品浆也不考虑其运输的生态成本。

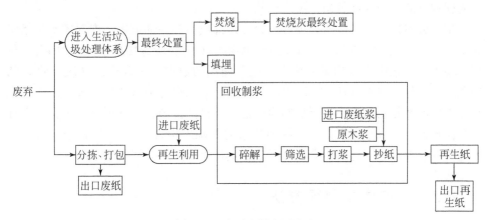

图 11-1   我国废纸主要流向

11.1.2   生态成本概念

目前，对生态成本的研究尚处于起步阶段，不同学者对生态成本有不同的界定。生态成本的研究主要集中在农业生产、矿产开采和大型施工工程等对生态环境依赖程度高、生态负荷大的领域。研究内容主要是生产经营过程造成的环境影响，更侧重于环境成本的核算。在经济系统生产过程中，资源开采的环境影响与生产过程的环境影响同样重要。事实上，现有对生态成本的研究仅关注生产后端的环境成本，而忽略了生产前端资源开采和使用造成的资源成本。

因此，基于前人研究成果[143]，我们对生态成本作如下定义：生态成本是指生产过程中，资源使用和生产活动对生态环境造成影响的价值。生态成本是对生产前后两端生态环境影响的综合核算，既包括资源使用造成的生态环境影响价值，也包括生产经营造成的环境损失价值。

生态成本按产生源分类可以分为资源成本和环境成本两类。资源成本是生产过程使用资源所造成的生态环境损害的经济估值，包括资源的经济价值、资源耗减成本（资源消耗带来的生态环境损害成本）。环境成本是指生产经营造成的损害估值，是生产过程造成的生态环境损害成本。其中，资源耗减成本是指资源开采过程中因开发利用资源而减少的实体资源数量的价值；生态环境损害成本则是指生产活动对人类社会和生态系统产生不利影响和损害的货币估值。

资源成本和环境成本分别是生产前端和后端对生态环境影响的经济价值。资源成本与资源本身的性质和生产工艺相关，环境成本则与生产工艺和废弃物处理水平有关。资源成本、环境成本越高，则生态成本越高，在一定程度上说明该生产流程的资源环境性能越差，反之亦然。

生态成本按成本的性质分类可以分为内部成本和外部成本。内部成本是指实际生产成本，包括材料成本（M）、能源成本（E）、废弃物处置成本（W），分别代表生产过程中资源购置的成本、能源使用的成本、不合格品（废弃物）的处置成本。外部成本（O）则包括资源耗减、生态环境损害两部分成本。内部成本和外部成本是基于实物生产量的角度进行计算的，内部成本可以通过企业会计核算获得，外部成本以资源、能源消耗量为基础采用特定方法进行核算。因此，通过对内、外部成本进行核算，可以准确地计算出生产过程的生态成本。

11.1.3 生态成本核算方法

11.1.3.1 生态成本与物质流的关系

工序是生产的基本单元，工序的成本构成情况既具有特殊性，也具有普遍性。以一个工序 P_i 为例表示成本构成情况，如图 11-2 所示。

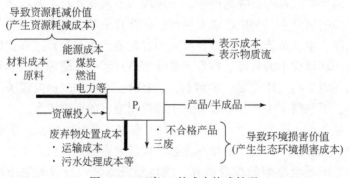

图 11-2 工序 P_i 的成本构成情况

由图 11-2 可知，在实际生产过程中，原料投入生产工序后，伴随着能源、人力的消耗，部分原料得到有效利用产出产品/半成品，另一部分则转化为不合格产品和废弃物。在工序 P_i 的生产过程中，内部成本包括三部分：①材料成本，即木浆、脱墨剂、水等原料的费用；②能源成本，包括煤炭、燃油、电力等能源消耗的成本；③废弃物处置成本，产生废弃物后无害化、资源化处置费用。

外部成本包括：①原料和能源的投入造成资源耗减价值，即资源耗减成本；②不合格产品和三废处置的环境损害价值，即生态环境损害成本。

由图 11-2 可见，内、外部成本既相互独立，又有着内在的统一，两者的大小都取决于生产过程的价值流动情况。价值流描述物质在循环运动过程中价值的变化情况。生态成本的核算过程就是对价值流的重新分类、归集、分配和处理。价值流是物质与生态成本之间的桥梁，物质流是价值流的载体，同时价值流是物质流在经济层面的体现，价值流分析为生态成本核算提供数据支撑。生态成本的大小与物质流动情况关系密切，与生产过程的资源、能源投入，以及生产流程中的废弃物（不合格产品）的排放、循环情况息息相关。

物质流分析是对经济系统中的物质（包括资源、能源）流量和流向进行定量分析，可以明确各种物料在生产流程中的流动状况，以及相互关系。因此，本书以物质流分析方法为基础，进行物质流动情况对生态成本的研究。

11.1.3.2 内部成本核算

由图 11-2 可知，材料成本、能源成本和废弃物处置成本是对工序内投入资源、能源和排放污染物的价值核算。以物质流分析方法为基础，以各个生产过程的实物量为纽带，进而计算各项内部成本的大小。

毛建素和陆钟武[144]结合经济学的价值理论，把单位质量的元素所具有的价值定义为该元素的价位，并对物质循环流动过程中的价值流动展开研究。在废纸回收利用体系中，废纸资源在不同生命阶段的价位均不同，消耗其他资源、能源、废弃物的价位也是不同的。因此，各个生命阶段的材料成本、能源成本、废弃物处置成本，可以通过各项物质的质量乘以其相对应的价位，而后分别加总进行计算。即

$$M = \sum_{j=1}^{n} m_j V_j \quad j = 1, 2, \cdots, n \tag{11-1}$$

$$E = \sum_{h=1}^{p} e_h V_h \quad h = 1, 2, \cdots, p \tag{11-2}$$

$$W = \sum_{l=1}^{t} m_l V_l \quad l = 1, 2, \cdots, t \tag{11-3}$$

式中，M——生产过程的材料成本；

E——生产过程的能源成本；

W——生产过程的废弃物处置成本；

m——各种物质的质量；

e——各阶段消耗的各种能源；

V——各种物质在生产过程中的价位；

j、*h*、*l*——该生产阶段的各项原料投入、能源投入和废弃物产生量。

11.1.3.3　外部成本核算

采用定量化价值计算的方法对环境负荷进行核算，主要方法有环境损失核算法[145]、LIME 基于端点建模的生命周期影响评价方法（life-cycle impact assessment method based on endpoint modeling）[146]方法。环境损失核算法的思想类似于 SEEA，对产生环境影响的实物量和价值量进行核算，从而计算生产过程的生态环境负荷。SEEA[147]框架下开展的污染损失调查分析，更多地考虑到生产的间接环境损害。这种方法更多应用在对厂区、城市环境影响计算或对某一行业的环境负荷测算中。但是，在核算物质流对生产成本的影响时，不能准确地反映出每股物质流对生态环境的影响，存在明显的局限性。

日本开发的 LIME 方法是 LCA 的一部分，基本符合我国废纸回收行业的现状。因此，采用 LIME 方法核算资源耗减和生态环境退化引起的生态成本。具体计算步骤如下：

1）计算各流程的资源消耗量和污染物产生量并以标准化单位记录下来（重量单位为 kg，气体体积单位为 m^3，电力单位为 $kW \cdot h$）。

2）计算每单位资源和污染物的 LIME 系数值，可根据系数计算表查得。

3）将标准化的资源消耗量（废弃物数量）×LIME 系数，可得到各生态环境损害成本。

所以，将资源、能源消耗和废弃物排放造成的外部成本进行加总，可得外部成本

$$O = \sum_{j=1}^{n} m_j K_j + \sum_{h=1}^{p} e_h K_h + \sum_{l=1}^{t} m_l K_l \tag{11-4}$$

式中，*O*——生产过程的外部成本；

m——各种物质的质量；

e——各阶段消耗的各种能源；

K——各种物质对应的 LIME 系数；

j、*h*、*l*——该生产阶段的各项原料投入、能源投入和废弃物产生量。

11.1.3.4　生态成本核算模型

由以上分析可知，在废纸回收利用体系中，生态成本为材料成本、能源成本、废弃物处置成本及外部成本之和，即

$$EC = M + E + W + O$$

将式（11-1）~式（11-4）代入上式，可得废纸回收利用体系生态成本核算模型，即

$$EC = \sum_{j=1}^{n} m_j (V_j + K_j) + \sum_{h=1}^{p} e_h (V_h + K_h) + \sum_{l=1}^{t} m_l (V_l + K_l) \qquad (11\text{-}5)$$

11.2 废纸回收利用体系中物流能流对生态成本的影响

废纸回收利用体系由多个生产工序组成，物流、能量在工序间的流动过程十分复杂。物质流的流向、流量及流动距离等因素都对生态成本产生直接影响。因此，分析废纸回收利用体系的物流、能量流问题，对降低生态成本意义重大。

11.2.1 废纸回收利用体系生态成本基准物质流图

为便于分析再生纸回收利用过程中物质流动对生态成本的影响，参考钢铁生产的能耗基准物流图[148]，构建废纸回收利用体系的生态成本基准物流图。整个生产过程是"全封闭单行道"式，全流程中物料从上游工序流向下游工序，且流程中无输入、输出，并最终以 1.0t 再生纸为最终产品的物流图，定义为废纸回收利用体系生态成本基准物流图，如图 11-3 所示。

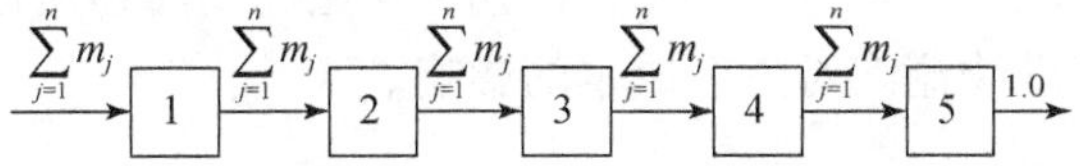

图 11-3　废纸回收利用体系生态成本基准物流图

由于废纸回收生产再生纸过程复杂，涉及生产工序众多，为方便研究需将生产过程简化，选取最主要的五个生产环节：回收、分类、碎浆、脱墨、抄纸，组成废纸回收利用的生产流程。图 11-3 中每个方块代表一道生产工序，方框内的号码 1~5 分别代表上述五道工序。

箭头表示物料的流向，箭头上方标记各道工序的实物产量（$\sum_{j=1}^{n} m_j = 1.0\text{t}$，$m$ 代表输入物质的质量，j 代表输入物料的种类）。在基准物流图中，全过程中只有入口端的资源输入，中间过程中未发生物质的离开、流入该生产流程。

废纸回收利用体系生态成本基准物流图的材料成本为

$$M_0 = \sum_{i=1}^{5} \sum_{j=1}^{n} m_{ij} V_j \tag{11-6}$$

式中，$i=1$，2，$\cdots$，5，代表基准物流的各个生产环节。

在基准物流图中，每个工序在生产过程中均需使用能源。所以，能源成本的核算要以单个工序为计算单位，再将所有工序的能源成本加总，得到生产流程的总生态成本。单个工序的能源成本为每个能源消耗量乘以其价位。则基准物流图的基准能源成本为

$$E_0 = \sum_{i=1}^{5} \sum_{h=1}^{p} e_{0i,h} V_h \tag{11-7}$$

外部成本是资源和能源消耗造成的，所以外部成本的核算是消耗的各项资源、能源量乘以相应的 LIME 系数。则基准外部成本为

$$O_0 = \sum_{i=1}^{5} \sum_{j=1}^{n} m_{ij} K_j + \sum_{i=1}^{5} \sum_{h=1}^{p} e_h K_h \tag{11-8}$$

因为基准物流图中未产生废弃物，所以废弃物处置成本为零。

基于基准物流图，可以求得基准物流的生态成本，称为基准生态成本。由式（11-5）可以得到基准生态成本，即

$$\mathrm{EC}_0 = \sum_{i=1}^{5} \left[\sum_{j=1}^{n} m_{ij}(V_{j+} K_j) \right] + \sum_{i=1}^{5} \left[\sum_{h=1}^{p} e_{0i,h}(V_{h+} K_h) \right] \tag{11-9}$$

式（11-9）是同各种物流状况下，废纸回收利用体系的生态成本进行对比的基准式。

然而，实际生产中不可能出现如图 11-3 所示的基准物流图的理想情况，偏离基准物流图的情况时有发生。因此，以几种典型的偏离物质流情况为例，分析物流、能流偏离基准物流图对生态成本的影响。

11.2.2　物质流偏离基准物流对生态成本的影响

分别以生产过程中物流在工序内部、工序间循环，生产过程中向外界输出物料，生产过程中物流输入，对偏离基准物流图所造成的生态成本变化进行分析。

11.2.2.1　不合格产品或者废品在工序内部返回

假设在某一道工序产出了一些不合格产品（废品），同时该工序生产合格产品产量保持原有数值不变，如图 11-4 所示。由图可知，工序 2 的合格产品产量仍保持 $\sum_{j=1}^{n} m_j = 1.0\mathrm{t}$，产生不合格或废品量为 $\beta\mathrm{t}$，重新返回工序 2 作为原料参与生产，工序 2 实际参与生产的物质为 ($\sum_{j=1}^{n} m_j + \beta$) t。

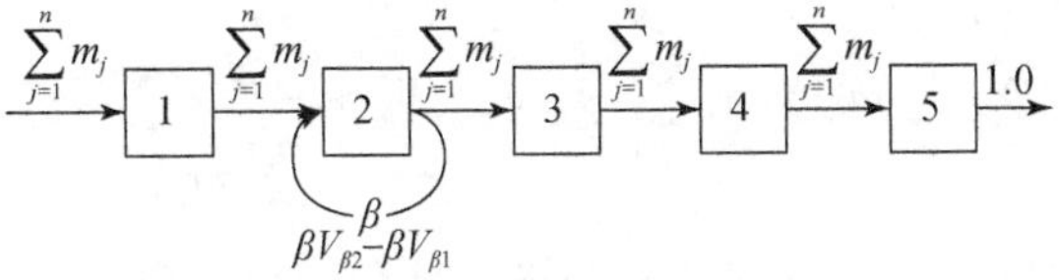

图 11-4 物料在工序内部循环物流图

工序 2 有物质返回，增加了其材料成本，增加量为 $\beta V_{\beta2} - \beta V_{\beta1}$，为工序 2 加工前后回收利用物质的价值差。则该回收利用体系的总材料成本为

$$M = \sum_{i=1}^{5} \sum_{j=1}^{n} m_{ij} V_j + \beta (V_{\beta2} - V_{\beta1}) \qquad (11\text{-}10)$$

在生产条件不变的基础上，生产过程中，能源消耗与工序的生产量相关，参与生产的原料越多，工序的能源消耗则越大。为方便分析，假设工序的能源消耗量与生产原料的质量成正比，则工序 2 的实际能源成本为基准物流中能源成本的

$\dfrac{\sum_{j=1}^{n} m_j + \beta}{\sum_{j=1}^{n} m_j}$ 倍。那么相较于基准生态成本，工序 2 的能源成本为

$$E_2 = \frac{\sum_{j=1}^{n} m_j + \beta}{\sum_{j=1}^{n} m_j} E_{02} = \frac{\sum_{j=1}^{n} m_j + \beta}{\sum_{j=1}^{n} m_j} \sum_{h=1}^{p} e_{02,h} V_h \qquad (11\text{-}11)$$

则该生产流程的实际能源成本可以表示为

$$E = \sum_{i=1}^{5} \sum_{h=1}^{p} e_{0i,h} V_h + \frac{\beta}{\sum_{j=1}^{n} m_j} \sum_{h=1}^{p} e_{02,h} V_h \qquad (11\text{-}12)$$

与基准物流相比，此生产流程中仅工序 2 的能源消耗增加，则工序 2 的外部成本发生变化。由式（11-12）可以看出，外部成本增量的大小与能源消耗量和

各种能源的 LIME 系数相关，随着工序 2 能源消耗变为基准工序 2 的 $\dfrac{\sum_{j=1}^{n} m_j + \beta}{\sum_{j=1}^{n} m_j}$

倍，类似于能源成本的核算过程，可以得到该废纸回收利用体系由能源消耗造成的外部成本为

$$O_e = \sum_{i=1}^{5} \sum_{j=1}^{n} e_{ij} K_j + \frac{\beta}{\sum_{j=1}^{n} m_j} \sum_{h=1}^{p} e_{02,h} K_h \qquad (11\text{-}13)$$

则外部成本为

$$O = \sum_{i=1}^{5} \sum_{j=1}^{n} m_{ij} K_j + \sum_{i=1}^{5} \sum_{h=1}^{p} e_{0i,h} K_h + \frac{\beta}{\sum_{j=1}^{n} m_j} \sum_{h=1}^{p} e_{02,h} K_h \qquad (11\text{-}14)$$

在该回收利用体系中，不存在不合格产品和废弃物离开的现象。因此，废弃物处置成本为零。将式（11-10）、式（11-12）和式（11-14）代入式（11-5），并整理可得该废纸回收利用体系的生态成本为

$$\text{EC} = \text{EC}_0 + \beta(V_{\beta2} - V_{\beta1}) + \frac{\beta}{\sum_{j=1}^{n} m_j} \left[\sum_{h=1}^{p} e_{02,h}(V_h + K_h) \right] \qquad (11\text{-}15)$$

式（11-15）为在基准物流图的基础上，工序 2 发生物质回收再利用时的生态成本。与基准生态成本相比，生态成本的增量为

$$\Delta\text{EC} = \beta(V_{\beta2} - V_{\beta1}) + \frac{\beta}{\sum_{j=1}^{n} m_j} \left[\sum_{h=1}^{p} e_{02,h}(V_h + K_h) \right] \qquad (11\text{-}16)$$

可见，生态成本的增量由回收利用物质的种类与质量决定，不合格产品或者废品在工序内部返回，重新处理的过程与基准物流相比，将增加该工序的材料成本，增加量由回收前后物料的价位与回收量决定，回收物质的价位差越大，材料成本的增量越大。与此同时，随着废弃物和不合格产品的回收，该工序的能源成本和外部成本也相应增加。回收利用体系的生态成本也较基准物流有所增加，回收前后物质的价位差越大，回收物料质量越大，生态成本增量越大。

11.2.2.2　下游工序的不合格产品或废品返回上游工序

废纸回收利用体系中物料循环不仅仅局限在工序内部，下游工序产生的不合格产品或废品返回上游环节，作为原料重新处理也时常发生，如图 11-5 所示。由图可见，工序 5 产生的不合格产品废品返回工序 3 重新加工，工序 3～工序 5 实际参与生产的物质均变为（$\sum_{j=1}^{n} m_j + \beta$）t，该回收利用体系的最终产量仍保持 1.0t。

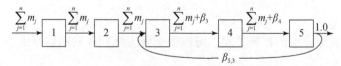

图 11-5　物料在工序间循环物流图

工序 5 产生的不合格产品或废品经回收至工序 3 作为原料继续参与生产，循

环量 β 可以看作减少了输入端原料的供应。工序 3 ~ 工序 5 的材料成本分别为

$$\Delta M_5 = \beta_5 V_{\beta 5} - \beta_4 V_{\beta 4}$$

$$\Delta M_4 = \beta_4 V_{\beta 4} - \beta_3 V_{\beta 3}$$

$$\Delta M_3 = \beta_3 V_{\beta 3} - \beta_2 V_{\beta 2}$$

则总材料成本的变化量为

$$\Delta M = \Delta M_5 + \Delta M_4 + \Delta M_3 = \beta_5 V_{\beta 5} - \beta_2 V_{\beta 2}$$

那么，该废纸回收利用体系的材料成本为

$$M = \sum_{i=1}^{5} \sum_{j=1}^{n} m_{ij} V_j + \beta_5 V_{\beta 5} - \beta_2 V_{\beta 2} \tag{11-17}$$

工序 3 ~ 工序 5 实际生产物料增加量为 $(\sum_{j=1}^{n} m_j + \beta)$ t，工序 3 ~ 工序 5 的能源成本变化的核算类似于式（11-11）和式（11-12）。则该生产工序能源成本为

$$E = \sum_{i=1}^{5} \sum_{h=1}^{p} e_{0i,h} V_h + \frac{\beta}{\sum\limits_{j=1}^{n} m_j} \sum_{i=3}^{5} \sum_{h=1}^{p} e_{02,h} V_h$$

类似地，参照式（11-13）和式（11-14），可得外部成本

$$O = \sum_{i=1}^{5} \sum_{j=1}^{n} m_{ij} K_j + \sum_{i=1}^{5} \sum_{h=1}^{p} e_{0i,h} K_h + \frac{\beta}{\sum\limits_{j=1}^{n} m_j} \sum_{i=3}^{5} \sum_{h=1}^{p} e_{02,h} V_h$$

在该回收利用体系中，不存在不合格产品和废弃物离开的现象，因此废弃物处置成本为零。则该废纸回收利用体系的生态成本为

$$EC = EC_0 + \beta_5 V_{\beta 5} - \beta_2 V_{\beta 2} + \frac{\beta}{\sum\limits_{j=1}^{n} m_j} \left[\sum_{i=3}^{5} \sum_{h=1}^{p} e_{0i,h}(V_h + K_h) \right] \tag{11-18}$$

式（11-18）为工序 5 产生不合格产品或废弃物返回工序 3 重新加工时的生态成本。与基准生态成本相比，该废纸回收利用体系生态成本的增量为

$$\Delta EC = \beta_5 V_{\beta 5} - \beta_2 V_{\beta 2} + \frac{\beta}{\sum\limits_{j=1}^{n} m_j} \left[\sum_{i=3}^{5} \sum_{h=1}^{p} e_{0i,h}(V_h + K_h) \right] \tag{11-19}$$

可见，生态成本的增加量不仅与物料的价位、回收量相关，也与回收发生的工序相关，不合格产品或废弃物返回的工序越靠后、跨度越大，生态成本的增量越大。

11.2.2.3 物料从生产的中间工序输入

假设工序 4 的合格产品产量仍为 $\sum_{j=1}^{n} m_j$，但是在此工序中有 α t（$\alpha < 1$）物料

从外界输入，如图 11-6 所示。由图可见，工序 1 ~ 工序 3 的物料量均减少为 $(\sum_{j=1}^{n} m_j - \alpha) t$，工序 1 ~ 工序 3 的材料成本和能源成本均产生相应变化，工序 4 参与生产物料的质量为 $\sum_{j=1}^{n} m_j$，与基准物流中工序 4 的生产情况一致，工序 4 的生态成本没有发生改变，且该废纸回收利用体系的最终产量仍保持 1.0t。

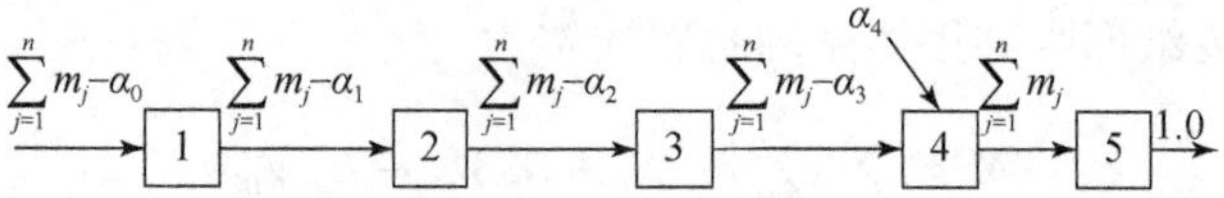

图 11-6　物料由外界输入工序 4 的物流图

类似于式（11-17）的分析过程，可以计算出该回收体系的材料成本为

$$M = \sum_{i=1}^{5} \sum_{j=1}^{n} m_{ij} V_j - \alpha_0 V_{\alpha_0} + \alpha_4 V_{\alpha_3}$$

参照式（11-11）和式（11-12）的分析过程，则该生产流程的能源成本为

$$E = \sum_{i=1}^{5} \sum_{h=1}^{p} e_{0i,h} V_h - \frac{\alpha}{\sum\limits_{j=1}^{n} m_j} \sum_{i=1}^{3} e_{02,h} V_h$$

类似地，参照式（11-13）和式（11-14）的计算过程，则外部成本为

$$O = \sum_{i=1}^{5} \sum_{j=1}^{n} m_{ij} K_j + \sum_{i=1}^{5} \sum_{h=1}^{p} e_{0i,h} K_h - \frac{\alpha}{\sum\limits_{j=1}^{n} m_j} \sum_{i=1}^{3} \sum_{h=1}^{p} e_{02,h} K_h - \alpha_0 K_{\alpha_0} + \alpha_4 K_{\alpha_3}$$

在该废纸回收利用体系中，不存在不合格产品和废弃物离开的现象，因此废弃物处置成本为零。

经分析可得该废纸回收利用体系的生态成本为

$$\Delta EC = - \frac{\alpha}{\sum\limits_{j=1}^{n} m_j} \sum_{i=1}^{3} \left[\sum_{h=1}^{p} e_{0i,h} (V_h + K_h) \right] - \alpha_0 (V_{\alpha_0} + K_{\alpha_0}) + \alpha_4 (V_{\alpha_3} + K_{\alpha_3})$$

$$(11-20)$$

式（11-20）为工序 4 输入生产原料时该废纸回收利用体系的生态成本。与基准生态成本相比，生态成本的增量为

$$\Delta EC = - \frac{\alpha}{\sum\limits_{j=1}^{n} m_j} \sum_{i=1}^{3} \left[\sum_{h=1}^{p} e_{0i,h} (V_h + K_h) \right] - \alpha_0 (V_{\alpha_0} + K_{\alpha_0}) + \alpha_4 (V_{\alpha_3} + K_{\alpha_3})$$

$$(11-21)$$

由式（11-21）可知，在生产的中间环节向该废纸回收利用体系输入原料，

可以降低能量成本，而材料成本和外部成本的变化情况则由投入物料本身的性质决定。在实际生产过程中，工序间投入的物料既可能是原生资源，也可能是再生资源，这两种不同的资源对生态环境的影响是不一样的。

（1）投入资源为原生资源

若在工序 4 投入原生资源 α t 的价位为 $V_{\alpha y}$，LIME 系数为 $K_{\alpha y}$，那么在此情形下生态成本变为

$$EC = EC_0 - \frac{\alpha}{\sum\limits_{j=1}^{n} m_j} \sum_{i=1}^{3} \left[\sum_{h=1}^{p} e_{0i,h}(V_h + K_h) \right] - \alpha_0(V_{\alpha_0} + K_{\alpha_0}) + \alpha_4(V_{\alpha y} + K_{\alpha_y})$$

$$(11\text{-}22)$$

（2）投入资源为再生资源

若在工序 4 投入原生资源 α t 的价位为 $V_{\alpha r}$，LIME 系数为 $K_{\alpha r}$，那么在此情形下生态成本变为

$$C = EC_0 - \frac{\alpha}{\sum\limits_{j=1}^{n} m_j} \sum_{i=1}^{3} \left[\sum_{h=1}^{p} e_{0i,h}(V_h + K_h) \right] - \alpha_0(V_{\alpha_0} + K_{\alpha_0}) + \alpha_4(V_{\alpha r} + K_{\alpha r})$$

$$(11\text{-}23)$$

式（11-22）减去式（11-23），可得工序 4 投入不同类型资源时，生态成本的差为

$$\Delta EC = \alpha_4 \left[(V_{\alpha y} - V_{\alpha r}) + (K_{\alpha y} - K_{\alpha r}) \right] \tag{11-24}$$

可见，使用原生和再生物料对生态环境的影响不同，主要体现在两者产生的材料成本和外部成本均不同。第一，再生资源由于减少了资源开采等环节，市场价格低于原生资源，使得使用再生资源的生产过程材料成本低于使用原生资源的过程。则式（11-24）中 $V_{\alpha y} - V_{\alpha r}$ 为负，相比于使用原生资源，使用再生资源的材料成本更低。第二，再生资源的回收利用一方面减少了原生资源的耗减，另一方面也降低了垃圾造成的环境风险，从整体上看再生资源的外部成本为负；原生资源由于存在开采加工等环节对环境的影响更大，外部成本为正。相应地，在式（11-24）中，$K_{\alpha y} - K_{\alpha r}$ 为正，使用再生资源的外部成本比使用原生资源的外部成本低。

因此，使用再生资源既可以降低生产过程的材料成本，也可以降低外部成本，所以在技术允许的范围内，增加再生原料的使用量，可以有效地降低生产过程的生态成本。

11.2.2.4　物料从生产的中间工序输出（不回收）

假设由工序 5 向外界输出物料 γ t，或散失于环境或出售，并保持最终合格产

品产量仍为 1.0t，如图 11-7 所示。因此，工序 5 的实物产量增加为 $\left(\sum\limits_{j=1}^{n} m_j + \gamma\right)$ t，

且上游各工序的半成品产量也增加为原料量的 $\left(\sum\limits_{j=1}^{n} m_j + \gamma\right)$ t。

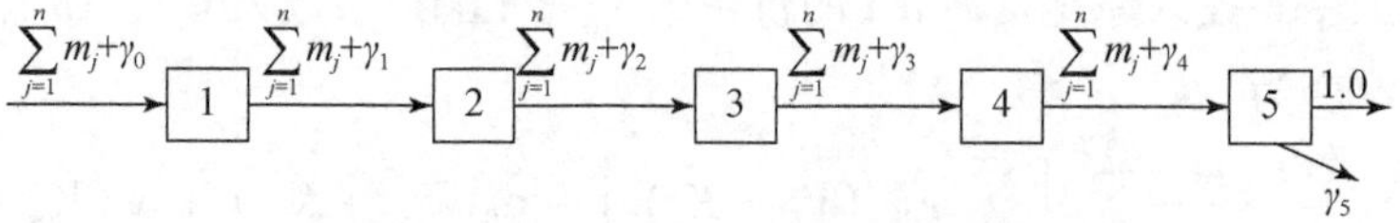

$$\sum\limits_{j=1}^{n} m_j + \gamma_0 \quad \boxed{1} \quad \sum\limits_{j=1}^{n} m_j + \gamma_1 \quad \boxed{2} \quad \sum\limits_{j=1}^{n} m_j + \gamma_2 \quad \boxed{3} \quad \sum\limits_{j=1}^{n} m_j + \gamma_3 \quad \boxed{4} \quad \sum\limits_{j=1}^{n} m_j + \gamma_4 \quad \boxed{5} \quad 1.0$$
$$\gamma_5$$

图 11-7　物料从某一工序向外界输出物流图

类似于式（11-17）的分析，该废纸回收利用体系的材料成本为

$$M = \sum_{i=1}^{5} \sum_{j=1}^{n} m_{ij} V_j + \gamma_0 V_{\gamma 0}$$

类比式（11-11）和式（11-12））的分析过程，可以得到该废纸回收利用体系的能源成本为

$$E = \frac{\sum\limits_{j=1}^{n} m_j + \gamma}{\sum\limits_{j=1}^{n} m_j} \sum_{i=1}^{5} \sum_{h=1}^{p} e_{0i,h} V_h$$

由于存在废弃物或不合格产品排放，根据式（11-8）可得污染物处置成本为

$$W = \gamma_5 V_{\gamma 5}$$

该废纸回收利用体系的外部成本来自资源、能源消耗和废弃物排放两部分，根据式（11-13）和式（11-14）计算的外部成本为

$$O = \sum_{i=1}^{5} \sum_{j=1}^{n} m_{ij} K_j + \frac{\sum\limits_{j=1}^{n} m_j + \gamma}{\sum\limits_{j=1}^{n} m_j} \sum_{i=1}^{5} \sum_{h=1}^{p} e_{0i,h} K_h + \gamma_0 K_{\gamma 0} + \gamma_5 K_{\gamma 5}$$

可得该废纸回收利用体系的生态成本为

$$\text{EC} = \text{EC}_0 + \frac{\gamma}{\sum\limits_{j=1}^{n} m_j} \left[\sum_{i=3}^{5} \sum_{h=1}^{p} e_{0i,h}(V_h + K_h) \right] + \gamma_0 (V_{\gamma 0} + K_{\gamma 0}) + \gamma_5 (V_{\gamma 5} + K_{\gamma 5})$$

$$(11\text{-}25)$$

式（11-25）为在基准物流图的基础上，工序 5 产生不合格产品或废弃物离开生产流程向外界排放时的生态成本。与基准生态成本相比，生态成本的增加量为

$$\Delta EC = \frac{\gamma}{\sum_{j=1}^{n} m_j} \left[\sum_{i=3}^{5} \sum_{h=1}^{p} e_{0i,h}(V_h + K_h) \right] + \gamma_0 (V_{\gamma 0} + K_{\gamma 0}) + \gamma_5 (V_{\gamma 5} + K_{\gamma 5})$$

(11-26)

可见，生态成本的增量与排放物质的质量和种类相关，在体系的某一个生产工序向外部排放废弃物，将增加体系的材料成本，并使该工序之前所有工序的能源成本和外部成本均增加，也会产生废弃物处置成本。排放物质的价位越高、质量越大，生态成本的增量越大；物质离开废纸回收利用体系的工序越靠后，生态成本的增量越大。

11.2.2.5 物料回收与排放对生态成本的影响分析

由以上分析可知，物质在工序间循环和向外界排放都会增加系统的生态成本，但增加量是不同的。若工序 5 本应向外界排放的不合格产品、废品转为回收利用，作为工序 3 的原料重新参与生产，假设式（11-23）和式（11-18）中 $\beta = \gamma$，则令式（11-23）减去式（11-18）得

$$\Delta EC = \frac{\gamma}{\sum_{j=1}^{n} m_j} \left[\sum_{i=1}^{2} \sum_{h=1}^{p} e_{0i,h}(V_h + K_h) \right] + \gamma_0 (V_{\gamma 0} + K_{\gamma 0}) + \gamma_5 (V_{\gamma 5} + K_{\gamma 5})$$

(11-27)

由式（11-27）可知，ΔEC 为正，物料从工序 5 向外直接排放，比由工序 5 返回工序 3 重新生产，增加了工序 1、工序 2 的能源成本、废弃物处置成本和整个体系的材料成本。所以，单纯地增加循环利用量并不一定能降低生产对外部环境的影响；但相较于从某工序向外界输出，物料在生产工序间的循环对生态成本的增加量较小。适当地将不合格产品、废弃物回收利用，相比于直接排放对生态成本的增量较小，并且回收再利用两工序的跨度越小，生态成本的增量越小。然而，降低资源消耗、减少不合格产品的产生才是降低生态成本的根本途径。

11.2.3 工序物质流变化与生态成本的关系式

在生产过程中，偏离基准物流图的情况时有发生，在同一生产流程可能同时出现多种偏离物流，多种偏离物流也可能出现在同一道生产工序中。因此，以一道生产工序为研究对象，探讨工序物质流情况与生态成本之间的关系，给出反映多个物流对生态成本影响的关系式。

实际的生产物质流图远比基准物流图复杂得多，就单一工序而言，废纸回收利用中，每道生产工序都会出现图 11-8 所示的 5 股物质流或部分物质流的情景。

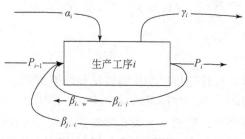

图 11-8　生产工序物流图

输入物质流，第 $i-1$ 道工序产品作为原料输入到第 i 道工序，实物流量为 P_{i-1}，t。

外输入物质流，作为原料从流程外加入第 i 道工序，实物流量为 α_i，t。

排放物质流，第 i 道工序向环境排放的各种废弃物，实物流量为 γ_i，t。

循环物质流，第 i 道工序及其下游各工序生产的不合格产品或废品，作为原料重新返回到本工序或上游工序循环使用，其实物流量为 β_i，t。

输出物质流，第 i 道工序向第 $i+1$ 道工序输入合格产品，其实物流量为 P_i。

综合分析式（11-16）、式（11-19）、式（11-21）和式（11-27）可知，第 i 道工序的生态成本与物质流实物量之间的关系为

$$EC_i = EC_{0i} + \Delta EC_i$$

其中，

$$\Delta_{EC_i} = \beta_j V_{\beta_j} - \beta_{i-1} V_{\beta_{(i-1)}} + \frac{\beta}{P_{i-1}} \sum_i^j \left[\sum_{h=1}^p e_{0i,h} (V_h + K_h) \right] + \frac{\gamma_i - \alpha_i}{\sum_{j=1}^n m_j}$$

$$\sum_{i1}^i \left[\sum_{h=1}^p e_{0i,h} (V_h + K_h) \right] + \alpha_0 (V_{\alpha_0} + K_{\alpha_0}) + \alpha_i (V_{\alpha_3} + K_{\alpha_3})$$

$$+ \gamma_0 (V_{\gamma_0} + K_{\gamma_0}) + \gamma_5 (V_{\gamma_5} + K_{\gamma_5})$$

$$(11-28)$$

式中，EC_{0i}——工序 i 的基准生态成本；

V_h——第 h 种生产原料或能源的价位；

K_h——第 h 种生产原料或能源的 LIME 系数。

假设废纸回收利用体系由 n 道生产工序组成，将这些生产工序按顺序首尾相接，则构成生产实际物质流图，如图 11-9 所示。

由图 11-9 可知，废纸回收利用体系整体生态成本变化是以单个工序生态成本为基础的，单个工序的物流状态将最终影响整个废纸回收利用体系的生态成本。若废纸回收利用最终生产再生纸的重量为 P_n t，那么该生产流程的生态成本

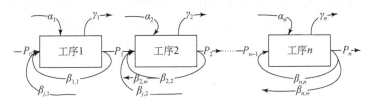

图 11-9　废纸回收利用同行物流模型

可以表示为

$$EC = \frac{P_n}{P_i} EC_i$$

即

$$EC = EC_0 + \frac{P_n}{P_i} \Delta EC_i \tag{11-29}$$

由上可见，增大外加物质流，减少循环物质流，减少排放物质流，可以在一定程度上降低生态成本；而且以上三种物质流发生在越靠后的工序对生态成本的影响越大。同时，原料的种类对生态成本的影响也十分明显。因此，在生产过程中应尽量使用环境友好的原料。

11.2.4　能流偏离物流图对生态成本的影响分析

物质是能源的载体，能流可以理解为特殊的物质流，但能流具有不同于物质流的特性，对生态成本的影响也有所不同。能流对生态成本中的能源成本、废弃物处置成本和外部成本产生影响，但对材料成本无影响。以下基于基准物流图，对典型能流情况对生态成本的影响展开分析。

11.2.4.1　能流从生产的中间工序输出（不回收）

假设由工序 5 向外界输出能流 $g_\gamma t$，或散失于环境或出售，该废纸回收利用体系的物质流动情况保持不变，如图 11-10 所示。单位能流所携带能量的价值定义为能量价位（用 V_g 表示），能流 g_γ 的能量价位为 V_{g_γ}，载能体本身的价位为 V_γ。

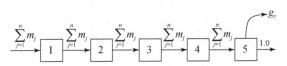

图 11-10　能流从某一工序向外界输出物流图

由图 11-10 可知, 该废纸回收利用体系中的能源成本在基准物流的基础上增加了 $g_{\gamma5} V_{g_{\gamma5}}$, 参考式 (11-11) 和式 (11-12) 的分析过程, 则该废纸回收利用体系的能源成本为

$$E = \sum_{i=1}^{5} \sum_{h=1}^{p} e_{0i,h} V_h + g_{\gamma5} V_{\gamma5}$$

废弃物处置成本为

$$W = g_{\gamma5} V_{\gamma5}$$

参考式 (11-13) 和式 (11-14) 的分析过程, 外部损害成本为

$$O = \sum_{i=1}^{5} \sum_{j=1}^{n} m_{ij} K_j + g_{\gamma5} K_{g\gamma5} + g_{\gamma5} K_{\gamma5}$$

式中, $K_{g\gamma}$ 为计算能流造成的生态损害成本的 LIME。

则生态成本为

$$EC = EC_0 + g_{\gamma0} (K_{g\gamma5} + V_{g\gamma5} + K_{\gamma5} + V_{\gamma5}) \tag{11-30}$$

与基准生态成本相比, 生态成本的增加量为

$$\Delta EC = g_{\gamma0} (K_{g\gamma5} + V_{g\gamma5} + K_{\gamma5} + V_{\gamma5}) \tag{11-31}$$

可见, 生态成本的增量与由能流所携带的能量和载能体的性质有关。能流向外界排放不仅增加了该废纸回收利用体系的能量成本, 也增加了其外部成本。能流所携带的能量越大, 生态成本的增量越大; 生态成本也与载能体本身的性质相关, 载能体自身的污染处置成本越小, 生态成本的增量越小。

11.2.4.2 能流在工序内回收利用

假设工序 2 有能流 g_β 回收并用于本工序的生产, 该废纸回收利用体系的物质流动情况保持不变, 如图 11-11 所示。

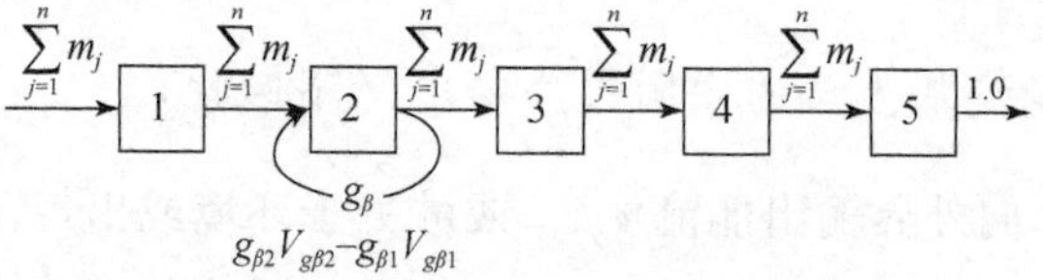

图 11-11 能流在工序内部循环物流图

由图 11-11 可知, 由于工序 2 发生能量回收利用, 增加了工序 2 的能量成本, 增加的能量成本为 $g_{\beta2} V_{g\beta2} - g_{\beta1} V_{g\beta1}$, 为能流在回收与再利用之间的能量差。参考式 (11-11) 和式 (11-12) 的分析过程, 可得该废纸回收体系的总能源成本为

$$E = \sum_{i=1}^{5} \sum_{h=1}^{p} e_{0i,h} V_h + g_{\beta2} V_{g\beta2} - g_{\beta1} V_{g\beta1}$$

类似于式 (11-13) 和式 (11-14) 的核算, 外部损害成本为

$$O = \sum_{i=1}^{5} \sum_{j=1}^{n} m_{ij} K_j$$

则生态成本为

$$EC = EC_0 + g_{\beta2} V_{g\beta2} - g_{\beta1} V_{g\beta1} + \frac{g_\beta}{\sum\limits_{j=1}^{n} m_j} S_{02} \qquad (11\text{-}32)$$

与基准生态成本相比，生态成本的增加量为

$$\Delta EC = g_{\beta2} V_{g\beta2} - g_{\beta1} V_{g\beta1} + \frac{g_\beta}{\sum\limits_{j=1}^{n} m_j} S_{02} \qquad (11\text{-}33)$$

由以上可见，生态成本的增量由循环的能流大小和回收能量差决定，也与载能体质量和本身的性质有关。能量的回收利用，将使体系的能量成本较基准物流有所增加，回收前后能量差越小，生态成本增量越小。

11.2.4.3　能流在工序间回收利用

假设工序 2 有能流 g_β 回收，并用返回工序 3 作为能源重新利用，该废纸回收利用体系的物质流动情况保持不变，如图 11-12 所示。

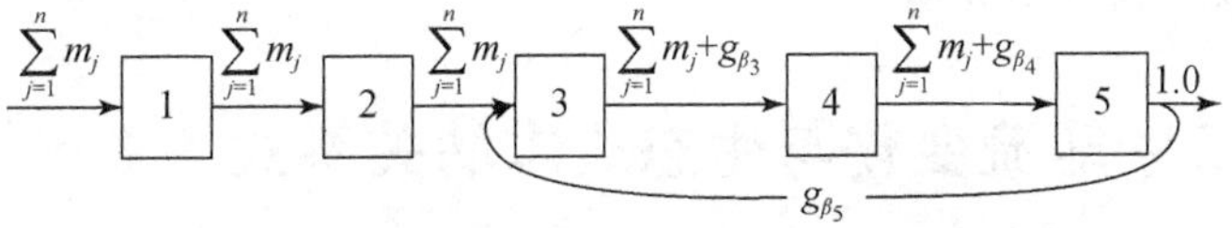

图 11-12　能流在工序间循环物流图

类似于式（11-11）和式（11-12）的分析，可得该废纸回收利用体系的能源成本为

$$E = \sum_{i=1}^{5} \sum_{h=1}^{p} e_{0i,h} V_h + g_{\beta5} V_{g\beta5} - g_{\beta2} V_{g\beta2}$$

参照式（11-13）和式（11-14）的核算过程，外部损害成本为

$$O = \sum_{i=1}^{5} \sum_{j=1}^{n} m_{ij} K_j$$

则可得该废纸回收利用体系的生态成本为

$$EC = EC_0 + g_{\beta5} V_{g\beta5} - g_{\beta2} V_{g\beta2} + \frac{g_\beta}{\sum\limits_{j=1}^{n} m_j} \sum_{i=3}^{5} S_{0i} \qquad (11\text{-}34)$$

与基准生态成本相比，生态成本的增量为

$$\Delta EC = g_{\beta 5}\, V_{g\beta 5} - g_{\beta 2}\, V_{g\beta 2} + \frac{g_{\beta}}{\sum\limits_{j=1}^{n} m_j} \sum_{i=3}^{5} S_{0i} \qquad (11\text{-}35)$$

由以上可见，能量的回收利用，将使体系的能量成本较基准物流有所增加，回收能流越小，生态成本增量越小。

11.2.4.4　能流回收与排放对生态成本的影响

类似于废弃物或不合格产品排放与回收对生态成本的影响分析，能流回收与向外界排放的生态成本变化也有相似的结论。

若工序 5 本应向外界输出的能流转为回收利用，假设式（11-30）和式（11-34）中 $g_{\beta}=g_{\gamma}$，令式（11-30）减去式（11-34）得

$$\Delta EC = g_{\beta 5}\, V_{g\beta 5} + g_{\gamma}(K_{g\gamma 2} + V_{g\gamma 2} + K_{\gamma 2} + V_{\gamma 2}) + \frac{g_{\gamma}}{\sum\limits_{j=1}^{n} m_j} \sum_{i=1}^{2} S_{0i} \qquad (11\text{-}36)$$

可见，单纯地增加能量循环量并不一定能降低生产对外部环境的影响。但是，相较于向环境排放能量，能流在生产工序间的循环对生态成本的增加量较小。因此，提高能量循环利用比例，合理地回收利用各种余热余能，相比于能量排放而言可以降低生态成本。

11.2.5　工序能流变化与生态成本的关系式

能流偏离基准物流图的情况，可能在生产流程中同时出现多种偏离能流，也可能多种偏离能流出现在同一个生产工序中。类似于物质流与生态成本增量之间的关系式（11-29），可得能流与生态成本之间存在如下关系式：

$$EC = EC_{0i} + \frac{P_n}{P_i} \Delta EC_i$$

$$\Delta EC = g_{\beta j}\, V_{g\beta j} - g_{\beta(i-1)}\, V_{g\beta(i-1)} + g_{\gamma i}(K_{g\gamma i} + V_{g\gamma i} + K_{\gamma i} + V_{\gamma i}) \qquad (11\text{-}37)$$

式中，EC_{0i}——工序 i 的基准生态成本；

V_g——能流的能量的价位；

V——载能体的价位；

K_g——能源的 LIME 系数；

K——载能体的 LIME 系数。

由上可见，减少循环能量流，减少排放能量流，可以在一定程度上降低生态成本；而且以上三种物质流发生在越靠后的工序对生态成本的影响越大。将工序产品所载有的能量及时带入下一生产工序，降低各类能源介质的能值可以有效地

降低废纸回收利用体系生态成本。

11.3　废纸回收利用体系生态成本分析

废纸回收利用受地区经济社会发展水平、地方政策、物价和居民环保意识的影响。箱板纸主要是以废纸为原料生产的再生纸,本研究选取箱板纸的加工过程为研究对象。另外由于北京地区没有造纸企业,在北京地区回收的废纸经分拣打包后运至周边省市进行再生利用。因此,本研究以北京地区纸张的废弃、回收、分拣,并运输到周边省市生产箱板纸的过程为例,开展废纸回收利用体系的生态成本核算与分析。

11.3.1　废纸回收利用体系现状分析

废纸回收利用体系主要包括回收、分拣、运输、碎浆、筛选、抄纸等主要的生产工序。根据实际调研结果和生产工艺,建立起废纸回收生产箱板纸的物流图(以生产 1.0t 再生纸为计量单位),如图 11-13 所示。

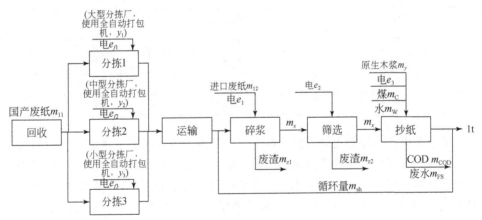

图 11-13　废纸回收利用的物流情况

经调研,废纸回收过程主要是个体商贩,每天回收量在几百千克到几吨,当收集到的废纸量达到 3~5t 后会被送到打包厂,进行简单的分拣和打包。打包站每天的回收量为 10~200t,按回收规模分可以分为大型打包站,使用全自动打包机,功率在 100kW 左右;中型打包站,使用半自动打包机,功率在 40kW 左右;小型打包站,使用手动打包机,功率在 10kW 左右。目前,大型的全自动打包机只占 10% 左右,处理废纸能力为 250t/d;中型的半自动打包机约占 30%,处理废纸能力为90t/d；其余是小型的手动打包机，处理废纸能力在0~30t/d。另外打包站使用运输叉车，用来装卸废纸包，一包废纸长宽高是1.6m×1.15m×1.2m，每处理1t废纸，需要约1L柴油。回收阶段具体生产数据，如表11-1所示。

表11-1　不同废纸打包设备的资源消耗情况

分拣设备	功率/(kW)	油耗/(L/d)	处理废纸能力/(t/d)	比例/%
手动打包机	10		20	60
半自动打包机	40		90	30
全自动打包机	100		250	10
运输叉车		1		

资料来源：北京市某分拣站

　　废纸经分拣打包后，由废纸打包站委托配货站，采用公路运输的方式，以100元/t、30t/车的方式，将打包好的废纸运输到下游造纸厂进行加工。本研究通过查阅文献[149]获得不同重量公路运输的油耗和污染物排放量，如表11-2所示。

表11-2　公路运输的油耗和污染物排放量 [单位：kg/(t·km)]

种类	微型车≤2t	重型车≥14t
油	0.14	$1.35×10^{-2}$
CO_2	0.44	$4.26×10^{-2}$
NO_x	$2.70×10^{-4}$	$2.95×10^{-5}$
SO_2	$3.42×10^{-4}$	$3.77×10^{-5}$

　　箱板纸生产的原料可以有国产废纸、进口废纸、原生商品木浆。我国箱板纸制造过程绝大多数是以国产废纸为原料进行生产的，所以以国产废纸生产箱板纸的生产过程开展生态成本核算工作。调研得到的废纸制浆造纸阶段的物质流动情况如表11-3所示。在调研期间，箱板纸造纸厂的废纸进货价格为1200元/t，售出成品箱板纸的价格为2900元/t。

表11-3　废纸造纸阶段的物质消耗情况（生产能力为1000t箱板纸）

类别	名称	碎浆	筛选	抄纸
资源输入	废纸/t	1 150	—	—
	新鲜水/t	—	—	5 000
	电/kW·h	20 000	80 000	200 000
	煤炭/t	—	—	300

类别	名称	碎浆	筛选	抄纸
废弃物输出	废水/t	—	—	2 500
	固体废弃物/t	85	35	—
	COD/t	—	—	20

资料来源：河南某再生纸造纸厂；

注：生产过程中煤炭燃烧后提供造纸所需要的蒸汽，并通过背压式发电机组回收热能发电，可以提供生产所需电能的60%

11.3.2 废纸回收利用体系生态成本核算

以上面的调研数据为基础，利用11.2节所建立的生态成本核算模型，对废纸回收利用体系的生态成本进行核算。

11.3.2.1 回收阶段生态成本核算

北京市内废纸回收的主力军仍是个体游商，人员分散，回收情况复杂，具体资源和能源消耗量难以获得直接数据。本研究参考北京地区垃圾清运费用，对废纸回收阶段的生态成本进行估算。

（1）内部成本估算

废纸回收过程中内部成本包括原材料成本、能源成本和回收过程产生的废弃物处置成本。考虑到废纸回收主要由小商贩走街串巷完成，直接的资源、能源成本较低且无法获得直接数据。北京市所有类别的废弃物回收清运的费用均为25元/t，其中包括回收过程的材料、能源、废弃物处置成本和人工成本。因此，本研究以25元/t为准估算废纸回收阶段的内部成本。

（2）外部成本估算

废纸回收相当于减少了森林资源的消耗，所以废纸再利用的外部成本可以用减少使用原生资源消耗的外部风险效益计算。经查得，原生木材的LIME系数为630元/t，即使用1.0t原生木材造成的外部成本为630元/t，所以废纸回收阶段的外部成本估算为-630元/t，可得废纸回收阶段生态成本为-605元/t，如表11-4所示。

表11-4 废纸回收阶段生态成本（单位：元/t）

类别	内部成本	外部成本	生态成本
数值	25	-630	-605

11.3.2.2 分拣阶段生态成本计算

假设每天废纸打包站平均运行 12 小时，查得电价为 0.7 元/（kW·h），燃油平均价格为 6.5 元/L，则可计算出废纸分拣阶段的内部成本和外部成本分别为 15.43 元/t 和 1.02 元/t。具体数据，如表 11-5 所示。

表 11-5　废纸分拣打包阶段生态成本（单位：元/t）

类别	内部成本	外部成本	生态成本
数值	15.43	1.02	16.45

注：表中数据依据式（11-5）和表 11-1 中数据及计算获得

11.3.2.3 运输阶段的生态成本计算

北京回收的废纸经分拣后主要是运输到河南进一步加工。本研究所调研的废纸造纸工厂位于河南，距北京约 740km，一般采用大型货车公路运输。由式（11-5）可知，生态成本为实物量分别乘以实物价格和 LIME 系数获得。将表 11-2 和表 11-3 的数据代入式（11-1）～式（11-4），可得内部成本和外部成本，分别为 62.9 元/t 和 13.0 元/t，然后利用式（11-5），计算出废纸运输阶段的生态成本。具体数据，如表 11-6 所示。

表 11-6　废纸运输阶段生态成本（单位：元/t）

类别	内部成本	外部成本	生态成本
数值	62.9	13.0	75.9

11.3.2.4 造纸阶段的生态成本计算

废纸制浆、造纸阶段所调研阶段为生产 1000t 瓦楞原纸的生产环节，生产各环节的资源消耗和废弃物产生量，如表 11-3 所示。相关物料的单价、处理成本和相关 LIME 系数[150]，如表 11-7 所示。

表 11-7　相关物料的单价和处理成本

类别	名称	价格	处理成本	LIME 系数
资源输入	废纸/（元/t）	1200.00	—	0.00
	新鲜水/（元/t）	7.00	—	0.00
	电/[元/（kW·h）]	0.66	—	0.06
	煤炭/（元/t）	850.00	—	0.05

类别	名称	价格	处理成本	LIME 系数
废弃物输出	废水/(元/t)	—	10.50	0.07
	固体废弃物/(元/t)	—	233.00	0.07
	COD/(元/t)	—	8.60	0.04

将表 11-5 和表 11-7 中的数据，代入式（11-1）~式（11-5），可得废纸造纸阶段的生态成本。具体数据，如表 11-8 所示。

表 11-8 废纸造纸阶段的生态成本核算（单位：元/t）

生产环节	内部成本	外部成本	生态成本
碎浆	1405.09	6.41	1411.50
筛选	29.28	4.43	33.71
抄纸	548.97	194.13	743.10
合计	1983.34	204.97	2188.29

11.3.2.5 废纸回收利用体系生态成本计算

根据调研数据绘制废纸回收利用生产箱板纸的实际物流图，如图 11-14 所示。图 11-14 是以全部国产废纸为原料生产 1t 箱板纸的实际物流图，图中每个箭头上标明了各股物流的实物量，并在括号内标明了物料的种类，EC 代表能源，m 代表物质。图中实线代表实物流，虚线代表能量流。图中编号 1、2、3、4、5、6 分别代表废纸回收利用体系中回收、打包、运输、碎浆、筛选、抄纸 6 道主要

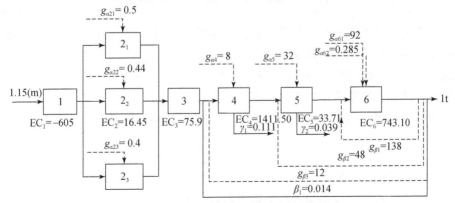

图 11-14 废纸回收利用体系实际物流图

图中实际物质的单位均为 t；除 $g_{\alpha62}$ 的单位为 t 外，其余能量流的单位均为 kW·h

工序。其中第 2 道生产工序分拣有三种机械设备，分别以 2_1、2_2、2_3 表示小型分拣设备、中型分拣设备和大型分拣设备。

　　废纸回收利用体系的总生态成本，是回收、分拣等生产环节生态成本之和。由上计算出各阶段吨纸生态成本和各阶段实际生产物料量，可计算出废纸回收利用体系的总生态成本，即

$$EC = \sum_{i=1}^{6} EC_i m_i$$

　　则以 1.0t 箱板纸为最终产物的实际生态成本为

$$EC = (-605+16.45+75.9) \times 1.15+1411.50 \times 1.164+33.71 \times 1.053$$
$$+743.10 \times 1.014 \approx 1842.44 \ 元/t \ （箱板纸）$$

11.3.3　实际物流能流变化对生态成本的影响

　　以本节调研废纸回收—运输—生产流程为分析对象，分析废纸回收利用体系中物流、能流对生态成本的影响。

11.3.3.1　废纸回收利用体系的基准物流图

　　以实际物流图为依据，绘制出废纸回收利用体系生态成本的实际基准物流图，如图 11-15 所示。

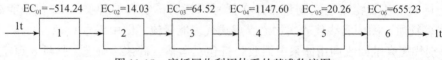

图 11-15　废纸回收利用体系的基准物流图

　　基准物流图中各生产工序的生态成本（简称基准工序生态成本），按实际物流图中的实际生态成本（简称实际工序生态成本）反算求得。利用式（11-28）和式（11-37）及各个工序物质流状态，由实际工序生态成本减去物流引起的生态成本变化，可得基准工序生态成本。

　　由基准物流图和式（11-5），可得废纸回收利用体系的基准生态成本为

$$EC_0 = \sum_{i=1}^{6} EC_{0i}$$

式中，i——工序 1~6。

　　则废纸回收利用体系的基准生态成本为

$EC_0 = -514.24+14.03+64.52+1147.60+20.26+655.23 = 1387.40 \ 元/t \ （箱板纸）$

　　废纸回收利用体系的实际生态成本是 1842.44 元/t（箱板纸），明显高于基

准生态成本的 1387.40 元/t（箱板纸）。主要原因在于实际生产的物流、能流情况复杂，物质或能源的输入、输出和循环都会对生态成本产生影响。

11.3.3.2 偏离基准物流对生态成本的影响分析

（1）物流的影响

在废纸回收利用体系中，以物料的偏离情况分析物流对生态成本的影响。偏离物流包括工序 4、工序 5 中向外排放的废渣 γ_1、γ_2，工序 6 向工序 4 返回循环的纸张边角料 β_1。

利用式（11-26）核算物料在生产中排放对生态成本的影响。排放物流 γ_4 和 γ_5 在生产工序间向外界环境排放污染物，不仅会增加排放污染物的处置成本、排放前工序的能耗，也会增加整个流程物料投入量从而增加材料成本。

外排物料 γ_1 对废纸回收利用体系生态成本的影响为

$$\Delta EC_{\gamma1}=0.111\times(-605+16.45+75.9+1411.5)+0.111\times302.6\approx133.36 \text{ 元}$$

2）外排物料 γ_2 对废纸回收利用体系生态成本的影响为

$$\Delta EC_{\gamma2}=0.039\times(-605+16.45+75.9+1411.5+33.71)+0.039\times302.6\approx48.17 \text{ 元}$$

对生产工序而言，γ_1 的排放使工序 4 增加的材料成本为 133.36 元，污染物处置成本增加 25.9 元，能源成本增加 9.7 元，外部成本增加 8.6 元。γ_2 的排放量是 0.039t，使工序 4 增加的材料成本为 48.71 元，工序 5 污染物处置成本增加了 9.1 元，能源成本增加 3.4 元，外部成本增加 3.1 元。

由式（11-19）核算物料在生产过程中物质循环对生态成本的影响，即

$$EC_{\beta1}=0.014\times(8+32+92)\times0.722+0.014\times(2900-1200)\approx25.13 \text{ 元}$$

循环物料流 β_1，使工序 4、5、6 的实际生产量增加，但是不会对第 1~第 3 道工序的生产产生影响。生态成本增加量包括工序 6 与工序 4 之间的价值差（23.8 元）、工序 1~6 生产所增加的能源成本（1.22 元）及外部成本（0.2 元）。

各物流对各个工序生态成本的影响，如表 11-9 所示。

表 11-9 物流偏离基准物流对生态成本的影响情况（单位：元）

物流	回收	打包	运输	碎浆	筛选	抄纸	合计
γ_1	-67.16	1.83	8.42	190.23	0.00	0.00	133.32
γ_2	-23.60	0.64	2.96	55.05	13.12	0.00	48.17
β_1	0.00	0.00	0.00	23.88	0.32	0.93	25.13

由上可知，废渣从碎浆环节向外界排放造成的生态成本变化最大，从筛选环节向外界排放造成的生态成本增量次之。γ_1比γ_2引起的生态成本增量大的原因在于，γ_1的排放量（0.111t）远高于γ_2的排放量（0.039t）；若考虑单位质量的生态成本增量，由碎浆环节向外排放造成的生态成本变化为1200.63元/t，由筛选环节向外排放造成的生态成本变化为1247.69元/t。可见，废弃物排放工序越靠后，引起的生态成本增量越大。因此，生产过程应尽量提高工艺技术水平，降低生产过程向外界排放的废弃物量。

（2）能流的影响

重点分析循环能量流$g_{\beta1}$、$g_{\beta2}$、$g_{\beta3}$对生态成本的影响。向抄纸环节加入0.285t煤炭，总输入能量为265.5kgce，用于生产1.9t（0.4MPa）饱和蒸汽用于造纸生产，查得此时蒸汽的热焓值为2744kJ/kg，得到1.9t蒸汽所含热值为178.11kgce。可以计算出抄纸环节向外输出能量为87.39kgce，循环的电能总计188kW·h，按理论热值［0.1229kgce/（kW·h）］折合为能量为23.11kgce。循环过程造成的能量损失为87.39kgce，将其转为等热值的煤炭核算生态成本为86.94元，将其按比例分配给$g_{\beta1}$、$g_{\beta2}$、$g_{\beta3}$，则生态成本增量分别是63.83元、22.20元和5.55元。即能流$g_{\beta1}$、$g_{\beta2}$、$g_{\beta3}$使抄纸工序的生态成本分别增加了63.83元、22.20元和5.55元。实际能流变化对各工序生态成本的影响，如表11-10所示。

表11-10　能流偏离基准物流对生态成本的影响情况（单位：元）

物流	回收	打包	运输	碎浆	筛选	抄纸
$g_{\beta1}$	0.00	0.00	0.00	0.00	0.00	60.60
$g_{\beta2}$	0.00	0.00	0.00	0.00	0.00	21.08
$g_{\beta3}$	0.00	0.00	0.00	0.00	0.00	5.55

由上可见，与能源直接向外界排放相比，能源回收对生态成本的影响更小。生产过程中，循环能量流$g_{\beta1}$、$g_{\beta2}$、$g_{\beta3}$共计回收能源188kW·h，相当于23.11kgce。这三股回收利用能量流回收后，与直接将能源排放相比，节约了能源成本124.08元。将1.9t饱和蒸汽视为废水用于估算废弃物处置成本，则相当于此处节约了废弃物处置成本19.95元，外部成本13.93元。可见，在生产过程中，增加能源回收利用，可以有效降低企业的生产成本和环境影响。

11.4　废纸回收利用系统优化分析

在11.3节的基础上，结合箱板纸的生产流程，开展优化分析。废纸经回收、分拣、运输、加工等过程生产再生纸，逐渐从废弃物升值转化重新变为商品。在此过程中，不仅需要人力进行回收、分拣，更离不开水、煤、电等多种资源能源，同时排放 SO_2、COD、废水等。过去资源回收利用广受重视的是其资源价值，但回收过程对生态环境的影响往往被忽视，且二次资源常被视为是低值资源，在经济效益方面的期望与原生资源生产相差很多。因此，以生态成本最小为目标，对废纸回收利用体系进行优化分析，保证企业经济效益不降低的同时，降低生产过程的生态成本，实现经济和生态的共赢，将有助于整个回收体系健康、有序发展。

11.4.1 最优化方法

最优化方法是通过数学方法，对实际问题选出最优方案，在管理学、实际生产中有着广泛且深入的应用。随着计算机技术的高速发展，最优化理论和方法的应用领域更为广泛。

最优化问题的数学模型一般形式为

$$\min f\left(x\right)$$
$$\text{s. t. } x \in X$$

式中，$x \in R^n$——决策变量；

$f(x)$——目标函数；

$X \in R^n$——约束集或者可行域。

特别地，如果无约束集，则最优化问题可称为无约束最优化问题，一般表达式为

$$\min f\left(x\right)$$
$$x \in R^n$$

约束最优化问题，表达为

$$\min f(x)$$
$$\text{s. t. } \begin{array}{l} c_i(x) = 0, i \in E \\ c_i(x) \geqslant 0, i \in I \end{array}$$

式中，E——最优化问题的等值约束指标集；

I——不等式约束指标集；

$c_i\left(x\right)$——约束函数。

用最优化方法解决废纸回收利用体系优化问题时，具体步骤如下：

1）根据废纸回收利用现状和今后发展目标提出最优化问题，并开展调研、收集资料和数据；

2）根据优化目标，确定变量、列出目标函数，根据生产实际情况、国家行业标准确定约束条件，建立最优化问题的数学模型；

3）分析模型，选择合适的最优化方法；

4）求解，运用计算机数学软件求解最优解；

5）分析获得的最优解，并提出有针对性的对策建议。

以上 5 个步骤应顺次进行，最终求得问题的最优解，同时 5 个步骤相互支持和制约，在实际操作中需要交叉反复进行。

11.4.2　废纸回收利用体系优化模型构建

11.4.2.1　模型的前提假设与变量选择

本研究建立废纸回收利用体系优化模型的基本假设，具体如下：

1）在废纸回收利用过程中，除图 11-13 中标出的各股物流外，无其他物质流。回收的废纸全部进行分拣打包，运输到下游再生纸造纸厂进行生产加工，其间未发生废纸散失、遗漏的现象，且生产箱板纸的过程中无"走、跑、滴、漏"等资源浪费现象。

2）生产出的箱板纸性能只与原料比例有关，不考虑化学原料对产品性能的改性作用。

3）不同原料配比生产的箱板纸价格不同，本研究以全国产废纸为原料生产箱板纸的售出价格为基础，添加进口废纸、原生商品浆后成品纸的价格随添加量成比例增加。

4）不同原料生产出的箱板纸，所需要的人工成本存在差别。由于所调研企业为私营企业，本研究以 2016 年城镇私营单位就业人员年平均工资估算国产废纸生产箱板纸的人工成本，添加进口废纸、原生商品浆的人工成本随添加量成比例增加。

本研究在遵循以上建模原则和假设的基础上，分析废纸回收利用的实际情况，选取废纸回收利用体系优化模型的变量。结合上面对废纸回收利用体系的分析，选取以下变量。

（1）箱板纸各原料质量和占比

单纯国产废纸 m_{11}、美国废纸 m_{12}、原生商品浆 m_y，以及三种原料的添加比例 x_1、x_2、x_3。以不同原料生产出的箱板纸的性能、产品的出售价格存在差距，所获得的经济效益也不一样。同时，由于原料不同，产品生产过程的生态成本和产生的环境效益也不相同。

(2) 分拣阶段不同打包厂所占比例

大型打包厂占比为 y_1，中型打包厂占比为 y_2，小型打包厂占比为 y_3。三种打包厂使用打包机械差距很大，随着"两网融合"、再生资源产业集约化发展等社会因素的影响，各打包厂的占比将会产生变化。

(3) 碎浆、筛选、抄纸阶段的电耗和煤耗

碎浆阶段的吨纸电耗为 e_1，筛选阶段的吨纸电耗为 e_2，抄纸阶段的吨纸电耗为 e_3、煤耗为 m_c。由于回收、打包运输过程对电力需求较少且相对固定，不同生产原料的生产过程对能源的需求情况不同，将碎浆、筛选、抄纸阶段的电耗和煤耗作为变量进行优化分析。

(4) 抄纸阶段 COD 排放量

抄纸阶段 COD 排放量 m_{COD}，与原料种类关系密切，原料的纤维越短，COD 产生量越大，即以国产废纸为原料产生的 COD 最大，进口废纸其次，商品浆抄纸的 COD 产生量最小。

(5) 废纸价格

废纸价格（V_{wp}）波动剧烈，最低时价格低于 1000 元/t，最高时达到 1700 元/t 以上。虽然价格是由市场供需决定的，但可以通过优化建模确定一个比较合理的价格趋势，通过宏观政策使得实际市场价格在优化价格附近波动，从而促进废纸回收利用体系健康发展。

(6) 增值税退税比例

根据国家有关规定，废纸占产品原料 70% 以上且满足行业污染排放要求，可享受退税 50% 的优惠政策。但是，此政策是否能最大限度地提高废纸回收利用水平尚需进一步验证。本研究在原有政策的基础上进行修改，退税金额（subsidy amount，SA）由增值税退税比例（t）确定，可表示如下：

$$SA = P \times 17\% \times t$$

式中，P——箱板纸产品的售出价格；

17%——增值税缴费比例。

由调研知，废纸的回收主要力量仍是回收小贩，实际生产的细节情况难以收集，优化难度较大，所以不作为优化建模的重点。废纸经打包厂分拣打包后，由分拣厂直接以 1000 元/t 的价格交由运输站，运输到造纸厂。但是，此价格完全不足以支付铁路运输，在优化建模中暂不改变运输状态。抄纸过程的新鲜水消耗量、废水排放量由生产设备决定，相同生产机械设备两者的变化不大，所以在优化建模时不考虑新鲜水、废水量。

11.4.2.2 目标函数构建

优化研究的目的是促进废纸回收利用体系经济和生态的共赢发展，在经济效益不降低的前提下，提高生产企业的生态效益，也就是降低生产过程的生态成本。因此，以生态成本最小为目标函数建立优化模型。由 11.2 节生态成本核算模型，可确定生态成本最小目标函数为

$$\min EC = \sum_{j=1}^{n} m_j(V_j + K_j) + \sum_{h=1}^{p} e_h(V_h + K_h) + \sum_{l=1}^{t} m_l(V_l + K_l)$$

11.4.2.3　约束条件确定

(1) 经济效益约束

经济利润（B），由产品售出价格减去生产过程中的资源、能源、污染物处置成本和人工成本（labor cost，LC），加上退税补贴金额，可表示为

$$B = P - \left(\sum_{j=1}^{n} m_j V_j + \sum_{h=1}^{p} e_h V_h + \sum_{l=1}^{t} m_l V_l \right) - LC + SA$$

在调研期内，箱板纸的原料为国产黄板纸价格为 1200 元/t，进口废纸一般采用进口美国 11# 废纸，价格为 1700 元/t，原生商品浆的价格为 3750 元/t。箱板纸的价格是由其纸张的性能决定的，性能又与生产原料关系密切。箱板纸的价格与原料比例的关系可以简单表示为：原料中进口废纸、原生木浆的含量每增加 1%，箱板纸成品的价格将在以纯国产废纸为原料生产的箱板纸价格基础上增加 10 元。所以，成品价格 P 可以表示为 $P = 2900 + 1000 \times (x_2 + x_3)$。

2016 年城镇私营单位就业人员年平均工资为 42 833 元，所调研企业年生产能力达 50 万 t，现有职工 1000 余人。因此，可计算出纯国产废纸的人工成本为 85.67 元/t，假设原料中进口废纸、原生商品浆的比例每增加 1%，成品箱板纸的人工成本增加 5 元/t。所以，不同箱板纸的人工成本可以表示为 $LC = 85.67 + 500 \times (x_2 + x_3)$。

计算出现有以纯国产废纸为原料的生产工艺经济效益为 1078.26 元/t，则可得到经济效益约束条件，即

$$B \geqslant 1078.26$$

(2) 等式约束

1）根据废纸回收利用体系生产箱板纸的实际物流图和质量守恒原理，可知废纸回收利用体系的纤维量保持平衡，等式约束条件为

全回收体系物料平衡：

$$m_{11} + m_{12} + m_y = m_{z1} + m_{z2} + 1$$

碎浆阶段物料平衡：

$$m_{11} + m_{12} + m_{sh} = m_s + m_{z1}$$

筛选阶段物料平衡：

$$m_s = m_x + m_{z2}$$

抄纸阶段物料平衡：

$$m_x + m_y = m_{sh} + 1$$

2）根据造纸机能量平衡及能量效率计算方法，确定箱板纸生产过程的能源平衡关系。

$$3\ 358\ 230m_c + 3\ 600 \times (e_1 + e_2 + e_3) =$$

$$35\ 575 \times (m_{11} + m_{12} + m_y + m_{z1} + m_{z2} + m_{sh} + 1) + 7.32 \times 10^7$$

3）大型打包厂、中型打包厂和小型打包厂占比之和为1，即

$$y_1 + y_2 + y_3 = 1$$

(3) 不等式约束

1）依据《制浆造纸行业清洁生产评价指标体系》、《制浆造纸企业综合能耗计算细则》、《制浆造纸单位产品能源消耗限额》和《制浆造纸工业水污染物排放标准》等国家标准和生产实际情况，确定造纸行业的不等式约束。

新鲜水消耗量：

$$m_w \leqslant 13$$

废水产生量：

$$m_{FS} \leqslant 8$$

COD 排放量：

$$m_{COD} \leqslant 22$$

综合能耗：

$$0.404\ (e_1 + e_2) \leqslant 45$$

$$0.404\ e_3 + 0.9m_c \leqslant 250$$

2）依据实际市场和国家政策确定的约束条件如下。

a. 废纸价格波动范围很大，根据市场实际，确定废纸价格的取值区间

$$1100 \leqslant V_{wp} \leqslant 1500$$

b. 以废纸为主要原料的产品退税补贴政策，退税比例由最开始的100%到不退税再到现今50%。考虑到废纸回收的资源效益，在优化模型中假设退税比例最低为25%，最高为75%，即

$$0.25 \leqslant t \leqslant 0.75$$

c. 箱板纸主要以废纸为原料，假定在实际生产过程中原生商品浆的添加比例不高于10%，进口废纸占比不超过50%，即

$$x_2 \leqslant 0.5$$

$$x_3 \leqslant 0.1$$

3）依据生产工艺确定的约束条件如下。箱板纸采用挂面生产，不同浆种通过不同网层分开抄造，所以分别调研不同原料的生产数据，并在此基础上确定约

束条件。

a. 以国产废纸为原料的箱板纸生产情况，如图 11-16 所示。

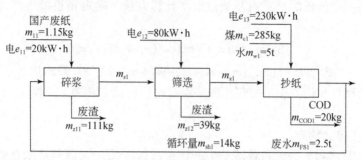

图 11-16 以国产废纸为原料的实际物流图

根据物料平衡关系，在工序的实际生产物料和能源消耗之间建立关系，即

$$e_{11} = 18.99m_{s1}$$

$$e_{12} = 78.89m_{x1}$$

$$e_{13} = 226.82 (m_{sh1} + 1)$$

$$m_{c1} = 281.07 (m_{sh1} + 1)$$

COD 排放量与工序实际生产量之间的关系

$$m_{COD1} = 19.27m_{x1}$$

废纸生产废渣的排放量为原料的 10% ~ 11%，即

$$0.10m_{11} \leqslant m_{z1} = m_{z11} + m_{z12} \leqslant 0.11m_{11}$$

b. 以进口美国废纸为原料的生产过程，如图 11-17 所示。

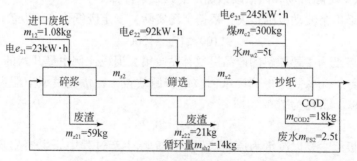

图 11-17 以进口废纸为原料的实际物流图

根据物料平衡关系，在工序的实际生产物料和能源消耗之间建立关系，即

$$e_{21} = 22.22m_{s1}$$

$$e_{22} = 90.23m_{x1}$$

$$e_{23} = 242.6\left(m_{sh2}+1\right)$$

$$m_{c2} = 295.86\left(m_{sh2}+1\right)$$

COD 排放量与工序实际生产量之间的关系为

$$m_{COD2} = 17.75m_{x2}$$

废纸生产废渣的排放量为原料的 7.0% ~ 8.0%，即

$$0.70m_{12} \leqslant m_{z2} = m_{z21}+m_{z22} \leqslant 0.80m_{12}$$

c. 在实际中为提高纸张性能，会在箱板纸表面挂面原生纸浆层。原生木浆从抄纸过程加入生产过程，主要生产过程如图 11-18 所示。

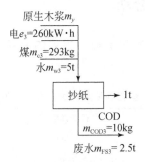

图 11-18　以原生木浆为原料的实际物流图

物料生产量与能源消耗量之间的关系为

$$e_{33} = 256.41\left(m_{sh3}+1\right)$$

$$m_{c3} = 288.95\left(m_{sh3}+1\right)$$

COD 排放量与工序实际生产量之间的关系为

$$m_{COD3} = 9.86m_{x1}$$

d. 箱板纸抄纸时，不同制浆以不同网层分开抄纸，所以不同原料的制浆、抄纸过程分开进行，生产纸张的能耗、水耗等相加，即

$$e_1 = e_{11}+e_{12}$$

$$e_2 = e_{21}+e_{22}$$

$$e_3 = e_{31}+e_{32}+e_{33}$$

$$m_c = m_{c1}+m_{c2}+m_{c3}$$

$$m_{COD} = m_{COD1}+m_{COD2}+m_{COD3}$$

$$m_w = m_{w1}+m_{w2}+m_{w3}$$

物料平衡量同样存在如下关系，

$$m_{\text{FS}} = m_{\text{FS1}} + m_{\text{FS2}} + m_{\text{FS3}}$$

$$m_{\text{sh}} = m_{\text{sh1}} + m_{\text{sh2}}$$

$$m_s = m_{s1} + m_{s2}$$

$$m_x = m_{x1} + m_{x2}$$

e. 循环量主要是抄纸后留下的边角料, 只与生产机械设备有关。本次调研的生产线中, 循环量在 13~14kg, 即

$$0.013 \leqslant m_{\text{sh}} \leqslant 0.014$$

实际生产过程的能耗在一定范围内波动, 本研究以收集到的生产数据为基础, 在上下 10% 的范围内波动。

11.4.3 优化结果与分析

在上节分析基础上, 编制相关程序, 利用 Lingo 软件进行求解。具体结果, 如表 11-11 所示。

表 11-11 优化前后数据表（生产 1.0t 箱板纸）

物质	优化前数据	优化结果
国产废纸/t	1.15	1.12
进口废纸/t	0.00	0.00
商品木浆/t	0.00	0.00
煤炭/kg	285	283
碎浆能耗/kW·h	20	19.61
筛选能耗/kW·h	80	72.00
抄纸能耗/kW·h	230	207
COD/kg	20	17.59
大、中、小型打包厂比例	1:3:6	0:0:1
废纸的价格/(元/t)	1200	1100
增值税退税比例/%	50	62.20
生态成本/(元/t)	1842.49	1385.69

由表 11-11 可知, 废纸回收利用体系的优化生态成本为 1385.69 元/t, 与优化前生态成本 1842.49 元/t 相比, 下降了 456.8 元/t, 降幅高达 24.79%。与此同时, 废纸回收利用体系经济效益提高到 1326.95 元/t, 比优化前提高了 248.69 元/t, 增幅达 23.06%。可见, 在废纸回收利用体系生态成本降低的同时, 其经济效益也得到提高。具体分析如下。

(1) 原料比例

从原料比例角度看，优化前后生产箱板纸的原料均为 100% 国产废纸，国产废纸的吨箱板纸投入量由原来的 1.15t 降低为 1.12t。可见，使用国产废纸是我国造纸业今后发展的方向。添加进口废纸和原生木浆虽然能够提高产品的售价，但是也增加了生产成本，生态环境效益也没有国产废纸好。因此，国家大力发展废纸回收利用和限制废纸进口的政策，符合我国废纸回收利用的发展方向。国家应该进一步鼓励使用国产废纸进行再生纸生产。原材料投入量由优化前的 1.15t 降低到 1.12t，说明要提高箱板纸生产的成品率、生产效率，降低企业生产过程中的排渣率，避免在疏解、排渣过程中将合格的制浆纤维带出。此外，在前端回收、分拣过程中要提高分拣效率，将废纸中掺杂的沙石、塑料等分拣出，规避不法商贩为提高自身收益在打包纸中掺杂各种废渣的行为。

(2) 能耗与污染排放优化结果

碎浆、筛选、抄纸三个工序中只有碎浆过程的能耗与优化前能耗相差不大。由表 11-11 知，碎浆能耗由优化前的 20kW·h 降至优化后的 19.61kW·h，下降1.95%；筛选能耗由优化前的 80kW·h 降至优化后的 72.00kW·h，下降10.00%；抄纸能耗由优化前的 230kW·h 降至优化后的 207kW·h，下降20.00%；煤炭消耗量由优化前的 285kg 降至优化后的 283kg，下降 0.70%；COD排放量由优化前的 20kg，降至优化后的 17.59kg，下降 12.05%。可见，能耗与污染物均较优化前数据有所下降。因此，降低生产成本和环境影响的根本在于提高生产工艺技术水平和能源利用效率，减少污染物和不合格产品的产生。

由上可知，提高生产工艺技术水平和管理水平是优化废纸回收利用体系的根本途径。加快开发和引入新设备、新系统，提高废纸回收利用的创新意识；加速废纸回收利用产业与新兴产业的融合，结合物联网、云计算技术、现代物流业等新技术、新平台，提高废纸回收的针对性和回收效率；淘汰落后产能，提高能源利用效率，降低生产过程的资源、能源浪费，降低再生纸生产的能耗和污染排放。

(3) 大、中、小型打包厂的比例

全部在大型打包厂进行打包分拣处理是优化的理论结果，现实的废纸回收利用体系难以实现上述结果。但是，也反映出以大型打包厂为主，逐步淘汰中、小型打包厂的趋势。大型打包厂采用全自动打包机，其生产功率为 0.4kW·h/t，低于手动打包机的 0.5kW·h/t 和半自动打包机的 0.44kW·h/t。而且大型打包厂的处理能力为 250t/d，也远高于手动打包机的 20t/d 和半自动打包机的 90t/d，大型打包厂带来的规模化效应也会大大促进废纸回收产业正规化、环保化、高效化发展。另外，在大型打包站分拣打包不仅能最大限度地提高分拣效率，更能遏制不法商贩为提高自身收益在打包纸中掺杂各种废渣的行为。

因此，在今后发展中要着力提高回收产业的集约度，逐步提高全自动打包设备的比例。国家和地方政府应该出台一系列政策建立合理有序的废纸回收利用体系，加大对无照回收游商的清理整顿力度，建立大型废纸物流中心，并设置激励政策鼓励回收散户向废纸回收中心集中。

(4) 废纸的价格

废纸的市场价格由供需关系决定。本研究通过优化模型确定的价格，为宏观调控废纸价格给出方向性数据。由表 11-11 可知，废纸价格为 1100 元/t 时达到最优，此价格实际是价格约束的下限值，反映当废纸价格较低时，再生纸生产企业使用国产废纸的积极性较高，有利于推动前端废纸回收工作的开展。当国产废纸价格高于进口废纸时，企业更倾向于使用价格较低的进口废纸，对国内废纸回收利用发展不利。因此，国家可以通过宏观调控降低废纸价格过高带来的负面影响；出台相关行业标准，使行业发展有所依据；降低行业内的交易成本；降低新型产业与废纸回收利用行业的交汇难度。废纸回收工作要平衡市场"看不见的手"与"看得见的手"的作用，严厉打击恶意炒作废纸价格的违法行为，如当废纸价格过高时，政府可通过行政手段适度加以干预。

(5) 增值税退税比例

由表 11-11 可知，增值税退税比例由优化前的 50% 增加到优化后的 62.20%。政府对废纸回收利用的财政补贴能够提高经济效益，降低生态成本，提高企业使用国产废纸的积极性，从而促进废纸回收利用体系的发展。因此，在国家政策允许的范围内，适度提高增值税退税比例，以提高废纸回收利用的积极性。

参 考 文 献

［1］ Moleshott J. Der Kreislauf des Lebens（The Circle of Life）［M］. Mainz：Mainz Press，2011.

［2］ Schandl H，Schulz N. Changes in the United Kingdom's natural relations in terms of society's metabolism and land-use from 1850 to the present day［J］. Ecological Economics，2002，41（2）：203-221.

［3］ Fischer K M，Hüttler W. Society's metabolism［J］. Journal of Industrial Ecology，1998，2（4）：107-136.

［4］ 王红娟. 张掖市城市代谢机理及优化调控研究［D］. 兰州大学硕士学位论文，2012.

［5］ Wolman A. The metabolism of cities［J］. Scientific American，1965，213（9）：179-188.

［6］ Ayres R U，Kneese A V. Production，consumption，and externalities［J］. American Economic Review，1969，59（3）：282-297.

［7］ Ayres R U. Industrial metabolism，the environment，and application of materials-balance principles for selected chemicals［R］. Vienna，Austria：International Institute for Applied Systems Analysis，1989.

［8］ Fischer-Kowalski M，Huttler W. Society's metabolism：the intellectual history of material flow analysis，part Ⅱ：1970–1998［J］. Journal of Industrial Ecology，1998，2（4）：107-136.

［9］ Yellishetty M，Mudd G M. Substance flow analysis of steel and long term sustainability of iron ore resources in Australia，Brazil，China and India［J］. Journal of Cleaner Production，2014，84：400-410.

［10］ Li H Y，Huang S W，Zhou D G. A review of LCA's application to Chinese wood-processing industry［J］. World Forestry Research，2013：54-59.

［11］ Kovanda J，Weinzettel J. Economy-wide material flow indicators on a sectoral level and strategies for decreasing material inputs of sectors［J］. Journal of Industrial Ecology，2017，21（1）：26-37.

［12］ Mcmanus P. The ecological footprint：new developments in policy and practice［J］. Australian Geographer，2016，（2）：252-254.

［13］ Yue J，Yuan X，Li B，et al. Emergy and exergy evaluation of a dike-pond project in the drawdown zone（DDZ）of the three gorges reservoir（TGR）［J］. Ecological Indicators，2016，71：248-257.

［14］ Ismir M. Material flows and physical input-output tables-PIOT for Denmark 2002 based on MFA［R］. Copenhagen：Statistics Denmark，2007.

［15］ Eurostat. Economy-wide material flow accounts and derived indicators：a methodological guide［M］. Luxembourg：European Statistical Office，2001.

［16］ 傅泽强，智静. 物质代谢分析框架及其研究述评［J］. 环境科学研究，2010，23（8）：1091-1098.

［17］ Graedel T E，Allenby B R. Industrial Ecology［M］. New Jersey：Prentice hall. 2003.

［18］ Takahashi K I，Terakado R，Nakamura J，et al. In-use stock analysis using satellite nighttime light observation data [J]. Resources, Conservation and Recycling, 2010, 55 (2): 196-200.

[19] Nakamura S, Kondo Y. Input-output analysis of waste management [J]. Journal of Industrial Ecology, 2002, 6 (1): 39-63.

[20] Höglmeier K, Weber-Blaschke G, Richter K. Potentials for cascading of recovered wood from building deconstruction-A case study for south-east Germany [J]. Resources, Conservation and Recycling, 2017, 117: 304-314.

[21] Adriaanse A S, Bringezu S, Hammond A, et al. Resource Flows: The Material Basis of Industrial Economies [M]. Washington: World Resources Institute, 1997.

[22] Matthews E, Cheristof A, Stefan B, et al. The Weight of Nations——Material Outflows from Industrial Economies [M]. Washington: World Resources Institute, 2000.

[23] Eurostat. Economy-wide Material Flow Accounts and Derived Indicators: A Methodological Guide [M]. Luxembourg: European Statistical Office, 2001.

[24] Eurostat. Economy-wide material flow accounting: a compilation guide (2007~2013) [M]. Luxembourg: European Statistical Office, 2007-2013.

[25] OECD. Measuring Material Flows and Resource Productivity: volume 1 [M]. Paris: OECD, 2008.

[26] Chen X, Qiao L. A preliminary material input analysis of China [J]. Population & Environment, 2001, 23 (23): 117-126.

[27] 刘敬智, 王青, 顾晓薇, 等. 中国经济的直接物质投入与物质减量分析 [J]. 资源科学, 2005, 27 (1): 46-51.

[28] 李刚, 张彦伟, 孙丰云. 中国环境经济系统的物质需求量研究 [J]. 中国软科学, 2005, (11): 39-44.

[29] 刘滨, 向辉, 王苏亮. 以物质流分析方法为基础核算我国循环经济主要指标 [J]. 中国人口·资源与环境, 2006, 16 (4): 65-68.

[30] 段宁, 李艳萍, 孙启宏, 等. 中国经济系统物质流趋势成因分析 [J]. 中国环境科学, 2008, 28 (1): 68-72.

[31] Wang H, Yue Q, Lu Z, et al. Total material requirement of growing China: 1995-2008 [J]. Resources, 2013, 2 (3): 270-285.

[32] Hanya T, Ambe Y. A study on the metabolism of cities [M]. Science for Better Environment. Pergamon, 1977: 228-234.

[33] Baccini P, Brunner P H. Metabolism of The Anthroposphere [M]. Berlin: Springer-Verlag, 1991.

[34] Baccini P, Bader H. Regionaler stoffhaushalt: erfassung, bewertung, steuerung//Regional materials management: analysis, evaluation, control [M]. Germany: Spektrum Akademischer Verlag, 1996: 416.

[35] Baccini P. A city's metabolism: towards the sustainable development of urban systems [J]. Journal of Urban Technology, 1997, 4 (2): 27-39.

［36］ Hendriks C, Obernosterer R, Müller D, et al. Material flow analysis: a tool to support envir-onmental policy decision making: case-studies on the city of Vienna and the Swiss lowlands ［J］. Local Environment, 2000, 5（3）: 311-328.

［37］ Barles S. Urban metabolism of Paris and its region ［J］. Journal of Industrial Ecology, 2009, 13（6）: 898-913.

［38］ Browne D, O'Regan B, Moles R. Material flow accounting in an Irish city-region 1992–2002 ［J］. Journal of Cleaner Production, 2011, 19（9-10）: 967-976.

［39］ Piña W H A, Martínez C I P. Urban material flow analysis: an approach for Bogotá, Colombia ［J］. Ecological Indicators, 2014, 42: 32-42.

［40］ Rosado L, Niza S, Ferrão P. A material flow accounting case study of the Lisbon metropolitan area using the urban metabolism analyst model ［J］. Journal of Industrial Ecology, 2014, 18（1）: 84-101.

［41］ Rosado L, Kalmykova Y, Patrício J. Urban metabolism profiles. An empirical analysis of the material flow characteristics of three metropolitan areas in Sweden ［J］. Journal of Cleaner Pro-duction, 2016, 126: 206-217.

［42］ 徐一剑, 张天柱, 石磊, 等. 贵阳市物质流分析 ［J］. 清华大学学报（自然科学版）, 2004, 44（12）: 1688-1691.

［43］ 戴铁军, 张沛. 基于物质流分析的北京市绿色 GDP 核算 ［J］. 生态经济（中文版）, 2016,（8）: 129-134.

［44］ 刘伟, 鞠美庭, 于敬磊, 等. 天津市经济—环境系统的物质流分析 ［J］. 城市环境与城市生态, 2006,（6）: 8-11.

［45］ 戴铁军, 赵迪. 基于物质流分析的京津冀区域物质代谢研究 ［J］. 工业技术经济, 2016, 35（4）: 124-133.

［46］ 张思锋, 雷娟. 基于 MFA 方法的陕西省物质减量化分析 ［J］. 资源科学, 2006, 28（4）: 145-150.

［47］ 徐明, 贾小平, 石磊, 等. 辽宁省经济系统物质代谢的核算及分析 ［J］. 资源科学, 2006, 28（5）: 127-133.

［48］ 楼俞, 石磊. 邯郸市物质流分析 ［J］. 环境科学研究, 2008, 21（4）: 201-204.

［49］ 王亚菲, 谢清华. 中国区域资源消耗及其驱动因素分析 ［J］. 统计研究, 2014,（11）: 66-71.

［50］ Xu Y J, Zhang T Z. Regional metabolism analysis model based on three dimensional PIOT and its preliminary application ［J］. Journal of Tsinghua University（Science and Technology）, 2007, 47（3）: 356-360.

［51］ 刘毅. 中国磷代谢与水体营养化控制政策研究 ［D］. 清华大学博士学位论文, 2004.

［52］ Ma L, Zhao S F, Shi L. Industrial metabolism of chlorine in a chemical industrial park: the Chinese case ［J］. Journal of Cleaner Production, 2016, 112（5）: 4367-4376.

［53］ Silva D A L, José A de O, Yovana M B S, et al. Combined MFA and LCA approach to evaluate the metabolism of service polygons: A case study on a university campus ［J］. Resources,

Conservation and Recycling, 2014, 94: 157-168.

[54] Schebek L, Schnitzer B, Blesinger D, et al. Material stocks of the non-residential building sector: the case of the Rhine-Main area [J]. Resources, Conservation and Recycling, 2017, 123: 24-36.

[55] 陆钟武, 戴铁军. 钢铁生产流程中物流对能耗和铁耗的影响 [J]. 钢铁, 2005, 40 (4): 1-7.

[56] 戴铁军, 陆钟武. 钢铁生产流程的铁流对铁资源效率的影响 [J]. 金属学报, 2004, 40 (11): 1127-1132.

[57] Dai T. A study on material metabolism in Hebei iron and steel industry analysis [J]. Resources, Conservation and Recycling, 2015, (95): 183-192.

[58] 逯馨华, 杨建新. 循环经济发展水平的物质流评价方法——以京津唐地区钢铁工业为例 [C]. 2012 中国环境科学学会学术年会, 2012: 189-195.

[59] 马敦超, 胡山鹰, 陈定江, 等. 1980–2008 年中国磷资源代谢的分析研究 [J]. 现代化工, 2011, 31 (9): 10-13.

[60] 孔子科, 刘晶茹, 孙锌. 中国城镇家庭乘用车物质代谢分析 [J]. 资源科学, 2019, 41 (04): 681-688.

[61] Eurostat. Economy-wide material flow accounts and derived indicators: a methodological guide [M]. Luxembourg: European Statistical Office, 2001.

[62] 陈效逑, 乔立佳. 中国经济—环境系统的物质流分析 [J]. 自然资源学报, 2000, 15 (1): 17-23.

[63] 那斌, 彭小琴, 郭晓磊. 树皮的综合利用 [J]. 木材加工机械, 2008, 19 (5): 40-44.

[64] United Nations Environment Programme. Global Material Flows and Resource Productivity: Assessment Report for the UNEP International Resource Panel [M]. UNEP, 2016.

[65] Wirsenius S. Human use of land and organic materials: modeling the turnover of biomass in the global food system [D]. Chalmers University of Technology, Goteborg Sweden, 2000.

[66] 毕于运, 王道龙, 高春雨, 等. 中国秸秆资源评价与利用 [M]. 北京: 中国农业科学技术出版社, 2008.

[67] 国家发展和改革委员会. 中国资源综合利用年度报告 (2014) [R]. 北京: 国家发展和改革委员会, 2014.

[68] Marland G, Boden T A, Andres R J. Global, regional, and national fossil-fuel CO_2 emissions [DB/OL]. https://cdiac.ess-dive.lbl.gov/trends/emis/overview.html, U.S. Department of Energy Office of Science, 2014.

[69] 何德文, 金艳, 柴立元, 等. 国内大中城市生活垃圾产生量与成分的影响因素分析 [J]. 环境卫生工程, 2005, 13 (4): 7-10.

[70] 王罗春, 赵由才. 建筑垃圾处理与资源化 [M]. 北京: 化学工业出版社, 2004.

[71] 刘贵文, 徐可西, 张梦俐, 等. 被拆除建筑的寿命研究——基于重庆市的实地调查分析 [J]. 城市发展研究, 2012, 19 (10): 109-112.

[72] 陈军, 何品晶, 邵立明, 等. 拆毁建筑垃圾产生量的估算方法探讨 [J]. 环境卫生工

程，2007，15（6）：1-4.

［73］Wang H，Seiji H，Yuichi M，et al. Resource Use in Growing China ［J］. Journal of Industrial Ecology，2012，16（4）：481-492.

［74］Wuppertal Institute for Climate，Environment and Energy. Material intensity of materials，fuels，transport services，food ［DB/OL］. http：//wupperinst. org/uploads/tx ＿ wupperinst/MIT ＿ 2014. pdf ［2016-3-10］.

［75］Hu M，Ester V D V，Huppes G. Dynamic material flow analysis for strategic construction and demolition waste management in Beijing ［J］. Journal of Industrial Ecology，2010，14（3）：440-456.

［76］交通运输部公路局，中交第一公路勘察设计研究院有限公司. 公路工程技术标准（JTG BO1-2014）［S］. 北京：人民交通出版社，2014.

［77］中华人民共和国建设部. 全国统一建筑工程基础定额（土建）(GJD-101-95）［M］. 北京：中国计划出版社，1996.

［78］UNEP. Data downloader ［DB/OL］. http：//uneplive. unep. org/downloader ［2016-1-3］.

［79］陆钟武. 工业生态学基础 ［M］. 北京：科学出版社，2010.

［80］Ang B W，Liu F L. A new energy decomposition method：perfect in decomposition and consistent in aggregation ［J］. Energy，2001，26（6）：537-548.

［81］石磊，楼俞. 城市物质流分析框架及测算方法 ［J］. 环境科学研究，2008，21（4）：196-200.

［82］姚星期. 基于物质流核算的浙江省循环经济研究 ［D］. 北京林业大学博士学位论文，2009.

［83］国家发展改革委员会应对气候变化司. 中华人民共和国气候变化第二次国家信息通报 ［M］. 北京：中国经济出版社，2013.

［84］《中国水泥》杂志社有限责任公司. 中国水泥年鉴 2014 ［M］. 北京：中国建材工业出版社，2014.

［85］岳波，张志彬，孙英杰，等. 我国农村生活垃圾的产生特征研究 ［J］. 环境科学与技术，2014，（6）：129-134.

［86］陈永福. 中国食物供求与预测 ［M］. 北京：中国农业出版社，2004.

［87］卜庆才. 物质流分析及其在钢铁工业中的应用 ［D］. 东北大学博士学位论文，2005.

［88］张伟，蒋洪强，王金南，等. 我国主要电子废弃物产生量预测及特征分析 ［J］. 环境科学与技术，2013，（6）：195-199.

［89］刘景洋，乔琦，昌亮. 我国各省市报废汽车量预测 ［J］. 再生资源与循环经济，2011，4（3）：31-33.

［90］Ayres R U. Industrial metabolism：Theory and policy//Allenby B R，Richards D J. The greening of industrial ecosystems ［M］. Washington：National Academy Press，1994.

［91］《钢铁企业燃气设计参考资料》编写组. 钢铁企业燃气设计参考资料——煤气部分 ［M］. 北京：冶金工业出版社，1978.

［92］郭运动. 特大城市温室气体排放量测算与排放特征分析——以上海为例 ［D］. 华东师

范大学硕士学位论文，2009.

[93] 林锡雄．台湾物质流之建置与应用研究初探 [D]．中原大学硕士学位论文，2001.

[94] 徐明，张天柱．中国经济系统中化石燃料的物质流分析 [J]．清华大学学报（自然科学版）．2004，44（9）：1166-1170.

[95] World Resources Institute（WRI）．Resource Flows：The Material basis of Industrial Economies [R]．World Resources Institute，Washington，D. C. 1997.

[96] 陆钟武．论钢铁工业的废钢资源．钢铁，2002，37（4）：66-70，6.

[97] 陆钟武，卜庆材．我国矿产资源可持续发展战略研究——国内外废钢资源问题 [A]．东北大学，2003.

[98] Henningsson S，Hyde K，Smith A，et al. The value of resource efficiency in the food industry：a waste minimisation project in East Anglia，UK [J]．Journal of Cleaner Production. 2004，12：505-512.

[99] Reinhard S，Lovell C A K，Thijssen G J. Environmental efficiency with multiple environmentally detrimental variables；estimated with SFA and DEA. European [J]．Journal of Operational Research，2000，121：287-303.

[100] 陆钟武，蔡九菊，于庆波，等．钢铁生产流程的物流对能耗的影响 [J]．金属学报，2000，36（4）：370-378.

[101] 殷瑞钰．冶金流程工程学 [M]．北京：冶金工业出版社，2004.

[102] 戴铁军，陆钟武．钢铁生产流程的铁流对铁资源效率的影响 [J]．金属学报，2004，40（11）：1127-1132.

[103] 陆钟武．关于钢铁工业废钢资源的基础研究 [J]．金属学报，2000，36（7）：728-734.

[104] 李秀华．2001年大中型钢铁企业基本情况 [A]．石家庄：河北钢铁工业协会，2002.

[105] 李碧春．提高转炉废钢比的技术措施 [J]．重庆高等专科学校学报．1999，14（1）：18-21.

[106] Fritz E，Gebert W. 氧气炼钢领域的里程碑和挑战 [J]．钢铁．2005，40（5）：79-82.

[107] 陆钟武．论钢铁工业的废钢资源 [J]．钢铁．2002，37（4）：66-70，6.

[108] 中国造纸学会．中国造纸年鉴（2012）[M]．北京：中国轻工业出版社，2012.

[109] 陈婧．现阶段我国进城务工人员社会保障问题之探索 [D]．贵州财经大学硕士学位论文，2012.

[110] 卢伟．废弃物循环利用系统物质代谢分析模型及其应用 [D]．清华大学博士学位论文，2010.

[111] 周炳炎，郭琳琳，李丽，等．我国塑料包装废物的产生和回收特性及管理对策 [J]．环境科学研究，2010，23（3）：282-287.

[112] 杨惠娣．塑料回收与资源再利用 [M]．北京：中国轻工业出版社，2010.

[113] 金声琅，曹利江．塑料包装废弃物的回收处理研究 [J]．资源开发与市场，2008，24（7）：651-653.

[114] 蒋震宇，张春林．我国塑料制品包装行业"十一·五"期间发展情况及"十二·五"

发展建议［J］. 塑料包装, 2011, 21 (2)：1-7.

［115］黄海峰, 曹燕辉, 徐明. 构建循环经济体系的系统经济学分析［J］. 环境保护, 2005, (8)：68-72.

［116］鞠美庭. 产业生态学［M］. 北京：高等教育出版社, 2008.

［117］中华人民共和国建设部. CJ/T3033-1996 Z68 城市生活污染源控制标准［S］. 北京：中国标准出版社, 1996.

［118］吴文伟. 北京市生活垃圾特性对减量化和稳定焚烧的影响分析［J］. 城市管理与科技, 2009 (5)：24-25.

［119］王靖楠. 北京市生活垃圾分类与回收的现状及对策研究［D］. 北京林业大学硕士学位论文, 2012.

［120］张莉. 北京生活垃圾处理设施建设三年实施方案 (2013–2015 年)［N］. 北京日报 [2013-4-28]. http://green. workercn. cn/3183/201304/28/130428084308256.

［121］武涌, 王建清. 荷兰等欧盟主要国家水与垃圾处理设施的可持续运营管理［M］. 北京：中国建筑工业出版社, 2008.

［122］李晶, 华珞, 王学江. 国内外城市生活垃圾处理的分析与比较［J］. 首都师范大学学报 (自然科学版), 2004, (3)：73-80.

［123］康概, 王学东. 北京市城市生活垃圾处理现状与对策［J］. 北方环境, 2011, 23 (4)：38-40, 98.

［124］周燕芳, 熊惠波. 北京市垃圾拾荒者的资源贡献及其经济价值估测［J］. 生态经济, 2010, (6)：168-171.

［125］毕珠洁. 深圳市生活垃圾分类处理模式对比研究［D］. 华中科技大学硕士学位论文, 2012.

［126］宋国君. 中国城市生活垃圾管理状况评估研究报告［R］. 北京：国家发展与战略研究院, 2015.

［127］王罗春, 赵由才. 建筑垃圾处理与资源化［M］. 北京：化学工业出版社环境科学与工程出版中心, 2004.

［128］徐明, 张天柱. 中国经济系统中化石燃料的物质流分析［J］. 清华大学学报 (自然科学版), 2004, (9)：1166-1170.

［129］王青, 丁一, 顾晓薇, 等. 中国铁矿资源开发中的生态包袱［J］. 资源科学, 2005, (1)：2-7.

［130］Wuppertal Institute for Climate, Environment and Energy. Material intensity of materials, fules, transportservices, food［DB/OL］. http://wupperinst. org/uploads/tx _ wupperinst / MIT_2014. pdf.

［131］林錫雄. 台灣物質流之建置與應用研究初探［D］. 中原大學碩士學位論文, 2001.

［132］Tapio P. Towards a theory of decoupling: Degrees of decoupling in the EU and the case of road traffic in Finland between 1970 and 2001［J］. Journal of Transport Policy, 2005, 12：137-151.

［133］赵兴国, 潘玉君, 赵庆由, 等. 科学发展视角下区域经济增长与资源环境压力的脱钩分析——以云南省为例［J］. 经济地理, 2011, 31 (7)：1196-1201.

[134] 戴铁军，刘瑞，王婉君．物质流分析视角下北京市物质代谢研究［J］．环境科学学报，2017，37（8）：3220-3228．

[135] Sun J W. Accounting for energy use in China, 1980-94［J］. Energy, 1998, 23（10）：835-849.

[136] 李楠，张天柱，周北海．2000～2010年中国资源产出率测算［J］．中国环境科学，2015，35（1）：304-311．

[137] 吴健．环境和自然资源的价值评估与价值实现［J］．中国人口·资源与环境，2007，17（6）：13-17．

[138] 梁赛，张天柱．多种政策对经济–环境系统的综合作用分析［J］．中国环境科学，2014，34（3）：793-800．

[139] 黄家宝．水资源价值及资源水价测算的探讨［J］．广东水利水电，2004，33（5）：13-17．

[140] 单永娟．北京地区经济系统物质流分析的应用研究［D］．北京林业大学硕士学位论文，2007．

[141] 徐衡，李红继．绿色GDP统计中几个问题的再探讨［J］．现代财经，2002，22（10）：3-7，53．

[142] 陈莎，杨孝光，李燚佩，等．中国纸产品全生命周期GHG排放分析［J］．北京工业大学学报，2014，40（6）：944-949．

[143] 张亚连，邓德胜．构建反映生态成本的企业产品定价机制［J］．价格理论与实践，2012，（4）：32-33．

[144] 毛建素，陆钟武．物质循环流动与价值循环流动［J］．材料与冶金学报，2003，（2）：157-160．

[145] 刘耕源，杨志峰，陈彬．基于能值分析方法的城市代谢过程研究——理论与方法［J］．生态学报，2013，（15）：4539-4551．

[146] 范明．碳成本核算及其在钢铁行业中的应用研究［D］．西南财经大学硕士学位论文，2014．

[147] Stoneham G, O'Keefe A, Eigenraam M, et al.. Creating physical environmental asset accounts from markets for ecosystem conservation［J］. Ecological Economics, 2012, 82：114-122.

[148] 戴铁军，陆钟武．钢铁生产流程铁资源效率与工序铁资源效率关系的分析［J］．金属学报，2006，（3）：280-284．

[149] 任丽娟．生命周期评价方法及典型纸产品生命周期评价研究［D］．北京工业大学硕士学位论文，2011．

[150] 国部克彦，伊坪德宏，水口刚．环境经营会计［M］．北京：中国政法大学出版社，2014．